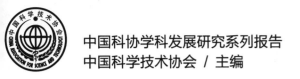

中国科协学科发展研究系列报告
中国科学技术协会 / 主编

U0191840

REPORT ON ADVANCES IN AERONAUTICAL SCIENCE AND TECHNOLOGY

2020—2021
航空科学技术学科发展报告

中国航空学会　编著

中国科学技术出版社
·北　京·

图书在版编目（CIP）数据

2020—2021航空科学技术学科发展报告 / 中国科学技术协会主编；中国航空学会编著 . -- 北京：中国科学技术出版社，2022.5

（中国科协学科发展研究系列报告）

ISBN 978-7-5046-9619-9

Ⅰ. ① 2… Ⅱ. ①中… ②中… Ⅲ. ①航空工程 – 学科发展 – 研究报告 – 中国 –2020–2021 Ⅳ. ① V2–12

中国版本图书馆 CIP 数据核字（2022）第 085309 号

策 划	秦德继	
责任编辑	夏凤金	
封面设计	中科星河	
正文设计	中文天地	
责任校对	焦 宁	
责任印制	李晓霖	

出 版	中国科学技术出版社	
发 行	中国科学技术出版社有限公司发行部	
地 址	北京市海淀区中关村南大街16号	
邮 编	100081	
发行电话	010-62173865	
传 真	010-62173081	
网 址	http://www.cspbooks.com.cn	

开 本	787mm×1092mm 1/16	
字 数	285千字	
印 张	13.5	
版 次	2022年5月第1版	
印 次	2022年5月第1次印刷	
印 刷	河北鑫兆源印刷有限公司	
书 号	ISBN 978-7-5046-9619-9 / V·82	
定 价	78.00元	

（凡购买本社图书，如有缺页、倒页、脱页者，本社发行部负责调换）

2020—2021

航空科学技术学科发展报告

首席科学家： 甘晓华

综合报告： 余　策　林伯阳　安向阳　王　方　高振勋
　　　　　　周志峰　杨泽鹏　郭信良　杜春晖　赵明潇
　　　　　　王钰涵

飞行器设计学科发展报告

专　家　组： 郭兆电　孙海军

编　写　组： 史永强　钱瑞战　党举红

飞机结构设计及强度学科发展报告

专　家　组： 王彬文　王生楠

编　写　组： 段世慧　陈向明　宁　宇　罗琳胤　王卫国
　　　　　　徐　绯

航空机电技术学科发展报告

专　家　组： 焦宗夏　李开省　焦裕松　杨卫平　王少萍

序

　　学科是科研机构开展研究活动、教育机构传承知识培养人才、科技工作者开展学术交流等活动的重要基础。学科的创立、成长和发展，是科学知识体系化的象征，是创新型国家建设的重要内容。当前，新一轮科技革命和产业变革突飞猛进，全球科技创新进入密集活跃期，物理、信息、生命、能源、空间等领域原始创新和引领性技术不断突破，科学研究范式发生深刻变革，学科深度交叉融合势不可挡，新的学科分支和学科方向持续涌现。

　　党的十八大以来，党中央作出建设世界一流大学和一流学科的战略部署，推动中国特色、世界一流的大学和优势学科创新发展，全面提高人才自主培养质量。习近平总书记强调，要努力构建中国特色、中国风格、中国气派的学科体系、学术体系、话语体系，为培养更多杰出人才作出贡献。加强学科建设，促进学科创新和可持续发展，是科技社团的基本职责。深入开展学科研究，总结学科发展规律，明晰学科发展方向，对促进学科交叉融合和新兴学科成长，进而提升原始创新能力、推进创新驱动发展具有重要意义。

　　中国科协章程明确把"促进学科发展"作为中国科协的重要任务之一。2006年以来，充分发挥全国学会、学会联合体学术权威性和组织优势，持续开展学科发展研究，聚集高质量学术资源和高水平学科领域专家，编制学科发展报告，总结学科发展成果，研究学科发展规律，预测学科发展趋势，着力促进学科创新发展与交叉融合。截至2019年，累计出版283卷学科发展报告（含综合卷），构建了学科发展研究成果矩阵和具有重要学术价值、史料价值的科技创新成果资料库。这些报告全面系统地反映了近20年来中国的学科建设发展、科技创新重要成果、科研体制机制改革、人才队伍建设等方面的巨大变化和显著成效，成为中国科技创新发展趋势的观察站和风向标。经过16年的持续打造，学科发展研究已经成为中国科协及所属全国学会具有广泛社会影响的学术引领品牌，受到国内外科技界的普遍关注，也受到政府决策部门的高度重视，为社会各界准确了解学科发展态势提供了重要窗口，为科研管理、教学科研、企业研发提供了重要参考，为建设高质量教育体系、培养高层次科技人才、推动高水平科技创新提供了决策依据，为科教兴国、人才强国战略实施做出了积极贡献。

2020 年，中国科协组织中国生物化学与分子生物学学会、中国岩石力学与工程学会、中国工程热物理学会、中国电子学会、中国人工智能学会、中国航空学会、中国兵工学会、中国土木工程学会、中国风景园林学会、中华中医药学会、中国生物医学工程学会、中国城市科学研究会等 12 个全国学会，围绕相关学科领域的学科建设等进行了深入研究分析，编纂了 12 部学科发展报告和 1 卷综合报告。这些报告紧盯学科发展国际前沿，发挥首席科学家的战略指导作用和教育、科研、产业各领域专家力量，突出系统性、权威性和引领性，总结和科学评价了相关学科的最新进展、重要成果、创新方法、技术进步等，研究分析了学科的发展现状、动态趋势，并进行国际比较，展望学科发展前景。

在这些报告付梓之际，衷心感谢参与学科发展研究和编纂学科发展报告的所有全国学会以及有关科研、教学单位，感谢所有参与项目研究与编写出版的专家学者。同时，也真诚地希望有更多的科技工作者关注学科发展研究，为中国科协优化学科发展研究方式、不断提升研究质量和推动成果充分利用建言献策。

中国科协党组书记、分管日常工作副主席、书记处第一书记
中国科协学科发展引领工程学术指导委员会主任委员
张玉卓

前言

　　党的十九届五中全会强调"坚持创新在现代化建设全局中的核心地位，把科技自立自强作为国家发展的战略支撑"。航空科学技术的创新需要应用诸多基础学科和应用学科的创新成果，同时也将促进这些学科的科技创新。航空科技创新作为人才、知识、技术、资金以及政策资源高度密集的领域，一直是大国之间竞争和博弈的焦点。近五年来，我国在军机、民机领域的诸多重点型号相继首飞或交付使用，航空事业取得巨大进展，对我国的经贸大国地位的巩固和提升贡献了重要力量。

　　中国航空学会作为我国重要的航空技术学术团体，一直致力于促进国内学术交流、推动航空科学创新，自 2006 年以来多次承担中国科协组织的学科发展报告撰写工作。根据分批分期进行总结、研究的原则，本报告重点收录了 2016 年以来飞行器设计，飞机结构设计及强度，航空机电技术，飞行器制导、导航与控制系统，航空电子学科，航空生理与防护救生，航空材料技术以及航空制造技术等专业方向的重要进展、发展趋势、与国外对比和我国发展对策建议等内容。

　　本研究报告由中国航空学会组织百余位专家学者参与研究，数十位专家撰写，包括一个综合报告和八个专题报告。相信我们的工作有助于广大航空科技工作者进一步了解、把握学科发展动态，深入开展科学研究，推动学科交叉、融合，推动多学科协调发展，促进航空科技创新。同时，我们也希望本书能为关注航空发展的业外人士提供有益参考。

中国航空学会

2022 年 1 月

序 / 张玉卓
前言 / 中国航空学会

综合报告

航空科学技术学科发展报告 / 003
　　一、引言 / 003
　　二、学科发展现状 / 004
　　三、国内外比较分析 / 028
　　四、我国航空科学技术学科发展展望与
　　　　对策 / 039

专题报告

飞行器设计学科发展报告 / 045
飞机结构设计及强度学科发展报告 / 063
航空机电技术学科发展报告 / 087
飞行器制导、导航与控制系统学科发展
　　报告 / 097
航空电子学科发展报告 / 111
航空生理与防护救生学科发展报告 / 122
航空材料技术学科发展报告 / 137
航空制造技术学科发展报告 / 158

ABSTRACTS

Comprehensive Report

Advances in Aeronautical Science and Technology / 193

Report on Special Topics

Aircraft Overall Technology / 197

Aircraft Structure / 198

Aviation Electromechanical Technology / 198

Guidance, Navigation and Control / 199

Avionics / 199

Aviation Physiology and Protective Lifesaving / 200

Aeronautical Materials Technology / 201

Aviation Manufacturing Technology / 201

索引 / 203

综合报告

航空科学技术学科发展报告

一、引言

航空科学技术领域是人才、知识、技术、资金以及政策资源高度密集的领域，也是竞争激烈、快速发展的领域。当前，世界范围内航空科技研究空前活跃，航空技术飞速发展，航空科技对其他领域的技术引领作用更加突出，数字技术、人工智能技术、虚拟现实技术、增强现实技术、新能源技术、绿色环保技术等被大量探索应用于航空领域，与航空结合之后又形成新的技术成果反哺其他工业领域。在"十四五"规划中，航空工业明确提出将创新放在集团发展全局中的核心地位，把"领先创新力"作为集团发展的战略支撑，通过持续加大研发方面的投入为创新提供强力支撑，强化航空科技创新力量，创建新质航空基础科研能力，实施一批具有前瞻性、战略性的重大航空科技项目，形成一批在国际上并跑领跑的重大创新成果，实现科技创新自立自强，构建新时代航空装备技术基础体系。

航空科学技术涉及众多专业技术领域，对各个专业进行研究的工作十分庞大。因此，"中国航空学会航空科学技术发展年度报告"项目组在 2006 年参加中国科协组织的学科发展研究工作时确定了分批进行重点研究的原则。根据航空学科的特点，学会每次的专题研究采取分期分批、每次有所侧重的策略，已经通过五期十年时间，针对航空主要分支学科领域开展了深入研究，保证了航空科学技术学科发展研究的完整性和连续性，现概述如下。2006 年，重点研究了飞行器设计、飞机结构设计与强度、航空推进系统、飞行控制系统、惯性 / 组合导航系统、航空电子、人机与环境工程、航空材料、航空制造技术等九个专业领域。2008 年研究了民用飞机、浮空器、空气动力学、航空仿真、航空液压、航空仪表与测试、应急救生、航空电气工程、航空维修工程等专业技术。2010 年在涉及航空科学技术各主要专业的基础上，更侧重无人飞行器、直升机、飞行力学、飞行试验、航空安全、飞行技术、空中交通管理、航空地面保障、航空复合材料、航空可靠性工程等，均附有专题研究报告。2012年开展了第二轮第一期的研究工作，重点研究了飞行器设计、空气动力学、飞机结构设计与强度、航空推进系统、机电系统、飞行器制导、导航与控制系统、人机与环境工程、航空制造技术9个专业领域。2015年开展了第二轮第二期的研究工作，以2008—2009年研究分支学科领域为重点，经适当调整，进行新一轮研究，包括以下专题：浮空器、航空材料、管理科学、航空发动机、航空维修工程、航空可靠性工程、旋翼飞行器及其系统、无人飞行器及其系统。经过以上两轮五期的研究，完成了对航空科学技术所有主要专业的研究工作，通过对航空科学技术各专业分期分批进行总结、研究，逐步对我国航空科学技术学科的发展情况形成了一个基本完整的描述。

本期是2020—2021年航空科学技术学科发展研究报告，是第三轮的第一期，将以2012—2013年研究分支学科领域为重点，适当调整进行新一轮研究，包括以下专题：飞行器设计；飞机结构设计与强度；飞行控制系统；惯性/组合导航系统；航空电子；人机与环境工程；航空材料；航空制造技术。综合研究以本期专题研究为重点，力求全面，为了有利于各专业领域研究的完整和连贯，研究内容的时间跨度为2016年至今，其研究成果将形成综合研究报告和专题研究报告，尽可能完整地反映近几年来的进展。本研究工作力求从学科进展的视角对航空科学技术的发展进行分析研究，通过对我国航空科学技术的新进展、新成果、新见解、新观点、新方法、新技术及时总结并与国际先进水平进行比较研究，分析航空科学技术学科发展动态、总趋势及前沿热点；对照国家经济社会发展战略需求，分析我国航空科学技术发展前景，提出重点研究方向的建议。

二、学科发展现状

随着科技的飞速发展，当今世界已进入高度信息化时代，对航空科技发展也有了更高的要求。2016—2021年我国在航空科技领域取得了较大的进展，对经贸大国地位的提升贡献了重要力量。军用飞机方面，歼-20正式列装空军，并换上国产发动机，进入了自主发展的新阶段。Y-20列装空军，并在疫情期间为国际社会提供了重要援助。此外，歼-15、"飞豹"战机、枭龙飞机、运-8飞机衍生机种、L-15高级教练机等都取得了较大的进展。在民用飞机方面，万众瞩目的C919完成首飞，获得了815架订单。ARJ21飞机获得了首个国外适航当局颁发的型号认可证件，已获得670架订单并交付了49架。AG600水陆两栖民用飞机完成首飞。新舟700客机静力试验机已交付，研制工作已经启动；在无人机研制方面，翼龙Ⅱ成功首飞标志着中国成为继美国之后唯一具有新一代大型察打一体无人机研制能力的国家。新型"彩虹"太阳能无人机攻克了此前只有美英两国掌握的高空长航时太阳能无人机技术，圆满完成了临近空间飞行试验。攻-××隐身无人机、固定翼无人机集群和民用无人机等重要项目均有重要进展。

（一）飞机总体

飞机总体技术是对飞机总体方案设计技术、优化技术和系统集成技术的总称。飞机总体技术水平的高低对于航空产品的最终性能和市场竞争力具有非常大的影响。近年来，我国在飞机总体技术研究和工程应用方面都取得了显著的进展，主要体现在以下几个方面。

1. 歼-20

航空工业研制的歼-20飞机按照平台一步到位，能力渐进式提升的发展思路，采用隐身气动结构一体化设计的升力体边条翼鸭式布局，大量采用新材料、新工艺和新结构，实现了五代机作战能力。由此，歼-20系列飞机进入了自主发展的新阶段。

2. 歼-15 舰载固定翼多用途飞机

航空工业研制的舰载固定翼多用途飞机歼-15是我国目前的主力单座双发重型舰载战斗机，2012年首架歼-15原型机成功在辽宁舰进行着舰测试和起飞测试。目前，歼-15飞机已经列装辽宁舰和山东舰，同时歼-15串列双座教练机等衍生型号正在研发中。

3. Y-20 军用运输机

航空工业研制的Y-20军用运输机是我国研制的新一代军用大型运输机，从演训装备协转、远程兵力投送的军事行动，到新冠疫情期间的防疫物资转运、医务人员运送等非战争军事行动，声名远扬，尽显风采。目前，国产的WS-20大涵道比涡轮风扇发动机的换装正在稳步推进，以Y-20飞机为平台的多个衍生机型也正在研发之中。

4. AG600 飞机

航空工业研制的大型水陆两栖飞机"鲲龙"AG600飞机于2009年9月正式启动研制。该机于2017年12月24日在珠海成功实现陆上首飞，2018年9月在荆门完成水上首飞，2020年7月26日在青岛实现海上首飞，2021年完成灭火任务系统首次科研试飞，全面进入投水功能验证阶段。AG600飞机可在水源与火场之间多次往返投水灭火，既可在水面汲水，也可在陆地机场注水。拥有高抗浪船体设计，除了水面低空搜索，还可用于水面停泊实施救援行动。

5. 多型号系列无人机

2017年2月，航空工业研制的新型长航时察打一体型多用途无人机系统翼龙Ⅱ成功首飞，标志着中国成为继美国之后具有新一代大型察打一体无人机研制能力的国家。2017年7月14日，量产型"彩虹-5"察打一体无人机完成首飞，该机主要用于全天候侦察监视、目标精确定位、打击毁伤效果评估等任务。

2017年5月24日，中国航天科技集团第十一研究院研发的新型"彩虹"太阳能无人机圆满完成临近空间飞行试验，成为首款能在2万米以上高空飞行、留空时间可达数月甚至数年的无人机，这使我国成为继美国、英国之后第三个掌握高空长航时太阳能无人机技术的国家。2017年6月，攻-××隐身无人对地对海作战飞机立项研制，该机采用小展弦比、背部进气、高度翼身融合的全无尾飞翼布局。2021 年 1 月，由航天科工三院研发的 WJ-700 高空高速长航时察打一体无人机首飞成功，飞机配装了涡扇发动机，最大起飞重量 3.5 吨，挂载能力超过 500 千克，具备防区外对地攻击、反舰、反辐射等空对面精确打击作战和广域侦察监视作战能力。

6. L-15 高级教练机和教 -10 高级教练机

L-15 飞机是航空工业研制的亚跨音速高级教练机，该机采用大边条、翼身融合的气动布局，配装两台全权限数字式电子控制系统（FADEC）的涡轮风扇发动机、全权限三轴四余度数字式电传操纵系统和先进的综合航空电子系统，2008 年 5 月 10 日 L-15 首架原型机首飞，2017 年 1 月完成赞比亚出口 6 架飞机的交付工作，2018 年 12 月，完成改型机 L-15AW 飞机的设计鉴定。

教 -10 飞机是在 L-15 飞机基础上为我国空军研制的高级教练机，于 2013 年 7 月 1 日首飞，2018 年小批交付领先试用，截至 2020 年年底，教 -10 飞机已批量交付部队。

7. 民用飞机

2013 年，航空工业启动了新舟 700 客机研制工作，该机是双发涡桨支线飞机，旨在打造新舟 60、新舟 600、新舟 700 飞机系列化发展格局，2020 年 3 月，新舟 700 静力试验机交付，目前，研制工作正在持续推进。

C919 飞机是中国商飞研发的采用 LEAP-1C 发动机的单通道干线客机，于 2017 年 5 月在上海首飞，至 2018 年 12 月，全部 6 架试飞飞机投入试飞工作，中国大型客机项目也正式进入上海、西安、东营、南昌的"6 机 4 地"大强度验证试飞和取证阶段，截至 2021 年 4 月底，C919 获得累计 28 家用户的 815 架订单。

ARJ21 飞机是中国商飞研制的 70 ~ 90 座级喷气式支线客机，于 2016 年 6 月交付成都航空进入商业运营，2016 年 12 月，ARJ21-700 飞机获得了首个国外适航当局颁发的型号认可证件，2017 年 7 月取得中国民航局生产许可证，2020 年 7 月，ARJ21 飞机在全球海拔最高民用机场——稻城亚丁机场（海拔 4411 米）完成最大起降高度扩展试验，标志着 ARJ21 飞机运行范围可覆盖所有高高原机场，极大地拓展了 ARJ21 飞机的运营范围。截至 2021 年 5 月，ARJ21 飞机已获得 670 架订单，交付 49 架，开通了 180 条国际国内航线，通达了 88 个城市，市场运营及销售交付情况良好。

8. 多型号系列化

进入系列化发展的"飞豹"战机先后多次参加"航空飞镖"国际军事比赛，取得了一系列骄人战绩：2015 年荣获轰炸机组季军，2016 年荣获轰炸机组亚军，2017 年、2018 年两年蝉联歼击轰炸机组冠军！2020 年，"飞豹"战机在"金飞镖 -2020"任务中表现卓越，取得"团体""金飞镖""掩护能手"三项第一的优异成绩。

歼 -10 飞机也在沿着系列化的道路发展，歼 -10B 轴对称推力矢量验证机于 2018 年在珠海航展惊艳亮相。歼 -10C 飞机综合采用有源相控阵敌我识别系统，进一步提升了飞机在复杂电磁环境下的作战能力、态势感知能力及协同作战能力，于 2015 年列装部队。

枭龙飞机不仅实现了系列化发展（两个最新的子型号 FC-1 双座战斗教练机于 2017 年首飞，FC-1-III 战斗机于 2019 年首飞），先后出口巴基斯坦、缅甸和尼日利亚等多个国家。

另外，值得一提的是，航空工业在运 -8 飞机的基础上研制了空警 -200 预警机、空警 -500 预警机、运 -8 指挥通信机、运 -8 反潜巡逻飞机等特种飞机，空警 -200 的改进型 ZDK-03 预警机也实现了出口巴基斯坦。

（二）直升机

在庆祝中国共产党成立一百周年大会上，直 -8、直 -10、直 -19 组成的直升机编队飞过天安门上空，为党的一百年诞辰献上祝贺。经过几十年的发展，无论在军用或是民用领域，我国的直升机设计、研发、制造能力都取得了长足的进步。

1. 军用领域

在军用方面，自从 1980 年引进法国专利研制直 -9，到如今自主研制轻型、中型多个型号，填补了我国直升机领域多项空白，实现了从仿制到自主研发的转变。其中首屈一指的就是直 -20 通用战术直升机，于 2013 年 12 月 23 日首飞，并在庆祝中华人民共和国成立 70 周年大会中首次亮相阅兵式。直 -20 的列装，大大提高了我军的空中突袭能力和物资运输能力。直 -20 的旋翼采用五桨叶的结构，提高机动性；采用电传操纵系统，使得直 -20 成为中国首款电传飞控直升机，飞行仪表盘也升级为数字液晶屏幕；机身材料中，复合材料使用比例大大增加，提高全机整体性能。外型上也在模仿美国"黑鹰"直升机的基础上进行了优化，外部设备方面加装了地形跟踪雷达和光电观察仪器，使直 -20 的夜间飞行能力毫不逊色。直 -20 共有陆航和海航两个版本。海航版本应对舰上起降加装了水平稳定器，为了减小占用空间，在尾部和旋翼都使用了中国自主研发的电动折叠技术。直 -20 的成功研制，填补了我国在 10 吨级中型通用直升机方面的空白，将结束我国中型通用直升机的进口历史。

除了直 -20 之外，还有诸多型号。武直 -10 于 2012 年首次曝光，2016 年完成列装，是我军第一种专业武装直升机和整个亚洲第一种自研专业武装直升机。结束了我军长期依赖法国海豚直升机的改型兼当武装直升机的历史，大大提高了我军的突击与反装甲能力。

武直 -19，又名"黑旋风"，在直 -9 基础上研制，2010 年首飞，2011 年列装，可利用航炮、空空导弹，同低空固定翼飞机、武装直升机等进行空中格斗。武直 -19 与武直 10 高低搭配，改善装备的配置格局；直 -11WB 武装直升机在直 -11 基础上改装而来，与直 -10 一起构成中国陆军航空兵的侦察 - 攻击体系。直 -18 由直 -8 改进而来，于 2014 年交付，有运输型、反潜型、预警型三种。其中预警型填补了我国航母预警机的空白。

2. 民用领域

民用领域主要有直 -15、AC311、AC312A、AC-313。直 -15 由哈尔滨飞机工业集团和欧洲直升机公司共同研制，直–15 于 2009 年 12 月 17 日在法国马赛首飞。按照"一种平台、多种构型能力"的方针，考虑不同用户的不同需求，形成常规气动布局、双发、宽机身、前三点可收放轮式起落架的先进中型多用途直升机，做到"设计一步到位，构型按用户需求"。该项目研发成功后，中法双方各自建立总装生产线，向各自负责的市场区域销售直升机，并且为用户提供售后服务。2013 年 6 月，哈飞开始组织直–15 首架机零件投产，哈飞项目团队攻坚克难，解决了工装、零件制造等多项问题。于 2016 年 12 月 26 日在哈尔滨完成了国内的首飞。

AC311 直升机为 2 吨级轻型民用直升机，于 2014 年成功首飞，满足我国主要使用环境和地域的使用要求，尤其是高原区域，可广泛用于公务飞行、航拍摄影、电力巡线、农林喷洒、应急救援、公安执法等领域，具有"空中公务舱、空中轻骑、空中援手"等特性。

AC312A 型直升机是哈飞研制的 4 吨级双发多用途直升机，在直–9 直升机基础上采用了新型单旋翼、涵道尾桨的设计，使用 2 台 ARRIEL2C 发动机，新增双套驾驶操纵机构以及控制增稳系统，具有客舱空间大、进出便捷、可多项选装、全面满足用户个性化要求等优势。

AC313 型直升机是由中航工业直升机所和中航工业昌飞公司共同研制的、我国第一个完全按照适航条例的要求和程序进行研制的大型运输直升机，填补了我国大型民用直升机生产的空白，配置了两台 Turbomeca 的 Arriel-2C 发动机，巡航速度快、可靠性高、运行成本低。可广泛应用于客货运输、陆海执法、旅游观光、医疗救护、空中摄影、搜索救援等。

另外，在 2019 年我国引进了空客 H135 型直升机总装线，总装线于 4 月 17 日正式运行，该总装线是国外制造商在华建立的首条直升机总装线，同时也是欧洲以外的首条 H135 总装线。该项目大大增加了我国民用直升机领域同国际交流进入新阶段，大力促进我国民用直升机领域发展。

3. 设计与制造技术

先进制造技术不断发展，直–20 的机身大面积采用复合材料，斜梁首次使用国产的 T800 碳纤维制造，重量更轻，性能更好。AC313 的旋翼系统采用先进复合材料桨叶和钛合金球柔式主桨毂，机体为金属加复合材料结构，复合材料使用面积占全机的 50%。武直–10 的主旋翼有五片叶片，由 95KT 复合材料制成。武直–19 的四片桨叶采用了 Starflex 星形柔性复合材料。

航电、控制方面，直–20 采用了电传操纵系统，是中国首款电传飞控直升机。数字化综合显示控制逐渐普及，直–20 机身两侧装有雷达预警接收器和导弹逼近预警器，及共四个箔条 / 曳光弹发射器，提供全方位覆盖，没有盲区。直–20 海基型采用了我国自研的旋翼电动折叠技术，旋翼折叠所需时间、人力大大降低，提高舰上起降速度，海基版直–20 还以光纤网络通信和射频综合系统提升了航电系统综合化程度。武直–10 配备了能显示感测 / 火控数据并连动机炮 / 导弹进行瞄准的双眼头盔显示、瞄准系统，与机炮、空对空导弹等武器连线，提高作战能力。

直 -9、直 -20 中使用的五桨叶设计，大大提高了直升机的机动性能，并且桨叶的振动更小，使直升机的噪音和舒适性也有显著改善。应用于直 -20 的旋翼防冰除冰技术使得直 -20 能够应对高原雪山条件。

不断探索倾转旋翼技术，对气动干扰问题、倾转过程中的气动特性、倾转旋翼的动力学问题以及飞行控制问题的研究不断深入。"彩虹 10"倾转旋翼无人机的问世代表着我国倾转旋翼技术实现了从无到有的新突破。

（三）航空动力

2016 年，中国航空发动机集团公司（中国航发）在北京正式挂牌成立，业界探讨多年的"飞发分离"终于实现。我国民用航空发动机的发展将摆脱对飞机型号的依赖，发动机项目正式脱离飞机的母体，开始寻求独立发展的道路，我国航空发动机产业发展将从传统的以产品为中心的组织模式向网络、开放、协作的以客户为中心的组织模式变迁。经过近几年的调整和发展，目前我国已经形成了以传统研制基地为主的航空发动机研发生产集聚区，形成了以株洲、哈尔滨、上海等为代表的一批民用航空发动机产业基地，且各自有不同的产业分工。

1. 涡轴发动机

近年来，我国在涡轴发动机研制方面取得了技术与市场的双重突破。

涡轴 -16 发动机是由中国与法国透博梅卡公司联合研制的民用中等推力涡轴发动机，填补了我国 1300kW 功率级民用涡轴发动机的空白。涡轴 -16 发动机的起飞功率不小于 1240kW，发动机基准重量不超过 230kg，达到了国际先进水平。2019 年 10 月，涡轴 -16 发动机获得中国民航局颁发的型号合格证，为该型发动机进入市场及保障 AC352 直升机安全投入运营奠定了基础。

中国航发自主研制的 AES100 民用涡轴发动机，起飞功率不小于 1000kW，以 5 ~ 6 吨级双发直升机和 3 ~ 4 吨级单发直升机动力需求为牵引，对标当代国际最先进的发动机技术指标，严格按照适航要求进行研制，采用了先进的压气机、涡轮气动设计及轴承共腔、环下供油、集成化附件传动等结构设计技术。AES100 项目于 2016 年立项，2018 年已完成首台样机试制，并通过新机整机试验的关键环节，实现转速达标，预计将于 2024 年完成适航取证。

此外，中国国际航空航天博览会还展有"金沙"发动机（CA-9C），其为 800kW 级民用涡轴发动机技术验证机，是在某型自主研制涡轴发动机的基础上发展起来的，用于适航关键技术的探索与攻关。

2. 涡桨发动机

在涡桨发动机研发方面，多种型号的涡桨发动机设计研发工作正有序开展。

AEP500民用涡桨发动机的起飞功率不小于5000kW，发动机为三转子布局，采用先进的气动设计，严格按照适航要求研制，主要技术指标达到国际先进民用涡桨发动机水平，具有低油耗、低成本、高可靠性、低排放等特点，可满足国内民用涡桨支线客机、中型货运飞机等平台对动力装置的需求。在2019年北京航展上，中国航空发动机集团有限公司（简称中国航发）展出了AEP500核心机的技术验证机。按计划，该验证机将在2023年左右开始测试工作。

AEP80发动机、AEP50E发动机亮相第十二届中国国际航空航天博览会。AEP80发动机可配装2~4吨级单发涡桨飞机或5~8吨级双发涡桨飞机等。AEP50E发动机为500kW级涡桨发动机，可作为无人机配套动力装置，也可作为2~5吨级通用航空飞机配套动力。

3. 涡扇发动机

在大型商用飞机涡扇发动机研发上，中国航发已规划了三个产品系列，分别是未来可装配C919大型客机的"长江"1000、可装配宽体客机的"长江"2000（AEF3500）和可装配ARJ21改进型的"长江"500。"长江"系列发动机是双转子、直接驱动大涵道比涡扇发动机，具有低油耗、低排放、低噪声、高可靠性、低维护成本等特点。

2013年1月，"长江"1000AX验证机通过概念设计评审；2016年7月，"长江"1000AX验证机通过初步设计评审，正式转入详细设计阶段；2017年12月，"长江"1000A发动机项目通过了概念设计评审，转入初步设计阶段，标志着我国大型客机动力装置从技术验证全面转入工程研制。2018年，首台"长江"1000发动机在上海完成了点火试验，全部核心机验证试验累计试车46次，初步验证了核心机各部件及相关系统的性能和匹配性，同时也验证了压气机分块预估、燃烧室点火预测、涡轮工作状态分析和国内首次开发的"骨架特性"性能仿真模型等技术，有效补充和丰富了核心机的研制体系。"长江"1000AX发动机整机的试制、装配历时18个月，在此过程中，中国航发先后突破了钛合金宽弦高空心率风扇叶片、铝合金大型薄壁风扇包容机匣、3D打印燃烧室燃油喷嘴等多项关键技术，同时也攻克了大直径、长轴类单元体水平装配等技术难题。

与此同时，"长江"2000发动机正在进行关键技术攻关和技术验证，并取得阶段性成果。

在无人机用发动机方面，中国航发则展出了AEF50E、AEF20E及AEF100等多种涡扇发动机。AEF50E发动机耗油率相对较低，质量和推力等级能与无人机较好匹配，十分适用于中高空长航时无人机。AEF20E发动机是根据国际市场需求改型研制的一型出口型无人机用发动机，主要用于中程高速无人机，也可用于其他无人机系统。AEF100发动机是全新匹配设计风扇/增压级和低压涡轮而成的小型双转子中等涵道比涡扇发动机，可满足高空长航时无人机动力和6~8座小型公务机用动力需求，该发动机增压级压气机转子是国内首个整体设计、加工的小尺寸钛合金叶盘，填补了国内同类零组件设计、加工的空白。

值得一提的是，在中国航发成立之后，民营企业开始更多地融入我国航空发动机发展产业链，以成都宇航、无锡透平、万泽中南等为代表的民营企业在发动机材料、叶片等方面取得了不小的突破，部分企业还成为我国民用大型涡扇发动机的配套企业。在小型航空发动机研制方面，以应流、宗申、钻石、航瑞等为代表的民营企业更是表现不俗。这些民营企业的加入为我国航空发动机产业的发展注入了新的活力。

此外，在中国航发成立之后，我国航空发动机产业加快了构建全球供应链的步伐。目前，来自全球16个国家的69家供应商有意承担中国航发商用发动机项目的系统及单元体、关键零部件设计、制造和试验工作。中国航发已经批准的国内外供应商共350多家，初步形成了支撑"长江"系列发动机研发的全球供应链网络。同时，中国企业也开始更多地参与国外企业的航空发动机项目，通过航空交流合作平台，发展出惠及双方的航空科研成果。例如，大型钛合金航空发动机机匣精密铸造技术就已经被应用到LEAP系列发动机的机匣研制中。

（四）飞机结构设计及强度

飞机结构是支撑飞机平台实现预期功能和性能的基础，在提高飞机效率、控制研制成本和保障服役寿命等方面均发挥重要作用。近年来，随着航空装备需求的发展，新材料／新工艺不断涌现、载荷环境更加复杂、结构重量系数要求更加严苛，这给飞机结构设计及强度分析与评估提出了更高的要求。面对全新的挑战，国内在结构设计技术研究、试验技术研究、结构分析与评估技术研究以及前沿技术探索等诸多领域取得了突破性进展，为航空装备的高速、稳定发展奠定了坚实的基础。

1. 结构设计技术

（1）新型轻质金属结构设计技术

国内目前先进金属材料和相应成型制造技术已有相当突破，基于修护使用要求的损伤容限设计和验证技术已在各型号研制中得到全面应用。国产先进铝合金已部分取代进口，国产先进钛合金和结构钢材料全面应用于型号研制，铝锂合金已初步应用。大型20m级整体加筋壁板喷丸成形技术已达到国际领先水平，电子束、激光增材制造等高能束流加工技术已突破发展瓶颈，应用于重点型号研制。搅拌摩擦焊、电子束焊接使大型铝合金、钛合金整体结构应用于重点型号，一些新兴的连接工艺得到了应用，以高锁螺栓、螺母为代表的国产新型紧固件得到了大量应用。

（2）先进复合材料结构设计技术

近年来复合材料在国内军／民机结构中的工程应用得到了较大提升，应用的比例和结构部件也越来越多。C919飞机全机用量为12%。军用战斗机全机用量达到24%以上，大型运输机全机用量达到8%。在材料研制方面，国产T300级、T700级碳纤维材料已开始大规模应用，T800级也取得了明显进展，并已开始应用于军机型号中。在设计方法方面，建立了一系列的复合材料结构优化设计和分析平台。在许用值确定、稳定性分析、连接设计、损伤容限评估、试验验证等技术上取得了一定进步，基本掌握了复合材料结构的设计关键技术，实现了复合材料结构产品数字化定义。在制造工艺方面，国内在材料制备、大型整体结构制造、RTM工艺、数字化、自动化制造、无损检测等技术上也取得了整体的突破性进展。

（3）热结构/热防护结构设计技术

我国已针对GC飞行器开展了多项演示验证，对高温合金结构、热防护结构已经开展了研制，其中热结构已经进入飞行试验阶段。成都飞机设计研究所在GC飞行器结构传热、热力联合、热防护系统防/隔热、实物/虚拟试验等方面，已建立了一整套的强度设计技术体系，构建起了满足未来GC飞行器研制需求的热结构强度设计与验证的综合仿真集成平台和分析工具。但目前国内对基于新材料、新结构、新工艺的轻质耐高温结构设计、分析、验证与评估技术还缺乏系统性研究。

（4）数字化设计技术

国内基于数字技术的协同研制已经应用于型号研制的设计与制造的协同，并在持续完善，主要通过三维计算机辅助制图技术描述产品的几何特征及相关的非几何信息，如拓扑结构、几何尺寸及其他制造属性等，用于产品的设计协调、干涉检查、虚拟装配和展示。实现了设计、制造和试验中的无纸化，保证几何数据的同源，极大地提高了飞机的整体设计水平。随着几何样机与机构运行学、虚拟现实等技术的结合，几何样机的功能拓展到了运动机构分析、维修性/可达性分析、人机功效分析等，这些基于几何样机的高级应用也称为功能样机。在几何样机和功能样机的基础上，伴随CFD、CAE等大规模数值计算技术的不断发展，可以基于数字模型进行产品多学科性能的建模、仿真、分析和展示。

2. 结构试验技术

（1）结构强度积木式验证体系

目前，国内外对于复合材料主承力结构的积木式验证技术已形成了较为成熟的研究方法与体系。部件试验、全机试验等传统试验技术已达国际先进水平。但国内民用客机复合材料适航验证经验较为薄弱，民机复合材料机翼、机身主结构的适航验证还属空白。虽然目前在C919和MA700客机的研制过程中积累了大量的适航验证经验，但还需通过进一步研究，建立系统完整的机翼、机身主结构复合材料适航验证体系，以满足适航取证需求。

（2）复杂载荷壁板试验技术

中国飞机强度研究所近几年在该领域持续攻关，不断创新探索，取得了一系列的研究成果，形成了系列化试验装置，试验装置从完成单一载荷试验，到具备完成拉伸/压缩、剪切、内压等三种复合载荷的试验能力，覆盖从战斗机到大运/大客/宽体飞机等各类型号的机身、机翼、尾翼等壁板静力/疲劳试验需求。

（3）全机试验技术

随着新型号研制的井喷式发展，国内在全机试验技术方面也取得了巨大的进步，并且进一步完善了全机静力／疲劳试验技术体系，包括试验总体规划技术、试验承／加载系统设计技术、试验控制／测量技术、数据分析与结果评估技术。重点突破了机翼大变形加载技术、全硬式加载技术、多舱窗快速充放气技术、水载荷模拟技术、随动加载技术、双层地板加载技术，研制了系列化试验装置和系统。近年来，在交叉耦合补偿控制技术（CCC技术）、载荷谱自优化等技术方向开展了大量应用，有效降低了大变形结构加载耦合影响，提高了加载精度和效率。在结构大变形精准测量方面国内也开展了基于光学的非接触测量方法研究和应用，有效提高了大变形结构位移测量效率和精度；随着5G技术的发展，将基于5G+机器视觉的方法用于结构损伤检查的方法在全机疲劳试验中得到初步尝试，实现了全机疲劳试验舱内不可达区域实时损伤巡检。

（4）气候环境适应性试验技术

目前，国内可以开展从材料／元件、组件／构件、部件到整机级的综合环境试验。实验室能力方面，航空工业强度所突破了超大空间多因素耦合气候环境模拟等一系列关键技术，历经7年建成了国内体量最大、系统组成最复杂、模拟环境因素最多的气候实验室，实现了高温、低温、太阳辐射、温度／湿度、淋雨、降雪、冻雨、结冰和吹风等典型气候环境的精准复现，形成了整机气候环境试验能力，体量和技术指标均处于国际领先水平，填补了我国大型综合气候环境试验设施的空白。

试验技术方面，航空工业301所、电子五所、兵器59所等单位主要以GJB150《军用设备环境试验方法》为基本试验规范，开展了从材料／元件、组件／构件、部件等综合环境试验，并不断发展环境剪裁、适应性测量及评价方法等技术。中国飞机强度研究所（以下简称强度所）以科研项目为依托突破了整机级实验室气候环境模拟、大涵道比涡扇发动机单发慢车试验等技术，初步构建了飞机整机级气候环境试验方法及技术体系。哈尔滨工业大学、北京航空航天大学、西北工业大学、中国民航大学、上海交通大学等高校开展了飞机系统的热、结冰、淋雨等环境响应机理及数值分析方法等方面的研究工作。

（5）多场耦合试验技术

在型号任务需求牵引下，国内科研院所相继开展了多场耦合试验技术研究。比如，航天相关单位建立了热噪声试验系统，并在该系统的基础上完成了舵结构 1000℃／168dB 热噪声试验。此外，国内高校如北京航空航天大学开展了 1500℃ 级别热振耦合试验。近年来，强度所针对试验需求，开发了基于石英灯／模块化石英灯辐射加热装置的热／噪声、热／振动、热／振／噪、热／力／振／噪等多场耦合试验装置，具备相关的试验研究能力，并已经开展了部件级 1650℃ 的热／振动试验、1200℃／165dB 的热噪声试验。可以实现 0.8KN／1150℃／18T／166dB 级别的热／力／振／噪的多场载荷模拟，可以对金属／复合材料元件／小尺寸结构开展试验，实现综合载荷环境下的响应特性与失效评估验证。

（6）冲击动力学试验技术

国内在冲击试验技术领域近年来技术进步明显，主要表现为现有的试验技术不断完善，建立了包含材料、元件、部件以及全尺寸框段结构的适坠性积木式研究体系，同时在毁伤、舰载机冲击动力学等方面有了技术突破。

（7）动态疲劳试验技术

针对我国新型战机在大攻角飞行时，V型双垂尾结构承受复杂剧烈动态载荷的特点，近年来强度所经过深入研究和多层级验证，提出了低附加刚度的静力叠加疲劳加载方法，建立了五自由度复杂载荷协调随动激励技术，形成了我国新一代战机后机身结构动态疲劳试验系统，解决了后机身结构复杂动态疲劳验证的难题，实现了五自由度随动的静力/疲劳/振动联合加载，真实模拟了战机在大攻角飞行时承受的复杂载荷状态，为新一代战机后机身动态疲劳评估提供了技术支持和验证条件。

（8）发动机强度试验技术

"十三五"期间，多型飞机开展了安装系统的自主研制工作，随之在飞机发动机安装系统减振试验技术方面取得了一系列技术进展，逐步突破了涡桨飞机发动机安装系统、减振器和扭矩补偿器的静、动、扭联合试验技术，形成了全尺寸安装系统性能验证试验台。在涡扇类发动机安装节方面，开始深入研究铰接连杆式安装系统的减振原理和性能，形成了全尺寸涡扇发动机安装系统动态性能测试平台，逐步对型号研制提供技术支撑。

（9）结构强度虚拟试验技术

以强度所为代表，进行了结构强度虚拟试验技术研究，已经初步应用于型号研制。强度所从辅助试验设计、试验仿真数据库、高效高精度建模、破坏分析、模型评估与验证、虚拟试验结果展示等方面开展了研究工作，完成了静强度、动强度、热强度、耐久性/损伤容限及复合材料结构强度虚拟试验流程的建立，开发形成了一系列具有自主知识产权的虚拟试验系统平台，开创了虚拟试验和物理试验双线并行、互动融合的新模式。通过虚拟试验技术，实现了在物理试验前，对物理试验加载系统、支持系统的快速虚拟装配及物理试验加载过程随动干涉检查。虚拟试验成果已经在多个重点工程和型号中进行了应用，大幅降低物理试验风险，提高了试验精度，缩短了试验周期，降低了试验成本，为物理试验提供了有效支撑。

3. 强度分析与评估技术

（1）结构静强度失效分析技术

在复合材料多尺度建模与分析领域，强度所依照材料与结构的宏细观多尺度耦合力学分析功能研发需求，以复合材料及其结构的力学行为这一关键基础问题为导向，以细观构型与宏观行为相结合为目标，以有限元方法为基础，开展复合材料结构宏细观多尺度力学性能求解算法的研究，形成复合材料结构的多尺度分析算法框架，实现复合材料结构宏细观多尺度耦合力学分析，用以预测复合材料及其结构的等效刚度和强度，为相关构件设计奠定了基础。同时，强度所考虑制造过程中复合材料纤维铺设角度、界面脱粘等因素的影响，完成复合材料多尺度性能表征方法研究，形成复合材料多尺度分析技术，在保证分析精度的前提下，实现对复合材料整体宏观性能的表征及力学响应规律的揭示，在此基础上研发多尺度建模与分析专用软件和材料数据库。

（2）耐久性／损伤容限分析技术

国内耐久性分析方法与国外类似，可归纳为两类：一类是名义应力法，另一类是当量原始疲劳质量法。名义应力法以波音的 DFR 法为主。强度所根据经过多年的研究将 DFR 法拓展，形成了 SFE 法，在不同的寿命区间选取不同的疲劳额定值，可用于结构全寿命区间的耐久性分析。中国航空工业飞机设计研究所（以下简称成所）建立了军机 DFR 分析方法、中国商用飞机有限责任公司（以下简称中国商飞）形成了 CFQ 分析方法。结构损伤容限分析主要也是采用线弹性断裂力学分析方法。对广布疲劳损伤问题，国内在共线 MSD 结构的裂纹萌生概率、应力强度因子求解、裂纹连通失效准则、裂纹扩展寿命计算以及多裂纹结构剩余强度等方面均开展了一系列研究。由强度所开发的飞机结构损伤容限分析软件 ASIgro，采用结合工程经验数据的理论分析及工程算法，融入了 Willenborg-Zhang 和闭合模型来考虑裂纹扩展中的超载迟滞效应。

（3）结构动强度分析与评估技术

随着我国军／民用飞机迅速发展，动强度问题也愈发突出。近年来，我国在飞机结构动强度分析与评估技术方面也开展了大量研究工作，取得了显著的科研成果。在结构振动分析与评估方面，强度所针对客舱振动环境下的舒适性，开展了人体振动舒适性评估方法研究，提出了考虑人体舒适性的客舱减振指标制定方法；采用客机全机动力学模型研究了客机振动传递路径识别方法，此外，针对民用客机结构形式特点，在客舱结构振动寻源、结构动力学优化设计以及民用客机舱内综合减／隔振设计方法上开展了研究工作，研究成果也在我国客机上得到验证。

在飞机结构颤振分析方面，成都飞机设计研究所建立起了覆盖全生命周期的颤振优化分析、设计与地面验证流程，从方案阶段开始优化设计工作，通过多阶段多专业联合工作，成功解决了全动翼面等关键部件颤振问题。建立了面向型号研制的频域法部件／全机亚跨超声速颤振分析与设计技术、部件／全机／外挂 GVT 及有限元模型确认技术等关键技术与手段，形成了系列分析与设计指南、操纵面间隙控制规范等。中国商飞北研中心掌握了大展弦比复合材料机翼型架外形设计技术，发展了准确的 CSD 计算方法、高效的 CFD/CSD 数据传递方法，开发了基于高精度 CFD 算法的复合材料机翼型架外形反设计方法，考虑非线性循环迭代保证了气动性能和设计巡航外形基本一致。掌握了复合材料机翼气动弹性剪裁与综合优化技术，建立了复合材料机翼气动弹性剪裁设计流程。强度所在时域地面颤振试验仿真系统建立、非定常气动力降阶减缩、激振点／测量点位置优化配置、激振器／待测结构系统辨识与多输入多输出激振力精确控制等方面开展了大量工作，已完成典型结构试验件颤振特性仿真模拟，为地面颤振技术的进一步推广奠定了基础。

在结构冲击动力学分析与评估方面，国内在动强度分析与评估技术方面也开展了大量研究，突破了一系列关键技术，如适坠性分析与评估技术、易损性评估技术、舰载机动强度分析技术等。强度所在典型坠撞工况下的物理试验和虚拟试验研究中，考虑了不同机身构型、地面环境、飞机姿态等因素的影响。部分高校开展了基于杀伤树模型的易损性评估研究，其对象面对整机级和系统级。强度所自研了具有自主知识产权的舰载机载荷分析软件，攻克了舰载机起落架突伸载荷、全机落震载荷等动载荷问题的分析难点，实现了与工程实际误差小于 10% 的高精度预计。

在航空噪声分析与评估方面，强度所近几年开展了 C919 飞机适航验证试验、某型飞行器结构热噪试验等多项型号试验，建立了我国民机结构声疲劳适航试验体系，形成了大型异形结构飞行载荷多种类分区模拟试验技术；开展了 ×× 振动噪声载荷环境预计与控制技术等预先研究工作，探讨了航炮动强度破坏发生机理。在传统噪声控制技术方向，国内的积累与国外基本相当，对于声学超材料、新型降噪结构的研究大多处于理论研究、样件试制及效果验证阶段，距离型号工程化应用仍有较大距离；在噪声主动控制系统研制方面，以小规模多通道主动控制系统的研制为主，并在工程型号上进行了效果验证，在控制算法、系统集成及稳定性方面亟待加强。

（4）振动疲劳分析与评估技术

针对振动环境下飞机典型金属结构疲劳破坏难题，我国也开展了较为系统深入的研究工作。近年来，强度所在国家重点预研课题的支持下，对金属材料/结构振动疲劳机理开展了多项研究工作，构建了剧烈振动环境下金属材料振动疲劳损伤在线/离线测量系统，提出了真空环境下变形场、温度场、应力波等多参量协同高精度测试方法，建立了阻尼与微塑性之间的能耗等效关联机制；发现了固有频率、材料阻尼、表面金相与应力波反射的关系，建立了阻尼耗能随振动状态变化的内在联系，揭示了共振状态下金属材料疲劳损伤演化规律；提出了宏微观损伤参量能耗等效方程，构建了基于连续损伤力学的振动疲劳损伤演化模型，发明了剧烈振动环境下基于双尺度损伤演化模型的疲劳寿命预计方法，为飞机典型金属结构振动疲劳寿命评估提供了新的途径。成都飞机设计研究所在结构随机/正弦振动响应分析及验证技术研究领域系统研究了结构动力学建模及仿真分析方法，可以直接应用于型号研制。航空工业一飞院形成了飞机结构振动控制设计流程，其中突破了总体指标的确定和分解、振源预计与控制、关键部件振动响应分析、振动疲劳分析、振动环境预计、人员工效性和舒适性评估研究等。中国航空工业沈阳飞机设计研究所（以下简称沈阳所）建立了军机炮击振动谱计算程序及响应综合抑制方法等。

（5）结构健康检测与评估技术

国内在 SHM 技术发展方面，从总体来看，已完成了实验室研究，正在开展飞机结构地面试验应用验证和部分传感器技术的飞行测试。近些年，科研机构和高校在先进传感器、结构健康状态诊断方法、小型化/机载监测系统研发、监测系统集成等方面，进一步提高了技术成熟度。在先进传感器技术方面，国内在提高现有传感器工程化的同时，也研发了一些先进传感器。重庆大学、大连理工大学、南京航空航天大学等在传感器工程化方面开展了深入研究。空军工程大学自主设计并研制了柔性涡流传感器及其监测系统。国内大量研究集中在结构健康状态诊断方法方面，提出了一些具有更高准确性和可靠性的方法，同时开展了大量试验应用验证。哈尔滨工业大学、南京航空航天大学等高校在理论方法方面做了大量研究工作，如开展了智能无线传感网络、多主体协作技术等研究工作。中国商飞北研中心、强度所、602所等科研机构则开展了大量应用研究工作，在固定翼飞机、直升机等的结构地面试验中进行了应用验证。在小型化/机载监测系统研发方面，研发了产品化更高的小型化结构健康监测设备和一些机载监测系统样机，如航空工业一飞院在在研的舰载预警机型号上，开展了基于光纤的机体载荷数据采集设备研制。在监测系统集成方面，强度所研发了结构健康监测综合集成管理系统，并在C919全机疲劳试验中进行了应用。国内也探索开展了部分传感器技术的飞行测试，如空军研究院航空兵所、航空工业304所、强度所等分别在飞机飞行中对光纤光栅技术进行了飞行测试。此外，国内进一步开展了单机寿命监控研究，如航空工业一飞院开展了歼轰－7A飞机单机寿命监控研究，完成了机队68架飞机所有历史飞参数据的损伤评估和各架单机的寿命消耗情况，给出了单机使用调整建议。

（6）分析软件工具

以强度所为代表，国内在结构分析软件工具的开发方面有了长足的进展。为满足航空装备研制过程中结构设计、强度校核、生产制造、试验验证等需求，强度所开发了一批以HAJIF软件为代表的CAE软件系统。近年来，围绕HAJIF软件的功能及性能提升，陆续攻克了大型矩阵特征值求解算法、高精度/高效/高鲁棒性的非线性方程隐式求解技术、T级有限元数据的高效组织及管理等多个限制国产结构分析软件的关键核心技术，完成了静力、模态、屈曲等基础功能向全新架构的迁移，并开发了符合国内飞机设计流程和规范的前后置处理功能。与此同时，结合航空装备研制需求开发了载荷计算、自动强度校核、气动弹性剪裁等专用软件，现已推广应用到航空、航天、船舶、兵器等行业，为多个重点型号的研发提供了支撑，取得了显著的社会效益与经济效益。

4. 前沿技术

前沿技术是具有前瞻性、先导性、探索性的重大技术，是未来先进民机及新一代航空武器装备创新发展和更新换代的重要基础。航空武器装备及先进民用飞机的发展需求，对飞机结构设计与强度技术提出了新的要求，为支撑飞机结构的正向设计，近年来我国在智能结构、多功能结构、超材料及新型复合材料结构等技术方面开展了大量的探索研究，形成了理论模型、分析方法、原理样件，为未来在航空装备中的应用奠定了很好的基础。

（五）航空机电技术

近年来，我国在航空机电领域主要开展了两方面的工作：一是从系统顶层设计入手，提出系统整体解决方案，如根据机电专业"能量系统"和"保障系统"的新定义，从两个技术平台入手，开展系统化综合的研究工作；二是建立联合研发团队，共享验证平台，即建立以航空机电自身为主，包括主机、院校在内的联合研发团队，集中优势力量，着眼系统顶层，从作战任务和飞机总体功能需求出发，提出系统整体解决方案。经过多年的努力，取得了显著的成果。

目前，航空机电综合化控制结构技术越来越多、越分越细，专业性更强、综合化更加趋于一致。在系统软件方面，从第一代到第四代的航空机电综合化控制系统的发展借软件技术的发展大大提升了飞跃速度，优化升级也是从半智能向着全面智能自动一体化方向推进；在总线技术方面，伴随网络发展，光纤技术得到了普遍应用，价格相对降低，传递效率较高，当前已在航空综合控制系统得到了广泛应用；在传感器技术方面，传感器属于航空飞机设备之一，以射频传感器技术为主，其中的关键技术在于接口方面，如果做好，可以提高综合控制系统的有效融合，从我国当前在这方面的发展来看，综合传感器系统最为权威，将60多种射频进行了功能性的体系化综合应用；在故障预测与健康管理方面，近年来，由于航空继电器故障适应性诊断系统的开发研究与普遍应用，有效地提升了我国飞机的安全可靠性，也有效地促进了航空机电综合化控制结构技术的发展。

（六）飞行器制导、导航与控制系统

近年来，国内围绕多种先进飞行器深入开展了各项研究和工程化实践，GNC（制导、导航与控制）技术也得到了长足的发展，已取得突破的先进GNC技术概述如下。

在制导技术方面，在导弹制导与控制领域，目前突破了GNC一体化软硬件集成设计技术、制导系统低成本设计技术、制导武器末端多约束制导控制技术、惯性/卫星深组合抗干扰技术、高动态电动伺服系统设计技术等，构建了导弹、制导炸弹和空中靶标三大领域。在无人机飞行控制与管理领域，飞翼布局无人机已具备高机动、大过载飞行的制导控制能力，无动力滑翔着陆技术已经进入型号。异构、通信受限条件下的无人机集群制导控制技术实现了初步的试验验证。人工智能技术在空管语音交互等方面得到了初步的应用。在中大型民用无人运输机领域，攻克了货运无人机急需的无人机控制与管理关键技术，实现了通航飞机平台快速改装货运无人机，全自动滑行、起降及飞行，感知与规避以及涡桨发动机一键启动等功能。总的来说，目前国内制导技术领域正随着导弹和无人机的蓬勃发展飞速进步，基本满足了军民用任务领域的需求。未来的发展重点集中于高超声速制导技术、异构飞行器协同制导技术、小型一体化低成本制导系统技术等主要方向。

在导航技术方面，国内光学陀螺技术发展迅速，基于光学陀螺的捷联惯导系统已成为我军机载领域的主力装备；惯性/GNSS组合取得巨大成功，应用范围越来越广泛，已发展成为一项专门的技术，其中卫星导航的抗干扰防欺骗技术、抗干扰天线技术及惯性/GNSS深组合系统技术等方面均已取得重要的进展。此外，随着惯性导航、卫星导航、天文导

航、光电导航、多传感器信息融合等相关技术和产品成熟度的不断提升，也有力推进了更高层级导航信息处理系统的研制进程，如综合导航系统技术和飞行管理技术等已逐步形成正式装机产品，机载 PNT 技术、多平台网络化协同导航等技术也正在稳步推进中。同时，在原子导航等先进技术领域，国内在原子惯性测量器件研制、原子惯导系统误差体系构建等方面也均取得一定程度的进展。

在飞行控制技术方面，构建以总线为核心通信手段的可同步运行功能节点网络，实现了系统各项功能由飞行控制计算机集中运行向各功能节点分布运行方式的转变，降低各项功能与飞控计算机耦合度，提升系统开放性、扩展性和重构能力。光传飞行控制系统中持续推进光传计算机、光传惯性测量组件、光传作动器远程控制单元、光传感以及光传感器解调器等关键部件的工程化研制。随着技术的不断发展，飞行控制系统的功能已从增稳、控制增稳发展为综合控制，目前正朝着智能自主控制方向发展；飞控系统的控制对象也由大量的常规布局发展为非常规布局；飞控系统的信息传递方式已从机 – 电混合操纵发展到电传，未来极有可能发展到光传、无线传输；飞控系统的架构已从集中式发展为分布式，新一代网络式架构已经形成；操纵面已从传统操纵面发展到目前的广义操纵面，而创新效应面则是当前研究的热点；飞行控制律经历了从经典控制算法到状态空间算法再到非线性控制算法的跨越；飞控作动器已从机械作动器、液压作动器发展到全电 / 多电作动器甚至智能（灵巧）作动器。

（七）航空电子学科

航空电子系统（以下简称航电系统）主要由综合模块化航电系统、飞行管理子系统、显示子系统、中央维护子系统、通信导航子系统、综合监视子系统、大气数据与惯性基准子系统、客舱子系统和信息系统等组成，是现代飞机的"大脑"和"神经中枢"，主要功能为在飞机运行过程中，根据其需要和环境特点，完成信息采集、任务管理、导航引导等基本飞行过程，对保障飞机飞行安全起着关键性的作用。

近五年中，国内航电系统取得了很大的进展，主要体现在如下四个方面。

1. 初步形成民机系统研制能力，带动了其他型号的研制

国内供应商一方面通过是独立承担系统整体分析、设计和综合，基本建立了独立的民机研制体系，掌握了 T3 级系统需求、设计和验证方法，促进了其他型号飞机的研制，如中航工业航空无线电电子研究所独立承担了国内干线飞机 A 级显控系统，大大提升了民机研制能力；另一方面，通过参与系统部件研制和系统综合，如中电科航电系统公司主要承担其中的数据链软件 ATS（空中交通服务）、CSA（控制状态应用）的研制，提升了设备研制能力。

2. 初步建立了民机系统研制环境

从国内民机航电系统研制进展来看，目前 C919 的航电系统均已交付，拟 2021 年完成随机取证，体现了各供应商已初步建立了民机系统研发环境，形成了支持 ARP4754A 研制流程的工具集和综合台架，如中航工业航空无线电电子研究所为研制显控系统，建立了设备级测试验证环境（MDVS）、分系统级测试验证环境（SSDL）和系统综合台架（SIVB）用于满足装机需求。

3. 适航认识不断深化，适航体系不断完善

通过国内民机项目的研制，主要的航电系统企业对民机适航的认识不断深化，建立了 AS 9100 质量体系，对民机适航的标准较为熟悉，初步建立了与适航要求一致的设计保证体系和适航认证体系及流程，组建了适航相关组织架构与团队，锻炼和培养了适航管理人才与授权代表队伍，部分产品取得了 CTSOA，甚至 FAA 的 TSO；通过参与系统/设备的研制，推动机载系统企业按照适航标准进行系统与部件产品的研制和供应链管理。

4. 航电专业领域不断深化发展

我国航电系统始终围绕着"综合化、数字化、网络化、智能化"的发展脉络，不断深化发展。具体体现在综合模块化航空电子、飞行管理系统、驾驶舱显示控制、无线电通信导航与监视、大气数据与惯性导航、机载信息与维护以及航空电子与空管的协同发展等领域，新的理念被不断提出，技术也愈发成熟。

结合我国的"十四五"规划，我国航电系统的发展方向应集中在以下三个方面：一是基础技术，重点解决已有产品的高安全性设计、适航符合性方法以及机载设备与系统数字化增量确认和集成支撑技术问题，目标是支持民用飞机航电系统设备装机；二是先进产品技术，重点解决民机领域新产品的市场竞争力问题，围绕民机"安全性、经济性、环保性、舒适性"基本要求，开展新技术研究；三是新技术应用，主要考虑融入国家战略新兴技术框架，提前布局航空新应用和新业务，满足航空应用持续发展的要求。具体体现在解决国产飞机航电系统国产化及市场化运营基础、机载系统产品适航符合性与试飞验证技术以及数字化增量确认和集成支撑技术等一系列问题上。

（八）航空生理与防护救生

随着我国航空武器装备高速发展和实战化飞行作战训练的加速推进，飞行员所面临的航空环境日益复杂严峻，对航空生理与防护救生装备的防护性能提升提出了更高的要求。

1. 航空人体生理学

航空人体生理学主要研究航空特殊环境与动力因素对机体影响的变化规律及其作用机制，探讨防止其对飞行人员产生危害或不利影响与防护措施的学科。航空人体生理试验验证是确保飞行员高空防护装备研发质量的关键环节。自人类早期开始升空探索以来，历经百余年的航空发展，前人已找到了对抗战斗机高空低压、缺氧与加速度等致命因素的措施。纵观近代，源于战斗机战术性能的进一步提高，传统的航空应用生理与防护技术产生了飞跃，主要包括：不同加压供氧总压制肺循环气血分流；研究与发展

中国特色的管式代偿背心－抗 G 服系统；供氧与抗荷呼吸调节装备满足机载制氧与高过载防护要求；高空分子筛供氧的等效生理效应与富氧排氮作用等学术观点为当代战斗机个体防护技术的发展提供了航空应用生理理论基础，其四大技术成为当代战斗机飞行员个体防护装备的标志。系列创新研究成果有效支撑了我国近 30 年所有型号的歼击机、轰炸机、运输机、舰载机、教练机等重大工程的跨代研发，起到了关键且有效的技术支撑作用。

2. 航空防护救生

在火箭弹射座椅方面，第三代弹射座椅的升级主要围绕程序控制系统升级、舒适性改进、个性化背带推广等项目展开。第四代弹射座椅实现了跨越式发展，通过顶层统一规划、接口统一管理，实现了防护救生装备高度集成，产品综合性能达到国际水平，部分性能达到国际领先，打造了我国第四代火箭弹射座椅的通用化发展平台。

在个体防护方面我国也有众多发展：研制了 FZH–2 综合防护服，实现了供氧抗荷综合防护水平以及舒适性水平的跨代升级，综合达到 F–22 飞机同等水平；研制了 WTK–4 综合保护头盔，已实现双目显示，扩大了视场范围和定位精度；发展了 YKX–1 椅装式氧气抗荷调节子系统，实现了抗荷/代偿/通风/通信的综合一体化管理，以及抗荷代偿气源的大流量、快响应、高精确、高可靠的电驱动调节，实现与氧气调节器协同工作，对飞行员实施抗荷正压呼吸，提高飞行员抗过载耐受能力。对标国外防护救生技术的发展现状以及国内现役及在研飞行器平台的能力需求，国内防护救生技术仍存在研究不足，主要体现在：防护功能不够精确和全面，一些人体防护等尚不能满足飞行器平台对防护救生能力的需求以及人机综合能力不足等方面。

在电子技术应用的拓展方面，近年来将防护救生电子控制技术拓展应用于航空应急救援领域，形成了过载启动、入水监测、应急漂浮控制、搜索定位等专用电子技术，开展了直升机过载启动装置、直升机应急漂浮控制器、电子开伞器、多功能救援信息终端等装备的研发，显著提升了航空防护救生等相关系统装备的技术水平。在研发能力方面，新型治理机制、研发体系以及试验平台的建立，使得我国的研发管理能力、设计能力以及试验能力稳步提升。

（九）航空材料技术

我国已基本形成了比较完整的航空材料研制、应用研究和批生产能力，成功研制出一批较为先进的材料牌号，制定了一批材料验收、工艺及检测标准，在很多技术领域达到或接近国际先进水平，为航空装备的发展作出了重要贡献。

1. 高温合金

等轴晶铸造高温合金方面，复杂结构件用合金及结构件制备技术取得进展，突破了预旋喷嘴制备技术；细晶叶轮达到国外实物水平；开展了双性能盘精密铸造技术、微晶铸造技术的探索研究。我国定向凝固柱晶高温合金已发展到第三代，其中第一代已在现役航空发动机上成熟应用，第二代合金已应用于先进航空发动机，第三代定向高温合金处于实验室研究阶段。单晶高温合金方面，进一步提升了第二代单晶高温合金的技术成熟度，研制出了大尺寸第二代单晶高温合金双联涡轮导向叶片，突破了小尺寸第二代单晶高温合金多联涡轮导向叶片制备技术；开展了第三代单晶高温合金应用技术研究，突破了第三代单晶高温合金双层壁超冷涡轮叶片制备技术，正在进行试车考核；开展了第四代单晶高温合金的预先研究和第五代单晶高温合金的探索研究。粉末高温合金方面，进一步提升了第二代粉末高温合金的技术成熟度；开展了第三代粉末高温合金应用技术研究，突破了双性能盘、双辐板盘制备技术，正在进行双性能盘试车考核；开展了第四代粉末高温合金的预先研究，环形件在商用发动机中通过了初步考核。变形高温合金方面，近年来研发了具有更高使用温度的合金材料，包括 700～750℃和 750～800℃用合金，其中，700℃盘件用合金在多个型号中选用，并进行了涡轮盘的初步考核验证，突破了 800℃盘件用难变形高温合金的冶炼和锻件制备等关键技术；开展了变形高温合金返回料再生利用技术研究，研制的环形件已通过了试车考核。高熔点金属间化合物材料方面，进一步提升了承温能力1100℃的 Ni_3Al 基金属间化合物材料的技术成熟度；近年来，研发了承温能力1150℃和1200℃单晶 Ni_3Al 基金属间化合物材料以及 1200～1250℃的 Nb-Si 材料，还研制出了具有定向结构的 Nb-Si 材料空心涡轮叶片样件。

2. 钛合金（含 Ti-Al 系金属间化合物）

飞机结构用变形钛合金方面，中强、高强高韧钛合金材料和应用技术比较成熟，损伤容限型钛合金材料和应用技术也趋于成熟。损伤容限型钛合金 TC4-DT 和 TC21 已成熟应用于先进飞机上，TC4-DT 中强损伤容限型钛合金已实现投影面积 $5.2 m^2$ 大型锻件的整体化成型并批量稳定供货。高强高韧 TB6 钛合金已大量应用于直升机旋翼系统和机体结构。1030 MPa 级 TC16、1138 MPa 级 TC4 以及 1300 MPa 级超高强 TB8 钛合金紧固件已装机应用，并开展了 1350 MPa 级超高强韧钛合金和 1500 MPa 级超高强中韧钛合金的研制和应用研究。开展了高性能低成本钛合金研制和钛合金低成本化技术研究。传统的 500℃及以下固溶强化型变形高温钛合金广泛应用于航空发动机，近年来我国自主研发了 500℃以上的系列高温钛合金，并应用于先进航空发动机；开展了 TC17、Ti60 钛合金整体叶盘的应用研究和考核验证试验；开展了 500℃和 550℃两个耐温级别的阻燃钛合金研究。飞机和发动机结构用铸造钛合金方面，典型的中强度钛合金 ZTC4、ZTC4ELI、ZTA15 等可实现 1500 mm以上大型薄壁复杂异形结构件的整体精铸成形，已应用于复杂关键 / 重要承力结构件；开展了抗拉强度可达 1100 MPa 以上的 ZTC18、ZTC21 等高强度铸造钛合金研制。航空发动机用铸造钛合金 80% 以上采用 ZTC4 和 ZTA15 钛合金；中强度 Ti-6242 合金已应用于压气机部位，固溶时效后的抗拉强度可达 1000 MPa。在特种功能钛合金方面，发展了用于弹簧和紧固件的高强度钛合金，TB9 钛合金达到了国外同类合金的材料性能指标且高性能弹簧已通过装机考核；自主研制的超弹性高强钛合金已用于制备超弹性结构功能一体化制件；开展了 21MPa、28MPa 管路压力的管材及无扩口连接技术研究。Ti-Al 系金属间化合物以及 SiC 纤维增强钛基复合材料快速发展，已发展了多代次 TiAl 金属间化合物合金，进行了 Ti$_3$Al 合金静子内环装机试验，Ti$_2$AlNb 合金机匣和整体叶盘、TiAl 合金叶片通过了强度试验考核；TiAl 合金旋流器通过了气动考核试验；Ti$_2$AlNb 合金机匣、TiAl 扩压器和排气框架、定向凝固 TiAl 合金叶片等取得突破性进展，正在加紧考核验证。部分突破了纤维增强 600℃以下钛基复合材料制备技术，正在开展试验件考核验证，纤维增强 TiAl、Ti$_3$Al、Ti$_2$AlNb 基复合材料处于研制阶段。

3. 铝合金

我国航空变形铝合金已发展至第四代，主干航空武器装备所需的第三代铝合金材料制备技术已达到国际先进水平，第四代铝合金材料制备关键技术已突破，并得到应用。超高强度铝合金研制取得进展，600MPa 级超高强铝合金已形成主干材料牌号，750MPa、800MPa 级铝合金已完成预先研究。中强耐损伤铝合金薄板的研制突破薄板制备关键技术并实际应用，中厚规格和超厚规格铝合金板材的使用宽度和厚度规格以及铝合金自由锻件规格进一步增大。传统铸造铝合金的强度提高 20～30MPa，延伸率提高一倍以上，耐热铝合金主要用于航空发动机的机匣等部位。我国铝锂合金的研究和应用主要集中于变形铝锂合金，第二代铝锂合金已用于飞机壁板、垂尾、长桁等多个部位；第三代铝锂合金已经突破多项关键技术，部分已在航空装备中成功应用。我国铸造铝锂合金及其液态成形技术的开发还处于起步阶段。

4. 结构钢与不锈钢

航空结构钢与不锈钢研究重点主要为超高强度钢和齿轮轴承钢。超高强度钢方面，我国研制多个牌号并在型号中应用，其中，40CrNi2Si2MoVA 起落架可实现起落架与飞机机体同寿命，近年来，在型号中研制和应用了更大规格的超高强度钢零部件，并开始研制更高强度级别的超高强度结构钢，还开展了 1900MPa 级超高强度不锈钢的预先研究，并开始在先进直升机上应用。我国齿轮轴承钢已发展了三代，近年来，研制出高强不锈齿轮轴承钢 15Cr14Co12Mo5Ni2WA，并试制了发动机齿轮；还研制了超强耐热轴承钢 CH2000，表层达到超高硬度 65～69HRC，心部达到超高强度高韧性，使用温度可达到 450℃。

5. 透明材料

我国航空透明材料可分为有机透明材料和无机透明材料，有机透明材料主要包括航空有机玻璃（聚甲基丙烯酸甲酯，简称 PMMA）、聚碳酸酯、热塑性聚氨酯中间层和部分功能透明导电薄膜、防飞溅层等材料；无机透明材料主要是无机玻璃。航空有机玻璃是目前歼击机、教练机座舱盖透明件领域应用最为广泛的透明材料之一。聚碳酸酯的韧性、抗冲击性能、热变形温度优于有机玻璃，但耐环境性能和耐磨性不如有机玻璃，现已研制出国产原材料，突破系列关键制备技术，其工程化应用考核验证尚不充分。无机玻璃主要用于直升机、运输机和客机风挡等领域，是典型的脆性材料，一般通过物理钢化或化学强化的方法改善其抗微裂纹扩展性能，我国在特种铝硅酸盐玻璃研制与应用研究方面开展了大量工作，已基本实现高铝硅酸盐玻璃的自主保障。有机玻璃－聚碳酸酯复合结构透明件在提高抗鸟撞性能、满足穿盖救生功能的同时实现减重方面具有显著优势，在我国新型舰载战斗机上有明确需求。在透明结构材料研制与应用研究的同时，功能化研究也取得了大幅进步，根据先进航空器的实际需求，雷达隐身、电加温、电磁屏蔽、红外隐身、耐磨等功能薄膜技术已渐趋成熟并得到一定实际应用。

6. 橡胶与密封材料

航空橡胶与密封材料种类繁多、形式多样，可实现介质密封、气动整形、阻尼减振、电磁屏蔽、防火隔热等多种功能。在航空橡胶材料领域，我国丁腈、乙丙等通用橡胶、氟醚、氟硅等耐介质橡胶、高阻尼硅橡胶、高承载天然橡胶等已在航空装备中获得应用，部分材料性能与国际先进水平相当，基本满足了相关航空装备对高性能橡胶密封材料的技术需求。近年来，在耐高温、长寿命、功能型特种橡胶材料方面取得了较大进步，成功研制了耐 300℃的全氟醚橡胶、高导电橡胶、–30℃级氟醚橡胶、高强度氢化丁腈橡胶，并获得型号应用，全面提升了飞机和航空发动机耐高低温部位密封水平。在航空密封剂领域，国产材料产品类别齐全，可满足我国先进飞机的结构和功能密封需求，材料性能水平和密度与国外产品相当，近年来还陆续开发了耐 300℃氟硅密封剂、耐油导电密封剂、超低密度结构密封剂等新型航空密封剂，进一步提高了材料系列化程度，性能与国外同类产品相当。

7. 涂层

我国航空发动机广泛应用的热障涂层陶瓷面层为氧化钇部分稳定的氧化锆（YSZ），涡轮叶片电子束物理气相沉积 YSZ 热障涂层通过了多个先进发动机的试车考核验证，并在部分型号上实现了批产交付。还开展了多元稀土氧化物掺杂氧化锆、稀土锆酸盐（如 LaZrO 和 GdZrO）等新型热障涂层研究，实现了 1500℃长时相结构稳定，其中以 LaZrCeO/YSZ 为代表的双陶瓷新型热障涂层已通过了发动机试车考核。此外，探索研究了具备抑制辐射传热、耐海洋环境腐蚀和感温等功能的新型热障涂层。抗氧化涂层方面，我国 MCrAlY 涂层实现了 1100℃环境中长时服役，实现了在航空发动机涡轮叶片上的批量应用。近年来，通过采用 MCrAlY+NiAl 结构复合、MCrAlY 多元掺杂改性等技术方案，在 1150℃下获得了优异的抗高温氧化性能；开展了使用温度可达 1150 ~ 1200℃的新型抗氧化涂层的探索和预先研究；为在 1200℃下获得较低的氧化速率，开始在抗氧化涂层设计中引入"高熵"的概念。航空发动机用化学气相沉积（CVD）铝化物涂层方面，我国主要以单一铝化物涂层为主，其 CVD 沉积工艺相对较为成熟，叶片榫齿防漏渗等技术取得相应研究进展，也加快了改性铝化物涂层的研制工作，其中，PtAl 涂层已用于涡轮叶片高温抗氧化涂层和热障涂层的金属粘结层。

封严涂层方面，近年来，我国进一步突破了铝硅/氮化硼、镍/石墨、镍铬铝/氮化硼、钴镍铬铝钇/聚苯酯涂层粉末材料的制备技术，实现了国产粉末的工程应用；服役温度1100℃以下的封严涂层进一步发展，研制了使用温度可达1100℃以上的氧化锆/聚苯酯陶瓷基高温封严涂层材料，并针对单晶结构件开始应用验证；开展了陶瓷基复合材料用可磨耗封严涂层的实验室研究。耐磨涂层方面，超音速火焰喷涂碳化物涂层突破了疲劳性能控制技术，在飞机、直升机的起落架、襟翼滑轨、螺栓上大量应用；爆炸喷涂碳化物涂层实现了在铝合金、铜合金零件上的装机应用；钛合金叶片叶尖复合镀氮化物涂层进一步发展，有望有效提高钛合金叶片的使用寿命；针对 TiAl 叶片榫头成功开发了 NiCoCrAlY/hBN 抗微动磨损涂层，550℃下的微动磨损率较 TiAl 合金降低90%以上；在树脂基复合材料表面实现了碳化钨、碳化铬等耐磨涂层的制备。

我国航空领域使用的镀覆层技术种类众多，功能需求繁杂，应用十分广泛，涉及几乎所有材料类型和发动机。目前，航空领域镀覆层性能显著提升，镀覆技术正逐步从传统高污染技术向绿色环保新技术转变，主要体现在无氰、代镉、代六价铬等技术方向。一大批新型环保高效镀覆层技术得到推广和应用，包括真空离子镀铝、无机盐铝涂层、无氰电镀、三价铬化学氧化、环保阳极氧化、溶胶凝胶、微弧氧化、电镀锌镍合金、颗粒增强复合电镀等。其中，突破了真空离子镀铝高绕镀性与温度控制等关键技术，逐步实现复杂零部件的离子镀铝。镀覆技术的实施也逐渐从传统人工模式向自动化、智能化方向发展。

近年来，环保型防腐涂层取得阶段性技术进展并陆续装机应用，如施工固体份在50%~60%左右的非铬高固体份涂层和 VOC 含量120g/L 左右的水性底漆和面漆。针对海洋服役环境，关键防腐涂层按底材细分发展，在舰载机上首次实现了铝合金、钢、复合材料等不同底材专用防腐底漆的研制和工程化应用。关键功能涂层的技术水平接近或达到国际先进水平，新一代功能/防腐一体化涂层在新型装备上得到应用，如采用底漆面漆整体增韧技术研制的高耐冲刷高效防腐涂层系统和采用特种树脂体系制备的新一代海陆两用抗静电抗雨蚀涂层系统。新型装备典型部件用特种涂层的更新换代已进入技术攻关关键阶段，如基于复合材料和金属基材油箱的耐防冰剂型油箱底漆，将有力保障航空装备在极端环境下的服役安全性。推出了一系列飞机热端部件和发动机用耐温700℃及以下的多功能高温防腐涂层，兼顾了耐温、耐油、耐流体腐蚀介质以及耐热/耐盐雾腐蚀双因素多周期腐蚀循环等多种功能，填补了国内空白；700℃及以下的各类耐高温涂层基本可做到按功能要求进行多功能设计和制备。建立了有机涂层适航符合性验证程序，符合适航要求的蒙皮防腐涂层、客舱水基涂层和抗静电涂层已开始在 C919 和 ARJ21 上得到应用。

（十）航空制造技术

航空制造技术是面向航空产品制造过程的制造机理、加工方法和工艺装备的综合性科学技术。随着科学技术的发展，航空制造技术已集机械、电子、光学、信息、材料、生物科学和管理学为一体，形成了一种多学科交叉、技术密集体系，集聚了制造业的先进技术。近年来，我国在金属整体结构制造技术、复合材料整体结构制造技术、先进焊接技术和数字化制造技术等领域取得了新的突破。

1. 金属整体结构制造技术

金属整体结构制造可以提升结构性能并实现结构减重，近年来金属整体结构尺寸趋于大型化，结构集成度越来越高，加工与成形难度增大，复杂及大型金属整体结构的制造技术成为支撑现代航空产品研制和生产的核心技术。

数控加工技术是航空结构件最主要的制造手段，结构大型化、外形复杂化、材料多元化、制造精密化等现代航空结构件的特点促使先进的高精度数控加工技术投入实际生产。高速加工技术已广泛应用于大型铝合金整体结构件中，切削线速度可达 1000m/min 以上、材料去除率高达 $1 \times 10^7 mm^3/min$，可稳定加工出 $1 \pm 0.01mm$ 的腹板结构；超声振动铣削、磨削加工的陶瓷基复合材料构件表面粗糙度明显改善；复材构件超声振动制孔技术已开始验证应用，自适应加工技术开始应用于近净成形零件，先进刀具结构和材料不断改进提高了加工效率和质量，辅助工艺软件逐步应用于工艺设计，工艺仿真从传统的几何仿真向物理仿真过渡，提高了关重件的加工合格率。

金属塑性成形技术在整体化、轻量化及大型化构件制造中也有创新突破。超塑成形／扩散连接技术利用板材在高温环境下的塑性变形，形成具有复杂外形的薄壁壳体桁架结构，应用于机身口盖、防火墙、发动机叶片、飞行器舵面／翼面等结构，有效实现结构减重且构件的外形精度与成形质量更优。利用超塑成形／扩散连接／焊接集成技术创新，为飞机大型／超大型轻量化整体结构的研制提供了全新的解决方案。采用喷丸成形制造带筋整体壁板成功应用于飞机机翼结构，该技术的突破使我国喷丸成形技术跃居世界领先水平。采用旋压成形技术实现了最大直径 2400mm、最大高度 2500mm 铝合金回转体构件的整体制造，标志着我国具备了大型薄壁回转体构件的整体制造能力。

增材制造的发展更加突出广义增材制造，应用材料从金属拓展至金属基复合材料、陶瓷以及碳纤维复合材料等。我国增材制造技术现已形成一定规模的产业链。飞机进排气格栅和发动机喷油嘴激光选区熔化增材制造技术、大型整体钛合金主承力结构件激光直接沉积增材制造技术、飞机框梁结构电子束熔丝增材制造技术等技术研究已取得突破性进展，研制出某型号飞机 TA15 钛合金前起落架整体支撑框、C919 接头窗框、大型运输机滑轮架等金属零部件，实现了航空装备上装机应用。

电加工、激光加工等特种加工技术已成为航空制造领域中的关键技术。精密振动电解加工技术实现极小间隙（小于 0.01mm）下的定域加工，提高了航空发动机整体叶盘、叶片等零件电解加工精度，照相电解加工、电液束加工等技术的发展也逐步解决了小孔径、大深径比的高品质制孔需求。电火花加工也广泛应用于航空发动机叶片、格栅等成形或制孔及燃烧室的表面合金化加工。激光去除加工目前已在我国多型飞机样板加工中得到较广泛应用，多应用于发动机制造，我国航空发动机从进气道到尾喷管有上百种零件已采用激光切割或制孔。

表面工程技术对飞机结构的抗疲劳性、耐磨损、耐腐蚀具有重大影响，且关系到飞机隐身、零部件热防护等特殊功能，已在我国航空发动机及飞机制造领域得到较为广泛的应用。在航空发动机制造方面，涡轮外环封严涂层热喷涂技术、热喷涂和电子束物理气相沉积（EBPVD）两种技术提升了发动机耐温能力。在飞机结构制造方面，各种提高抗疲劳性能、实现耐磨防护及防腐的表面工程技术正在研究或已在型号使用。近年来，国内复合表面工艺、绿色表面技术在航空领域应用上也取得突破性进展。

以高效高精为特征的先进焊接技术是实现飞机和发动机整体化、轻量化制造的重要解决途径。我国的飞机和发动机典型焊接结构工程化应用关键技术获得突破，在多种型号制造中得到应用。电子束焊接有利于获得优质且深宽比大的焊接接头，国内已突破 180mm 钛合金结构焊接，基于束流控制技术开发了电子束偏摆扫描焊接、脉冲电子束焊接、多点束源复合作用控制电子束焊接等新工艺，显著提升了焊接工艺稳定性和可靠性。对于飞机结构，电子束焊接已应用于钛合金承力框梁、高强钢滑轨、机尾罩、口盖、起落架、拦阻钩、电磁阀组件等结构的焊接。对于发动机，已应用于盘、转子、机匣组件以及过渡轴管、轴颈、衬套、短管等结构。激光焊接已可通过能量域、时间域、空间域多维调节实现所需模式的焊接，大大提高了焊缝深宽比调节和焊接结构变形控制的能力，提升了焊接过程稳定性和焊接接头的质量可靠性，不仅在发动机转接段、飞机腹鳍结构、飞机壁板结构、缝翼滑轨套筒等结构形成了批量制造，并拓展应用于进气道、排气道、尾喷管等复杂结构。线性摩擦焊在叶片与叶盘的焊接及修复具有广泛的应用前景，近年，国内针对航空钛合金线性摩擦焊的焊接过程温度场形成、金属塑性流动行为、焊缝形成机理及接头组织演变进行了更为深入的基础研究，突破了异种钛合金焊接工艺，验证了线性摩擦焊整体叶盘制造的工艺技术路线。近十年搅拌摩擦焊在工艺应用、基础研究、装备研发方面蓬勃发展，已形成一定规模的专利技术群和高质量的研制产业链，在回填搅拌摩擦点焊、静轴肩搅拌摩擦焊、角接搅拌摩擦焊等方面都有了很大的突破。真空钎焊方面，对于金属间化合物、单晶高温合金、氧化物弥散强化合金等新型高温材料，基于多相复合强化理论机理开发了新型镍基钎料、钴基钎料、钛基钎料，钎焊接头室温抗拉强度可达到基体强度的80%，1000℃抗拉强度提高到基体的70%。航空轻量化整体结构、耐高温结构、承力结构等方面应用快速发展，促使结合钎焊和扩散焊优点的促进扩散焊等新方法不断涌现，针对发动机热端部件用单晶、定向凝固合金、氧化物弥散强化合金等新材料，研究了多种镍基、钴基中间层材料和 TLP 扩散焊工艺。

2. 复合材料整体结构制造技术

国内飞机树脂基复合材料用量得到了迅速提高，AG600 大型水上飞机中的复合材料用量接近全机结构重量的 30% 左右，大型客机 C919 飞机复合材料用量占 15% 左右，正在研制中的双排座大型客机 C929 飞机复合材料用量接近 50%，国内大部分无人机主体结构 100% 为复合材料。在飞机的功能结构领域，除传统的雷达罩、天线罩之外，复合材料在功能性结构和飞机内饰等方面得到了广泛应用。在制造技术方面，大、中型结构件开始采用自动铺丝和自动铺带技术，大量采用预浸带、层片自动裁剪、激光辅助定位 / 手工铺层和热压罐固化等工艺技术，技术成熟度较高。AG600 水上飞机的垂尾、副翼大型复合材料结构件，以及中型飞机的机翼、尾翼、进气道、消音衬垫等大型整体主承力复合材料结构件采用了共固化、胶接等整体成形技术，鸭翼、梁、舱门和航空发动机的叶片、格栅等整体结构采用了液体成形技术（包括 RTM、RFI、VARI 等）制造。在复合材料制造设备方面，我国已拥有超过 30m 长的热压罐设备，可满足飞机机翼等特大型复合材料结构的成型需要。目前，我国航空业复合材料制造技术朝着低成本、数字化和智能化的方向快速发展，与世界先进水平的差距逐步缩小。

3. 飞机自动化装配技术

数字化柔性装配是自动化装配发展的新方向。国内已开展的数字化柔性装配技术研究包括：面向数字化柔性装配的结构特征设计技术；基于关键特性的数字化容差分配、数字化柔性装配工艺规划与仿真技术；可重构柔性定位工装、多自由度并联定位工装等定位单元技术；机器人铣切等加工单元技术；振动制孔、轨迹制孔、爬行机器人制孔、柔性导轨制孔、环形轨道制孔等制孔单元技术；低压电脉冲铆接双机器人协同连接等连接单元技术；机器人涂装等表面处理单元技术；制孔连接质量双目视觉在线检测、复杂狭窄内腔多余物识别及装配质量检测等数字化检测单元技术；复杂装配系统集成控制技术；基于数字孪生的装配管控等数字化管理技术；自动制孔、双机器人协同钻铆等飞机装配应用技术。各项研究成果均已用于飞机研制生产。

4. 数字化智能化制造技术

数字化制造是指由计算机介入或控制的各个尺度下产品加工制造过程，在数字化制造过程中，数字量的信息始终贯穿产品设计到最终产品的全过程，并实现信息的双向流通。近年来，国内航空制造业在飞机的科研生产、研制保障中同步提升数字化技术能力，全面推进采用基于数字化模型方法并行协同工作模式，初步形成以数字化并行设计、试验仿真、制造、管理为主线，以数字化协同平台为支撑的数字化研制体系，实现了全三维数字化定义，构建几何数字样机，构建跨地域、跨专业的设计制造并行协同工作模式，探索并推进建设了一批数字化生产线和智能制造新模式。

三、国内外比较分析

（一）2016—2021 年世界航空科技的主要进展

近五年以来，航空科技越来越受到世界各国的重视，尤其是美国、俄罗斯、欧洲以及中国等国家和地区都将航空科技作为国家战略大力发展。随着信息技术、人工智能等学科的发展，航空科技也呈现出新的发展趋向，取得了一系列的突破和进展，其中较为重要的标志性应用进展包括以下方面：

1. 波音、空客公司多个新型号客机相继交付

作为全球民用客机市场的两大巨头，波音公司和空客公司为了进一步加强在客机市场的竞争力，都相继推出了新型号的干线客机。

波音公司相继推出了 B737MAX8、B777 系列和 B787 系列客机。2016 年 1 月，B737MAX系列中的第一架 B737MAX8 首飞，该机延续了 B737 飞机良好的市场表现，获得了 5011架订单，不过，自 2018 年 10 月起，短短 5 个月内，该机接连发生了两次灾难性坠机事件，安全性受到普遍质疑，随后 B737MAX 飞机全球停飞，生产停止，部分订单取消，2020 年12 月 B737MAX 复飞。B777 飞机的最新改型 B777X 于 2020 年 1 月首飞，该机融合了 B777的坚实基础和 B787 飞机的新技术，每座成本比空客新型远程宽体客机低 10%，该机包括777-8 和 777-9 两款机型，已经获得了全球 8 家用户的 358 架订单。2017 年 3 月 B787-10首飞，该机是"梦想飞机"系列的第三个成员，也是最长的"梦想飞机"，2018 年 3 月开始交付。

受 B737MAX 坠机事件影响，空客公司 A320neo 系列成为全球最畅销的单通道飞机，共获得 6100 多架订单，占该级别市场份额的 60%。同时，空客还推出了全新设计的中型远程宽体客机 A350XWB 飞机，与现有同级别飞机相比，A350XWB 宽体飞机的燃油效率提高了 25%，排放减少了 25%，业已成为最成功的宽体飞机之一。2020 年 6 月，空客公司在 A350-1000 客机上顺利实现了自主滑行、起飞和着陆，为大型客机的驾驶自动化迈出了一大步。但 2020 年新冠疫情的冲击加速了全球巨无霸 A380 飞机的退出，由于销售不佳，A380 飞机即将面临停产。此外，庞巴迪公司于 2008 年 7 月启动的 C 系列飞机由于供应商延迟、财务危机和订单流失等多重打击，更由于美国的 300% 关税事件，最终导致庞巴迪将 C 系列项目股权出售给空客公司，C 系列也更名为 A220，庞巴迪退出了航空制造业，而空客公司以较低成本直接获得了一款目前最先进的单通道喷气式客机产品，截至2020 年 12 月底，A220 飞机的储备订单 524 架。

2. 俄罗斯相继启动 MC-21 和 SSJ-100 等民机项目

MC-21 是俄罗斯伊尔库特公司研制的新一代双发中短程窄体干线喷气客机，2017 年5 月首飞，俄罗斯航空航天工业希望借助 MC-21 飞机回归全球商用飞机市场，意图抢占窄体飞机市场 10%~15% 的份额。截至 2020 年 9 月，该型机共取得 175 架订单。2018 年 9 月，美国宣布对俄罗斯实施制裁，俄罗斯随后启动了 MC-21 等飞机的进口替代计划，2020 年12 月，配装俄国产 PD-14 发动机的 MC-21 飞机实现首飞，这是俄罗斯在先进民机自主可控方面迈出的扎实一步，MC-21 飞机的国产化进程将持续到 2024 年，最终使全机外国零部件的比例从 60% 降低到 3%。

在支线飞机方面，俄罗斯也在持续推进 SSJ 项目。SSJ100 支线客机是俄罗斯研制的第一型走向国际市场的支线飞机，可搭载 75~103 名乘客，在西方国家对俄罗斯实施禁运之后，2018 年 1 月，俄罗斯也启动了 SSJ100 的进口替代计划 SSJ-NEW 项目。

3. 美国、俄罗斯新一代轰炸机研制取得重要进展

2015 年 10 月，美国诺·格公司正式开始了下一代远程战略轰炸机 B-21 的研制，B-21 飞机总体布局类似 B-2 飞机，采用无尾飞翼布局、强调隐身和超大航程，放弃了对高空高速性能的追求，飞机具有兼备网络化和独立作战能力、高生存力、作战半径适中、兼顾临空 / 防区外攻击、经济可承受性好等特点。2018 年 11 月，完成关键设计评审，2020 年 8 月，B-21 原型机总装已初步成形，预计在本世纪 20 年代中期形成初始作战能力。

俄罗斯的 PAK-DA 项目也取得重大进展。2013 年 3 月，图波列夫设计局正式开始了 PAK-DA 飞机的研制，PAK-DA 飞机也采用飞翼设计、高隐身、亚音速，可携带巡航导弹、精确制导炸弹和高超声速武器。2017 年 3 月完成全尺寸模型和初步设计方案评审，2019 年 2 月，俄罗斯 PAK-DA 轰炸机的外形和技术状态最终确认，2020 年 5 月，PAK-DA 项目首架原型机进入制造阶段。

4. 美国、以色列、欧洲大力发展新一代军用无人机

2016—2021 年，世界很多国家和地区都在大力发展无人机，近几年的局部冲突尤其是 2020 年的纳 – 卡冲突，更是让世界各国耳目一新，体会到了无人机主导下的全新战争模式。全球已经有包括美国、以色列、英国、俄罗斯等在内的 49 个国家研发无人机，超过 80 个国家装备无人机。无人作战飞机仍是世界军事强国研发的重点领域，无人作战飞机、高超声速无人机、察打一体无人机、高空长续航无人机等均有相关研发或改进项目。研究热点领域集中在有人 / 无人协同、无人机蜂群作战等几个方面。

美国无人系统发展正进入提升谱系能力、推进概念技术融合和推动装备更新拓展"三管齐下"的新时期，2017 年，MQ-4C"人鱼海神"无人机服役，该机是诺格公司在 RQ-4A"全球鹰"基础上改进的大型海上无人作战飞机，具备巡逻、监视、反潜作战能力，单次飞行扫描海域高达 700 万平方千米；2018 年 7 月，通用原子航空系统公司生产的 MQ-9B"天空卫士（SkyGuardian）"中空长航时无人机首次实现跨大西洋飞行，飞行 24h4min，飞行距离 6960km；2015 年，诺斯罗普·格鲁曼公司的 X-47B 无人机完成了无人自主空中加受油的可行性验证，2019 年 9 月，波音公司研制的 MQ-25"黄貂鱼"舰载无人加油机首飞，预计 2024 年形成初始作战能力；2019 年 3 月，XQ-58A"Valkyrie""忠诚僚机"无人机演示验证机完成首飞；2019 年 11 月，美国低成本可重复使用无人机空中发射和回收项目 X-61A"小精灵"无人机项目完成了首次飞行测试；2020 年 6 月，美空军发布了"下一代多用途无人机"（MQ-Next）项目信息征询书，旨在自 2030 年第四季度起逐步替换现役的 MQ-9"死神"察打一体无人机。

以色列方面：2017 年以色列制定了新的无人机路线图，持续改进"苍鹭""哈洛普"

等系列无人机，并且先后出口厄瓜多尔、巴西、德国、印度和阿塞拜疆等多个国家，并且阿塞拜疆使用以色列的多型无人机在纳－卡冲突中取得了令人瞩目的战绩。

欧洲方面：2015 年，英国启动了"轻型经济可承受新型作战飞机"（LANCA）概念，2018 年 5 月，英国 BAE 系统公司和棱镜公司合作开发持久高空太阳能无人机 PHASA-35。2020 年 10 月，英国蓝熊系统公司已使用其最新的蜂群无人机技术操作 20 架固定翼无人机，形成协作、异构的无人机蜂群，进行超视距飞行（BVLOS）。2018 年 11 月，"欧洲中空长航时无人机"通过系统初始设计评审。2020 年 1 月，意大利新型战略监视无人机 Falco Xplorer 完成首飞。近年来，俄罗斯也加快了"猎人""牵牛星"等重型无人机的研发力度。2016 年 7 月，"牵牛星"原型机首飞；2019 年 8 月，"猎人"重型隐身攻击无人机首飞，并在 2019 年 9 月首次与苏 –57 飞机完成编队试飞；2020 年 8 月"军队 –2020"防务展上俄罗斯公布了"雷霆"隐身无人作战飞机，该机构型与 XQ-58A 类似。

5. 各国相继启动电推进技术研究

欧洲、美洲和亚洲多国已将电动航空作为产业融合创新发展的重点领域大力扶持，电动短途通勤机型发展迅速，四座以上电动飞机的技术成熟度已逐渐具备商业运营可行性。NASA（美国航空航天局）在干线机、城市空运和通用飞机三条路线同步推进，先后开展了 STARC-ABL、ECO-150、N3X 等飞机关键技术和概念方案研究，开展了 X-57 麦克斯韦分布式电推进验证机研制以及联合初创企业开展 9 座级通勤飞机方案设计。

目前，全球约有 240 多个电推进飞机项目正处于开发阶段，其中超过一半是 2017 年以后宣布的，电力推进开创了航空航天新的创新时代。主要有：2019 年 6 月，NASA 的 X-57 麦克斯韦开始进行 ModII 的地面试验，X-57 是分布式电推进验证机，由一架泰克南 P2006T 改装而成；2019 年 8 月，英国宣布了"未来飞行挑战赛"，为电动客机、货运无人机和城市空中出租车技术开发提供资金；2019 年 12 月 DLR 展示了一种尾部带有电推进装置的中程飞机模型；2020 年 6 月，Bye 公司计划开展 eFlyer2 全电动飞机第二阶段的飞行测试，以选择效率最高的螺旋桨，最大可能地提高这种全电动飞机的性能；混合电推进由概念阶段向演示验证跨越，是航空第三时代电动时代的标志，以色列 Eviation 公司的 9 座纯电动通勤飞机和美国安飞公司的 6 座混合动电动飞机在 2019 年巴黎航展上获得了数十架订单，计划未来两三年内进入市场。另外，NASA 在其单通道带后置附面层推进的涡轮电推进飞机项目研究中，对附面层抽吸技术开展了相关研究，并设计了飞机尾部安装涡轮推进器的混合电推进飞机布局。

6. 新型布局技术研究持续推进

新型布局探索方面，BWB（翼身融合）布局气动阻力较小，飞行效率高，结构重量轻，装载空间大，节能环保，能有效降低噪声和发动机有害气体排放，是有望达到绿色航空"经济、环保、舒适、安全"要求的民机革命性技术之一。目前看来，BWB 布局民机很有希望成为美国航空航天局（NASA）下一个亚声速 X 验证机；2020 年 2 月，空客公司在新加坡航展上展示了 MAVERIC "翼身融合"民机缩比模型技术验证机，MAVERIC 项目是空客内部的保密项目，于 2017 年启动，2019 年 6 月首飞，旨在探索 BWB 飞机所需的先进电传操纵技术，飞机测试活动一直持续至今；2019 年 6 月，荷兰皇家航空与代尔夫特理工大学合作开发 "Flying-V"翼身融合体飞机，2020 年 9 月，Flying-V 翼身融合飞机概念缩比验证机在德国完成首飞，Flying-V 与 A350 座级和货物运载能力相当，但可节省 20% 的费用；翼展与 A350 相同，不需要对机场和跑道进行重建；俄罗斯、中国和其他国家也在持续探索 BWB 布局技术。

除 BWB 布局之外，桁架支撑技术是另一个有前景的布局形式，各国也都在积极探索。2019 年 1 月，波音发布了跨声速桁架支撑翼（TTBW）概念布局的改进型，旨在提供飞行速度为 0.8 马赫时具有前所未有的气动效率。

7. 美国在超音速客运和无人机集群作战方面取得突破

美国 X-59 静音超声速技术（QueSST）验证机是 NASA 集成航空系统计划的一部分，主要用于验证低音爆技术，2019 年 12 月 17 日通过了关键决策点 D（KDP-D）评审，2020 年 12 月完成了机翼内部封闭工作，预计 X-59 将在 2022 年 1 月完成首飞。

高超声速飞机方面：总体呈现出加速发展的趋势，继洛马公司之后，波音公司连续公布军用和民用高超声速飞机概念方案及研制计划，DARPA 高超声速飞机用 TBCC 发动机地面验证取得重要进展，坚定不移推动基于 TBCC 动力的高超声速飞机技术发展。

无人机集群作战方面：美国 DARPA 小精灵无人机开展了多次试飞，天空博格人项目授予原型机研制合同，美国苍鹭系统公司空战智能算法战胜人类飞行员等，这些先进技术在未来将转化出无人机蜂群、忠诚僚机等多个无人机装备型号，为实现无人机自主作战和有人机–无人机协同作战奠定基础，塑造出未来全新的空中作战形态。

（二）航空科技的国内外差距

近年来，世界各国对新飞行器发展的热情不减。美国、俄罗斯先后开始研发新型远程战略轰炸机，美国的 F-35 大批量列装，中国歼 -20 和俄罗斯的苏 -57 也开始列装，美国注资六代机概念推演持续几年之后，2020 年 9 月，时任美空军负责采办的助理部长威尔·罗珀宣布已完成下一代战斗机全尺寸验证机首飞并进行多轮次试飞；军用无人机方面百花齐放，新机型研发不断。在军民用飞行器领域，中国正按照自己的节奏稳步推进，五年间，大型灭火 / 水上救援水陆两栖飞机"鲲龙"AG600 飞机、中短程民用客机 C919 等先后首飞，Y-20、歼 -20、J-15 等飞机的列装和系列化发展稳步推进，歼 ×× 隐身舰载机和攻 ×× 无人机正在研发。但总体来说，我国航空科技与世界先进水平相比仍存在较大的差距。

1. 飞机总体

与国外发达国家相比，我国飞机总体技术的差距主要表现在以下几方面。

（1）军用飞机仍存在明显差距

近年来，我国在大型军用运输机、舰载飞机、军用特种飞机的发展方面均取得了较大的进步，但与美国等航空强国相比，军用飞机的平台性能、设计技术水平等仍有一定差距。我国在飞机平台的设计方面，仍处于紧密跟踪状态，加之受限于动力装置和航空材料等，飞机平台优势特性的发挥受到一定的制约。在飞机总体设计环境方面，我国仍处于初级阶段，飞机总体设计环境并不完善，而美国各大军工集团基本都有自己独特且完善的设计环境体系，这方面还期待着我国军用飞机总体设计技术的进一步发展。

（2）民用飞机国产化道路任重道远

近年来，在传统民用飞机领域，我国的进步是有目共睹的，ARJ21 飞机已初步形成了机队规模，C919 飞机有望在 2021 年内交付，我国的民用飞机总体综合水平大为长进，尽管由于历史欠账较多，距离世界先进水平仍有较大差距。未来民用飞机发展的重点还是要走国产化道路，突破动力装置、航空材料、系统及关键设备等关键技术，使我国的民用飞机发展早日走上自主发展的良性道路。

新概念民机领域，电推进飞行器和超音速民机方面，相比其他航空强国，我国的投入较少，研发点较少，需要加强这方面的研究。

（3）无人机平台技术薄弱

从总体上说，我军无人机装备同无人机强国相比仍有一定差距，国内已有的无人机任务系统载重都不大，尚难满足电子对抗、预警、侦察等大型任务系统的要求，平台技术难以满足无人作战飞机的高隐身、高机动能力的要求，在气动力、发动机、轻质结构和高精度导航等方面基础技术薄弱。此外，无人作战飞机需要的智能控制、决策和管理技术，空 / 天基的信息网络技术，以及相关的小型化高效精确制导武器等，也还都未能满足无人作战飞机系统的要求。

（4）新技术亟待发展

现代航空技术的发展日益趋向多学科的智能化、综合化发展，我国目前在人工智能技术、隐身技术和新型布局技术等方面亟须发展。

美国作为全球战斗机技术的引领者，已经广泛地在战机上使用了人工智能。随着现代航空飞行控制技术的快速发展，人工智能技术在航空飞行控制方面得到了广泛的应用，两种技术的深入融合已经成为一种趋势，我国在人工智能研发方面需要进一步加强。隐身技术是信息化战争实现信息获取反获取、夺取战争主动权的重要技术手段，是飞机总体设计的重要权衡指标之一，目前，我国的隐身技术距离世界先进水平仍有一定差距。在新型布局方面，较为成熟的新型布局是飞翼布局，目前，美国的飞翼布局技术在军用飞机的设计方面已经成熟，我国在无人机方面也有飞翼布局的成功设计，未来还需要进一步加强飞翼布局的研发，以获得更好的升阻特性和隐身性能，其他新型布局方面也是当前飞行器总体设计的研究热点之一。

2. 直升机

我国的直升机行业自从 1958 年发展至今，走过了一条从国外引进、改装到国际合作研发，再到如今自主研制的道路，不断填补我国直升机领域各项空白，形成了较为完整的型号谱系。曾几何时，面对世界上先进的直升机我们只能"望其项背"；现如今，我国也有与之"并驾齐驱"的能力。但受制于发展历史短以及国外技术封锁，我国的直升机行业同世界上最先进直升机技术相比仍有差距。

总体气动布局方面：由于直升机旋翼流场非常复杂，直升机特有的旋翼、机身气动干扰较为严重。设计中既要平衡操纵性、稳定性，又要解决颤振、气动问题，使得直升机总体启动布局设计非常困难。我国直升机型号均采用统一的单旋翼加尾桨布局。其他布局形式，比如各种双旋翼布局、无尾桨布局正在探索，距离实际工程应用还有一段距离，而这些布局形式在国外均有对应直升机型号。旋翼的设计方面，直 -9、直 -20 创新性地采用了五桨叶的设计，大大提高气动特性。但我国使用的桨叶翼型库非常老旧，与国外差距较大，如何设计先进的桨叶翼型，仍是国内直升机相关科研院所、高校研究的重点。

高速直升机方面：高速直升机主要是通过旋翼、机翼的转化去达到高速飞行的目的，主要方式就是倾转旋翼机，在这方面，美国已经有 V-22 倾转旋翼机，列装部队多年。经过多年的优化，早期备受诟病的可靠性已经得到大幅提高，飞行性能也不断提升。然而，我国在倾转旋翼机方面仍处于探索阶段，珠海航展上，我国第一架倾转旋翼无人机亮相，打破了美国在倾转旋翼机上的垄断。但何时实现倾转旋翼技术在大型载人旋翼机上的使用仍是未知数。

飞行控制技术方面：电传操控系统在国外的直升机型号中基本上已经普及。我国最新的直 -20 已经成功使用了电传操控系统，配合数字液晶屏幕使得直 -20 充满未来感。光传操纵系统为操控系统的未来发展方向，国内国外均在积极研发中。

直升机制造技术方面：我国的传统直升机制造技术发展取得了很大的进步，但设备陈旧问题广泛存在，数控精密加工、复合材料机械化自动化成形、计算机控制高能焊接、激光加工、电脉冲加工、等离子喷涂等技术同国外先进生产制造水平相比仍有较大差距。受制于整个制造业的发展不足，国产制造车床的精度、可靠性都远不及国外先进水平，哈飞等公司的直升机设计制造厂目前也在通过不断地引进国外的新设备来提高制造技术。国内制造行业的发展仍旧任重道远。

3. 航空动力

中国航空发动机产业是从新中国成立之后在一张白纸上发展起来的，从最初的修理、仿制、改进改型到如今可以独立设计制造高性能航空发动机，可谓成果连连，但整体上离国外还有较大差距。

军用航空发动机方面：美国第五代航空发动机 F135 现已配装 F-35 战斗机，将为第六代战斗机提供变循环推进的新一代发动机 XA100 也于 2021 年 5 月完成测试，新一代涡轴发动机 T901-GE-900 于 2019 年 7 月通过了美国陆军的关键设计审查（CDR），其他产品如 F100 发动机、J52 发动机、TF33 发动机、PW4062 发动机、T408 发动机等，均已成为现役军用动力产品中的佼佼者；俄罗斯第一阶段五代发动机 AL-41F1 研发工作已基本完成，第二阶段发动机"产品 30"于 2017 年 12 月配装苏 -57 完成首飞试验；英国于 2019 年起开展为期两年的高超声速推进系统研究，围绕下一代战斗机系统计划开展技术演示验证；法国赛峰集团和德国 MTU 航空发动机公司于 2019 年 11 月宣布组建合资公司，以解决欧洲第六代发动机研制纠纷。反观我国，虽然涡扇 -15、涡扇 -20 的研制工作已基本完成，但在产品性能、应用规模、更新速度方面，同国外先进国家相比仍有着不小的差距。

民用航空发动机方面：美国普拉特·惠特尼集团公司（Pratt & Whitney Group P&W）、美国通用电气公司（General Electric Company）和英国罗尔斯 – 罗伊斯公司（Rolls-Royce Plc），以及这几家公司牵头成立的联合公司，为竞争现有的航空发动机市场，研发了不同推力范围的新型发动机。新一代发动机在燃油经济性、可靠性、排放和静音水平等方面都达到前所未有的高度。国外民用发动机技术趋于成熟，各类发动机产品系列化，发动机更新、列装速度快，新一轮"发动机大战"正在上演。国内中小推力发动机研制工作进展迅速，同时大型商用飞机发动机的研发测试工作正如火如荼地展开，但距离批量生产配装仍有一段距离。如何提高我国发动机研制速度、丰富我国发动机产品，以满足国内日益旺盛的市场需求、削弱民航发动机对外依赖程度，将是我国未来民用航空发动机发展的关键。

4. 飞机结构设计及强度

随着飞机结构高性能、长寿命、轻重量、低成本指标的不断提高，国外在先进材料、新结构形式、新的设计、分析与验证方法等方面开展了系统的研究，取得了一系列成果，并应用于新型号飞机研制中。随着飞机结构强度技术的不断进步和成熟，飞机结构设计的原则已经从一味追求飞机性能最优转变为强调在性能可接受前提下实现成本最小化，经济可承受性、安全性和环境兼容性等因素是目前飞机结构强度设计所面临的主要问题。

飞机结构设计技术是集方法、手段、材料、工艺以及不同功能需求的综合性技术，在经历了三代、四代机的研发后，我国的结构设计技术无论是设计手段还是设计方法都有了长足进步，而且通过研发涵盖有人和无人、低马赫数到高马赫数、低空察打到高空长航时、小到几百公斤大到几十吨等不同平台的机体结构，使结构设计领域得到广泛覆盖，相关材料和工艺体系立足于国内技术的发展走出了良性渐进发展道路。

与发达国家相比，我国飞机结构设计及强度专业的差距主要体现在结构设计技术、强度分析与验证技术、动强度分析与验证技术和结构健康监测技术方面。

5. 航空机电技术

我国航空机电系统长期以来居于产品配套位置，研发投入不足，没有建立起从需求分析到研制试验的正向设计能力。机电系统发展始终难以满足平台需求，尚存在关键技术/产品空白领域。我国在机电系统功能综合设计验证和体系化发展方面仍然落后于航空发达国家水平。我国机电系统主要由型号牵引，在机电系统的控制和监控层面逐步开始综合化发展，在减少备件种类、优化维护设备等方面取得了成效，但是在健康管理、能源综合利用等功能方面还很滞后，系统和成品的问题依然较严重。在民机和在研在役航空装备领域，当前我国航空机电产品普遍存在通用质量特性与飞机要求差距较大的问题，机载电力系统功率不足、效率低，热管理问题突出，环控系统代偿损失大；产品寿命短、故障频发，迫使系统采取较多的冗余，影响成本和飞机重量。

6. 飞行器制导、导航与控制系统

对比国外 GNC 技术发展及产品装备现状，国内 GNC 专业在系统、部件设计技术上均有一定差距，在同类产品可靠性方面也差距较大。

在控制对象方面，目前我国已经开始对类似 F-117 和 B-2 等非常规布局飞机进行研究，而国外已经成功应用到多个型号研制中；在控制舵面方面，我国紧密跟踪了广义操纵面相关技术的发展，其中推力矢量等技术也已经在相关型号中初步使用，而国外类似技术已经相当成熟，已在型号中大量应用；信息传输方式方面，目前我国已经全面掌握电传控制系统的设计研制，主要型号产品也采用此技术，光传控制处于初步验证阶段；而国外光传技术已进入应用阶段；系统控制功能方面，我国目前已在电传控制系统平台上实现全权限的三轴控制增稳技术，综合飞行控制在型号上获得初步应用；系统架构设计方面，国外目前已经开始网络化的节点调度、协同控制等技术研究，我国基本突破基于总线的分布式体系架构设计技术；控制算法方面，国内基于经典 PID 的控制方法已经全面应用于各型号飞机的研制，基于状态空间的现代控制理论方法也已经在小型无人机验证平台上进行了飞行验证，国外已经成功采用非线性控制方法完成 F-35 等多型飞机平台控制律设计与试飞验证；作动器设计方面，国外在这一方面进行了大量试飞验证工作，其中很多已成熟应用于 A380、F-22 等多种先进机型，国内目前在主要型号设计中广泛应用了 EHV、DDV 产品设计技术，形成了工程化的产品，但在电功率作动器设计方面处于初步验证阶段；导航系统综合化方面，国外多传感器综合导航技术已在 F-22、F-35、B777 等飞机广泛采用并大量装备，国内对综合导航技术开展了型号应用研究工作，目前尚未有成熟的定型产品；系统可靠性方面，国内外 GNC 技术的发展目前不差代，在基本指标上一致，但在可用性方面差距巨大，当前美国等西方先进国家，惯性导航产品已不需要维护性标定，而我国在此方面差距明显。

7. 航空电子

民用机方面：当前我国民机基本依赖进口，航空电子系统基本也为进口品牌。航空电子系统的主要差距表现在以下四个方面：第一，我国缺乏自主知识产权的航电架构及数字化技术。如 C919 采用的是 GE 公司波音 B787 综合模块化航空电子架构（IMA）。国际上主要航电供应商均拥有自主知识产权的航电架构。第二，我国在航电先进技术应用能力

上与国外存在一定差距。如航空系统组块升级 ASBU 中涉及大量先进的系统技术我们不掌握。第三，我国产品的可靠性、经济性有待进一步提升。目前国内民机产品与国外同类型产品相比，不具备国际市场竞争力。第四，我国面向超声速公务机等新型航空电子系统设计、低成本机载卫星天线及空中互联服务、先进导航进近与电子飞行包、增强飞行视觉系统等航电技术相对落后。

军用机方面：长期以来，我国军用飞机的设计重点集中在改善飞机的飞行品质等方面，对航空电子系统的发展重视不足，航电系统的发展主要采用型号牵引模式，基础研究少，技术产业化比率低，先期研制经费投入不足，一直采取跟踪发展模式，缺乏冒险和自主创新精神，这些问题都大大制约了我国军用航空电子技术的发展。随着微电子技术的发展，西方军事大国不断更新设计理念，提高对航空电子系统的重视程度，加强先期研究投入。我国在未来的航空电子系统研究中，不仅要研究先进的设计经验，更要研究其发展和管理经验，加强基础研究重视程度，在发展道路上从跟踪转变为引领，从未来战场环境需求出发，建设适合我国未来作战环境的军用航空电子系统，这对我国国防安全、航空工业乃至国民经济将产生重要影响。

8. 航空生理与防护救生

航空生理技术方面：就制氧供氧技术研究而言，《纽约时报》报道，自 F-22 战斗机服役以来，飞行员总共经历过 21 次无法解释的缺氧现象。发生坠机的损失不仅是飞机本身的数亿美元，还有厂家装备改进和赔付死者家属数千万美元，更可怕的是产生的负面影响严重影响飞行员的士气。而在我国，机载制氧与供氧生理学研究促进了高性能战斗机远程供氧技术进步，水平与应用范围已步入国际前列。我国航空生理试验室创建了模拟机载设备的引气分布、变压吸附的氧气浓缩、肺式供氧呼吸调节至供氧面罩参数测试与评价体系。通过系统剖析与传统氧源的区别，揭示了机载分子筛制氧供与求矛盾呼吸生理参数的变化规律，获取了宝贵的试验数据，暴露了影响供氧安全与效率的设计缺陷。通过航空生理理论分析、改进设计与试验验证，为完善各型飞机机载分子筛制氧系统性能提供了关键的科学依据。我国已将制氧供氧技术广泛应用于各种机型，包括歼击机、轰炸机、歼轰机、舰载机以及教练机等。

航空救生技术的发展主要体现为火箭弹射座椅技术的发展。国外弹射座椅的主要研究方向是提高在飞机各种不利飞行姿态下的救生性能和对高速气流吹袭的防护能力。通过采用推力向量可控、推力大小可调的火箭、可控推力的弹射筒、数字式飞行控制和先进传感器技术，使弹射座椅具备自适应能力。而我国由于基础研究不足等因素制约，第四代火箭弹射座椅仍有一些需提高和待解决的问题，如多模态程序控制未进行反馈设计，其多模态的控制并非对所有低空不利姿态都是最佳选择，未达到智能化自适应控制；基于生命危险程度评估和弹射救生控制技术之间的关系、控制规律和动力的推力矢量与人体生理指标的问题研究还不够；高速气流情况下的人椅系统的稳定控制技术、人体头颈部和四肢的防护技术、弹射救生用信号传输和储存、传输时间的滞后会对弹射救生的影响，长航时带来的疲劳问题的解决等都需要研究。

个体防护方面：美国在高过载、应急供氧、飞行态势感知及飞行疲劳管理基础研究方面走在世界前列，在美国空军未来20年必须重点关注的关键科学与技术领域的构想中（技术地平线计划），提出飞行员生命保障技术的两个关键领域是：一是增加自主性和自主系统的应用；二是提升人员效能，实施主动智能防护。对标国外防护救生技术的发展现状以及国内现役及在研飞行器平台的能力需求，国内防护救生技术仍存在研究不足。主要体现在：防护功能不够精确和全面；加速度防护、头颈部损伤防护、脊柱损伤防护、心理负荷防护等尚不能满足飞行器平台对防护救生能力的需求；人机综合能力不足等方面。

9. 航空材料技术

欧美航空强国极为重视材料在航空装备发展中的突出地位，大力推进航空材料技术发展。目前，波音、空客等飞机制造企业，普惠、通用电气、罗罗等发动机制造企业都建立了较为完备的、具有自主知识产权的航空材料技术体系，材料具有系列化程度和技术成熟度高、品种规格齐全、数据积累丰富等特点，而且在合理采标的基础上构建了实用性强的航空材料标准体系。根据航空装备发展需求，这些企业继承与创新并举，新一代航空装备用先进材料的技术储备充足，有力地支撑了航空装备的研制生产。

我国是全球拥有较为完整的航空材料体系和研制生产能力的少数几个国家之一，突破了航空材料系列关键技术，已建成具有一定规模的航空材料研究与生产基地。在我国航空材料技术和产业不断发展的同时，由于顶层规划和统筹安排不够、材料研制和应用研究投入不足且较为分散等，我国航空材料行业与国外相比还存在一定差距，主要表现在：①航空材料体系化发展水平不够，主干材料体系不健全，"一材多用"材料少，限制了每种材料牌号的生产规模；②部分关键航空材料尤其是航空发动机材料的应用研究不足，尤其缺乏"元件—模拟件—典型件"的积木式考核验证，给部件、整机研制带来风险；③先进航空装备发展所需的部分关键材料技术储备不足，个别材料难以完全满足型号需求，一些材料技术成熟度不高，缺少成本费用优势。

10. 航空制造技术

我国航空制造业已取得了较大进步，但仍存在一定不足。我国航空制造企业高端数控加工装备基本被国外垄断，引进的高端数控加工装备在功能和精度上受到诸多限制。我国复杂工艺的制造技术储备不足，加工装备技术落后，部分特种加工关键设备部件严重依赖进口关键工艺，技术上较为落后，工艺流程及加工参数的优化研究不足。复合材料大型整体结构制造自动化水平较低，仍停留在以手工为主的研制生产模式，技术成熟度较低，生产效率、质量稳定性和生产成本与国外有较大差距。电加工方面，未形成工艺技术标准以及系统的质量规范，需要在优化工艺的基础上，制定完善的技术标准以及质量规范。焊接技术方面，国外技术水平、成熟度整体高于国内，我国在复杂焊接自动化、精密化和稳定性方面有较大差距，在基础研究如焊接工艺、组织分析、性能测试及残余应力测试等方面还有一定欠缺。与国外数字化智能化制造技术相比较，我国系统工程思想尚未从全生命周期、全产业链的角度实现贯通和覆盖，集团级供应链协同和管理缺乏统一工作平台和网络通路，难以支持装备均衡生产和及时交付。总体来说，我国航空制造技术在技术发展路线图、行业交叉创新、新材料及新结构开发、工艺知识库、规范标准制定等方面还需要长期发展提高。

四、我国航空科学技术学科发展展望与对策

近年来，我国对发展航空科技的研发投入稳定增加，新项目研发不断，新飞机首飞不断，技术研究及演示验证持续进行，从我国航空科技发展的现状和地位看，总体趋势仍处于追赶阶段。作为航空大国，走自主自强的道路是必然选择，未来需要不断夯实基础，以坚强的意志、持久的坚持，力争突破航空发动机、新型材料、新型布局等关键技术，力争实现航空科技发展完全的自主可控，不断缩小与航空强国的技术差距。

在民机方面，我国的 ARJ21 飞机第一次走完了支线飞机从设计到运营的现代飞机研发全流程；C919 飞机目前只完成了干线客机的设计和制造，正在进行全面试飞。从 ARJ21 到 C919，我国民用飞机的进步是巨大的，但两型飞机包括发动机在内的主要系统和设备都由国外供应商提供，项目本身隐藏着巨大的不确定性，如果国外供应链中断，则两型飞机的研制与生产就面临停滞的风险。因此，未来民用飞机发展的重点还是要走国产化道路，突破动力装置、航空材料、系统及关键设备等关键技术，使我国的民用飞机发展早日走上自主发展的良性道路。同时，在新概念民机领域、电推进飞行器和超音速民机方面，相比其他航空强国，我国的投入较少，研发点较少，未来需要加强这些方面的研究。

无人机技术将改变未来航空格局及战争模式。尽管与美国、以色列等无人机强国相比仍有一定的差距，但我国的无人机综合技术进展迅速，随着以彩虹 -5、翼龙Ⅱ、云影、无侦 -7、无侦 -8、魔影为代表的无人机的发展，国内的无人机平台在国际市场上具有很强的竞争力，表明我国无人机的发展已从单一传感器平台向综合作战平台转变，其作战使用已经向遂行主流作战任务转变。在总体设计、飞行控制、组合导航、中继数据链路系统、传感器技术、图像传输、信息对抗与反对抗、发射回收、生产制造和部队使用等诸多技术领域积累了一定的经验，具备一定的技术基础。未来在无人机的研发上，需要持续保持翼龙系列和彩虹系列无人机的市场优势，加大投入，向新技术更密集、作战效率更高、覆盖面积更大和生存力更强的隐身无人作战飞机及其系列化方向发展，占据未来发展先机；布局方面，隐身性能已成为提高生存力和作战效能的基本手段，飞翼布局具有先天外形隐身优势，从而成为国际上远程隐身轰炸机、隐身无人战斗机、隐身侦察机的首选布局形式，须尽快突破飞翼布局，结合飞控，提高无人作战飞机的性能。

无人机集群作战属于颠覆性的低成本作战样式,其先进的自主协同、群体攻防和分布式作战能力,将促成空袭突防能力的再次提升和战术战法的变革,已成为世界各国发展的重点方向之一。我国在固定翼无人机集群飞行试验方面进行过探索,但和美国相比差距还是比较明显的。固定翼无人机集群作战的关键技术包括空中快速发射与回收技术、高精度空中对准技术、设备载荷与机体一体化概念设计、低成本结构设计、精确数字飞控与导航、小型高效涡轮发动机、精确位置保持技术等,尤其是空中回收技术是有相当难度的。对于我国而言,需要尽快发展并掌握无人机空中发射和回收技术,通过多样化的手段开展集群作战研究,为我国发展分布式作战、集群作战等做好技术储备。

随着航空装备需求的发展,新材料/新工艺不断涌现、载荷环境更加复杂、结构重量系数要求更加严苛,这给飞机结构设计及强度分析与评估提出了更高的要求。面对全新的挑战,国内在结构设计技术研究、试验技术研究、结构分析与评估技术研究以及前沿技术探索等诸多领域取得了突破性进展,为航空装备的高速、稳定发展奠定了坚实的基础。未来在结构设计技术方面,需要在新型轻质金属结构设计、先进复合材料结构设计、热结构/热防护结构设计、发动机结构设计等方面重点开展研究。在结构试验技术方面,未来应进一步对接型号研制需求,重点瞄准 CR929 等民用飞机复合材料结构的适航验证技术、复杂环境下的飞机结构综合性能评估技术、高精度的结构强度虚拟试验技术等方向开展重点研究。同时加强"数字孪生""5G+""人工智能"等新技术在航空结构强度分析与验证技术领域的应用基础技术研究。

现代航空装备发展过程中,先进机载任务系统呈现智能化、高能化发展态势,对平台能量生成、储存、转换、管理等提出了极高的需求。我国机电系统初步形成了具有一定规模的科研、生产、保障体系,但在自主创新、系统集成、产品寿命与质量等方面存在与国际先进水平存在显著差距。未来首先需要组织行业力量深入研究机电技术发展路线,明确技术、产业、适航等发展路线,以指导机电系统技术发展方向与资源投入、满足军民用航空快速发展的需求。此外,建议设立机电(机载)系统发展专项计划,组织上下游企业院所聚力攻关,着力构建解决机电系统关键技术问题的科研平台。同时,围绕制约机电系统产品质量、行业发展的核心基础能力,强化共性理论研究,推动核心基础元器件、材料、工业软件等技术产品发展,夯实能力、实现自主可控,避免"卡脖子"危机。

随着未来战争作战模式的变化和航空技术的飞速发展,对飞行器的制导、导航与控制(GNC)技术及产品提出了一系列新的要求。此外,我国经济持续、稳定的发展,带来民航运输、通用航空以及机械电子信息行业等市场的兴起,也为 GNC 领域的发展提供了更大空间。为了适应武器装备发展和民用领域应用需求,我国 GNC 技术的发展应首先集中于包括面向无人自主飞行器的智能决策、网络化协同制导/导航/控制等关键技术的 GNC 系统总体设计技术。同时,需要重点关注的研究方向:包括导弹导引头、惯性器件、位移传感器等 GNC 先进部件技术;能够满足复杂环境下的智能空战、有人无人协同控制、集群制导与控制等需求的先进制导／控制策略技术；高性能惯性导航和综合导航技术。同时，目前国内机载 GNC 软件开发和测试手段相对落后，尚未形成软件开发、测试和验证配套的机制，因此非常必要加快开发较完善的机载 GNC 软件一体化开发测试、验证软件。

随着航空装备向高性能、长寿命、高可靠、多用途、经济性、绿色化等方向发展，对航空材料提出更高的要求，航空材料将进一步呈现出高性能化、多功能化、复合化、低维化、智能化、低成本、可维修等新的发展态势。基于军民用航空装备对航空材料的需求，以及先进航空材料技术对航空装备发展的推动作用，航空材料技术未来一段时间的主要发展方向包括：承温能力更高的金属和非金属材料；轻质高强材料，尤其是钛合金、铝合金、结构钢和不锈钢等；耐蚀性更好的金属材料和环境适应性更好的非金属材料；透明件、橡胶密封材料、涂层等多功能一体化材料；先进制备技术、低成本制备技术、环保型制备技术；新型结构制件的研制，如双层壁冷涡轮叶片、双性能盘和双辐板盘等；低成本合金和低成本制备技术。此外，建议推动航空材料产业各个环节的良好衔接，促进上下游企业深入合作和有序竞争，完善从基础研究、技术研发到成果转化的创新链条，促进资源优化配置和开放共享，确保航空材料产业健康高质量发展。

航空制造技术通常面临的是多构型、多用途的航空产品研制和生产，多品种、小批量、离散型、定制化生产是航空制造的主体模式。进入 21 世纪以来，工业领域面临着提质增效、绿色环保、可持续发展的挑战，航空制造业也开启了由传统制造模式向工业 4.0 时代转型升级的时代，航空制造技术中基础性工艺方法、制造手段、运行管理等都同数字化、网络化和智能化技术日益紧密融合，伴随着航空产品材料—结构—功能一体化的发展。未来需要不断创新发展，以精确加工、多能场复合、工艺集成、增材制造、智能生产、绿色制造等新方法新原理引领制造技术的发展方向，因此有必要开展前沿探索技术研究，优化传统工艺和设备，探索多学科技术融合集成，促进航空先进制造技术水平和航空产品研发生产能力的不断提升。

专题报告

飞行器设计学科发展报告

一、引言

近 5 年来，我国在军用飞机、民用飞机和无人机系统领域取得了重大技术成果。本节结合国外军用飞机、民用飞机、无人机以及飞行器总体关键技术的发展情况，分析军民用飞行器总体设计方面的发展趋势和值得关注的技术领域，为从事航空科学技术工作的科研人员和管理人员提供参考。

本报告主要包括国内外发展现状、国内外对比分析、展望与对策三个部分。

飞行器总体设计领域包括军用和民用领域的有人和无人驾驶固定翼飞行器、旋翼飞行器和各种浮空器等。限于专业分工，本报告重点叙述有人和无人驾驶的固定翼飞行器总体设计领域的技术进步，没有涉及旋翼飞行器、浮空器及其总体设计领域的进展；与总体设计相关的气动（空气动力学）、结构、系统和材料领域均有独立的专题报告，本报告不再赘述。读者如有兴趣，可以参看相关的专题研究报告。

二、发展现状

（一）总体发展态势

近年来，世界各国对新飞行器研发的热情不减，美国、俄罗斯先后开始研发新型远程战略轰炸机，美国的 F-35 飞机大批量列装，中国歼 -20 飞机和俄罗斯的苏 -57 飞机也开始列装，美国注资六代机概念推演持续几年之后，2020 年 9 月，时任美空军负责采办的助理部长威尔·罗珀宣布已完成下一代战斗机全尺寸验证机首飞并进行多轮次试飞；军用无人机方面百花齐放，新机型研发不断。在军民用飞行器领域，中国正按照自己的节奏稳步推进，五年间，大型灭火 / 水上救援水陆两栖飞机"鲲龙"AG600 飞机、中短程民用客机 C919 等先后首飞，Y-20、歼 -20、J-15 等飞机的列装和系列化发展稳步推进，歼 ××

隐身舰载机和攻 ×× 无人机正在研发。

近年来，飞行器发展领域的格局也在悄然变化，军用有人飞机的研发仍是重点，但军用无人飞机不管是研发项目还是装备数量，已经占据了相当的比重，且美国等发达国家已经走上了更新换代的有序发展之路；以色列占据了无人机出口机型的制高点，中国、欧洲及其他国家积极跟进；民用飞行器发展上，干线机领域，空客吸纳了庞巴迪的 C 系列，波音差一点并掉巴航工业，曾经看来很有希望挤进两大寡头市场的庞巴迪彻底退出了商用飞机领域，大型民用飞机领域的垄断更加集中，俄罗斯的 MC-21 飞机国产化进展良好，但是未来挑战两大寡头的努力会更加艰难；支线飞机方面，庞巴迪退出了航空制造，巴航工业苦苦支撑，中国的 ARJ21 飞机进入航线运营，俄罗斯的 SSJ 走向了国产化，日本的 MRJ 则暂停了主要工作。

（二）国外重大进展

1. 轰炸机之一：B-21 项目

2015 年 10 月，美国诺·格公司正式开始了下一代远程战略轰炸机 B-21 的研制，B-21 飞机总体布局类似 B-2 飞机，采用无尾飞翼布局、强调隐身和超大航程，放弃了对高空高速性能的追求，飞机兼备网络化和独立作战能力、高生存力、作战半径适中、兼顾临空 / 防区外攻击、经济可承受性好等特点。2018 年 11 月，完成关键设计评审，2020 年 8 月，B-21 原型机总装已初步成形，预计在本世纪 20 年代中期形成初始作战能力。

2. 轰炸机之二：PAK-DA 项目

2013 年 3 月，俄罗斯图波列夫设计局正式开始了 PAK-DA 飞机的研制，PAK-DA 飞机也采用飞翼设计、高隐身、亚音速，可携带巡航导弹、精确制导炸弹和高超声速武器。2017 年 3 月，完成全尺寸模型和初步设计方案评审，2019 年 2 月，外形和技术状态最终确认，2020 年 5 月，PAK-DA 项目首架原型机进入制造阶段。

3. 军用无人机

2016—2021 年，世界各国都在大力研发无人机，近几年的局部冲突尤其是 2020 年的纳 - 卡冲突，更是让世界各国耳目一新，体会到了无人机主导下的全新战争模式，全球已经有包括美国、以色列、英国、俄罗斯等在内的 49 个国家研发无人机，超过 80 个国家装备无人机。

无人作战飞机仍是世界军事强国研发的重点领域，无人作战飞机、高超声速无人机、察打一体无人机、高空长续航无人机等均有相关研发或改进项目。研究热点领域集中在有人 / 无人协同、无人机蜂群作战等几个方面。

美国：美国无人系统发展正进入提升谱系能力、推进概念技术融合和推动装备更新拓展"三管齐下"的新时期，2017 年，MQ-4C "人鱼海神"无人机服役，该机是诺·格公司在 RQ-4A "全球鹰"基础上改进的大型海上无人作战飞机，具备巡逻、监视、反潜作战能力，单次飞行扫描海域高达 700 万平方千米；2018 年 7 月，通用原子航空系统公司生产的 MQ-9B "天空卫士（Sky Guardian）" 中空长航时无人机首次实现跨大西洋飞行，飞行 24h4min，飞行距离 6960km；2015 年，诺·格公司的 X-47B 无人机完成了无人自主空中加受油的可行性验证；2019 年 9 月，波音公司研制的 MQ-25 "黄貂鱼" 舰载无人加油机首飞，预计 2024 年形成初始作战能力；2019 年 3 月，XQ-58A "Valkyrie" "忠诚僚机" 无人机演示验证机完成首飞；2019 年 11 月，美国低成本可重复使用无人机空中发射和回收项目 X-61A "小精灵" 无人机项目完成了首次飞行测试；2020 年 6 月，美空军发布了 "下一代多用途无人机"（MQ-Next）项目信息征询书，旨在 2030 年第四季度起将逐步替换现役的 MQ-9 "死神" 察打一体无人机。

以色列：2017 年以色列制定了新的无人机路线图，以色列持续改进 "苍鹭" "哈洛普" 等系列无人机，先后出口厄瓜多尔、巴西、德国、印度和阿塞拜疆等多个国家。在纳-卡冲突中，阿塞拜疆使用以色列无人机取得了令世人瞩目的战绩。

欧洲：2015 年，英国启动了 "轻型经济可承受新型作战飞机"（LANCA）概念，2018 年 5 月，英国 BAE 系统公司和棱镜公司合作开发持久高空太阳能无人机 PHASA-35。2020 年 10 月，英国蓝熊系统公司已使用其最新的蜂群无人机技术操作 20 架固定翼无人机，形成协作、异构的无人机蜂群，进行超视距飞行（BVLOS）。2018 年 11 月，"欧洲中空长航时无人机" 通过系统初始设计评审。2020 年 1 月，意大利新型战略监视无人机 Falco Xplorer 完成首飞。近年来，俄罗斯也加快了 "猎人" "牵牛星" 等重型无人机的研发力度，2016 年 7 月，"牵牛星" 原型机首飞；2019 年 8 月，"猎人" 重型隐身攻击无人机首飞，并在 2019 年 9 月首次与苏-57 飞机完成编队试飞；2020 年 8 月 "军队-2020" 防务展上俄罗斯公布了 "雷霆" 隐身无人作战飞机，该机构型与 XQ-58A 类似。

4. 干线民机之一：波音公司

B737 系列：2016 年 1 月，B737MAX 系列中的第一架 B737MAX8 首飞，该机延续了 B737 飞机良好的市场表现，获得了 5011 架订单，不过，自 2018 年 10 月起，短短 5 个月内，该机接连发生了两次灾难性坠机事件，安全性受到普遍质疑，随后 B737MAX 飞机全球停飞，生产停止，部分订单取消，2020 年 12 月 B737MAX 复飞，B737MAX 的坠机事故对波音带来了较大的负面影响。

B777 系列：B777 飞机的最新改型 B777X 于 2020 年 1 月首飞，该机融合了 B777 的坚实基础和 B787 飞机的新技术，每座成本比空客新型远程宽体客机低 10%，该机包括 777-8 和 777-9 两款机型，已经获得了全球 8 家用户的 358 架订单。

B787 系列：2017 年 3 月，B787-10 首飞，该机是 "梦想飞机" 系列的第三个成员，也是最长的 "梦想飞机"，2018 年 3 月开始交付。

5. 干线民机之二：空客公司

A320 系列：受 B737MAX 坠机事件影响，空客 A320neo 系列成为全球最畅销的单通道飞机，共获得 6100 多架订单，占该级别市场份额的 60% 强。

A350 系列：A350XWB 飞机是空客全新设计的中型远程宽体客机，与现有同级别飞机相比，A350XWB 宽体飞机的燃油效率提高了 25%，排放减少了 25%，业已成为最成功的宽体飞机之一。2020 年 6 月，A350-1000 客机顺利实现了自主滑行、起飞和着陆，为大型客机的驾驶自动化迈出了一大步。

A380 系列：由于销售业绩不佳，加之受 2020 年的新冠疫情影响，加速了巨无霸 A380 飞机的退出，A380 飞机即将面临停产。

6. 干线民机之三：MC-21 项目

MC-21 是俄罗斯伊尔库特公司研制的新一代双发中短程窄体喷气客机，2017 年 5 月首飞，俄罗斯航空航天工业希望借助 MC-21 飞机回归全球商用飞机市场，意图抢占窄体飞机市场 10%~15% 的份额。截至 2020 年 9 月，该型机共取得 175 架订单。2018 年 9 月，美国宣布对俄罗斯实施制裁，俄罗斯随后启动了 MC-21 等飞机的进口替代计划，2020 年 12 月，配装俄国产 PD-14 发动机的 MC-21 飞机实现首飞，这是俄罗斯在先进民机自主可控方面迈出的扎实一步，MC-21 飞机的国产化进程将持续到 2024 年，最终使全机外国零部件的比例从 60% 降低到 3%。

7. 干线民机之四：C 系列项目

C 系列飞机是庞巴迪航宇公司 2008 年 7 月启动的，意欲打破波音及空客公司在单通道客机市场的垄断局面。C 系列飞机是世界上最年轻的喷气式客机产品，在设计、材料以及动力系统等方面均可称得上是一款全新的机型，其较目前所有主流喷气式客机产品更符合时代特征。2012 年首飞，由于供应商延迟、财务危机和订单流失等多重打击，更由于美国的 300% 关税事件，庞巴迪将 C 系列项目股权出售给空客公司，C 系列也更名为 A220，庞巴迪退出了航空制造业，而空客公司以较低成本直接获得了一款目前最先进的单通道喷气式客机产品，截至 2020 年 12 月底，A220 飞机的储备订单 524 架，目前仍不断有订单进账。

8. 支线飞机项目

SSJ-100：SSJ 项目是俄罗斯研制的第一型走向国际市场的支线飞机，可搭载 75~103 名乘客，在西方国家对俄罗斯实施禁运之后，2018 年 1 月，俄罗斯也启动了 SSJ100 飞机的进口替代计划 SSJ-NEW 项目。

SpaceJet（MRJ）：2020 年 10 月，MHI 宣布暂停了 SpaceJet 项目 90 座 M90 飞机相关研制活动（但仍进行型号认证工作）。

9. 关键技术探索之一：电推进

欧洲、美洲和亚洲多国已将电动航空作为产业融合创新发展的重点领域大力扶持，电动短途通勤机型发展迅速，四座以上电动飞机的技术成熟度已逐渐具备商业运营可行性。NASA 在干线机、城市空运和通用飞机三条路线同步推进，先后开展了 STARC-ABL、

ECO-150、N3X 等飞机关键技术和概念方案研究，开展了 X-57 麦克斯韦分布式电推进验证机研制以及联合初创企业开展 9 座级通勤飞机方案设计。全球约有 240 多个电推进飞机项目正处于开发阶段，其中超过一半是 2017 年以后宣布的，电力推进开创了航空航天新的创新时代。主要包括以下几个方面：

2019 年 6 月，NASA 的 X-57 麦克斯韦开始进行 ModII 的地面试验，X-57 是分布式电推进验证机，由一架泰克南 P2006T 改装而成。

2019 年 8 月，英国宣布了"未来飞行挑战赛"，为电动客机、货运无人机和城市空中出租车技术开发提供资金。

2019 年 12 月，DLR 展示了一种尾部带有电推进装置的中程飞机模型。

2020 年 6 月，Bye 公司计划开展 eFlyer2 全电动飞机第二阶段的飞行测试，以选择效率最高的螺旋桨，最大可能地提高这种全电动飞机的性能。

混合电推进由概念阶段向演示验证跨越，是航空第三时代电动时代的标志。以色列 Eviation 公司 9 座纯电动通勤飞机和美国安飞公司的 6 座混合动电动飞机在 2019 年巴黎航展上获得了数十架订单，计划未来 2～3 年内进入市场。

另外，NASA 在其单通道带后置附面层推进的涡轮电推进飞机项目研究中，对附面层抽吸技术开展了相关研究，并设计了飞机尾部安装涡轮推进器的混合电推进飞机布局。

10. 关键技术探索之二：新型布局

新型布局探索方面，BWB 布局气动阻力较小，飞行效率高，结构重量轻，装载空间大，节能环保，能有效降低噪声和发动机有害气体排放，是有望达到绿色航空"经济、环保、舒适、安全"要求的民机革命性技术之一。目前看来，BWB 布局民机很有希望成为 NASA 下一个亚声速 X 验证机；2020 年 2 月，空客公司在新加坡航展上展示了 MAVERIC "翼身融合"民机缩比模型技术验证机，MAVERIC 项目是空客内部的保密项目，于 2017 年启动，2019 年 6 月首飞，旨在探索 BWB 飞机所需的先进电传操纵技术，飞机测试活动一直持续至今；2019 年 6 月，荷兰 KLM 与代尔夫特理工大学合作开发 "Flying-V" 翼身融合体飞机，2020 年 9 月，Flying-V 翼身融合飞机概念缩比验证机在德国完成首飞，Flying-V 与 A350 座级和货物运载能力相当，但可节省 20% 的费用；翼展与 A350 相同，不需要对机场和跑道进行重建；俄罗斯、中国和其他国家也在持续探索 BWB 布局技术。

除 BWB 布局之外，桁架支撑技术是另一个有前景的布局形式，各国也都在积极探索，2019 年 1 月，波音发布了跨声速桁架支撑翼（TTBW）概念布局的改进型，旨在提供飞行速度为 0.8 马赫时具有前所未有的气动效率。

11. 关键技术之三：超音速客运

X-59 静音超声速技术（QueSST）验证机是 NASA 集成航空系统计划的一部分，主要用于验证低音爆技术，2019 年 12 月 17 日通过了关键决策点 D（KDP-D）评审，2020 年

12 月完成了机翼内部封闭工作，预计 X-59 将在 2022 年 1 月完成首飞。

在高超声速飞机方向，总体呈现出加速发展的趋势，继洛马公司之后，波音公司连续公布军用和民用高超声速飞机概念方案及研制计划，DARPA 高超声速飞机用 TBCC 发动机地面验证取得重要进展，坚定不移推动基于 TBCC 动力的高超声速飞机技术发展。

12. 关键技术之四：无人机集群作战等

美国 DARPA 小精灵无人机开展了多次试飞，天空博格人项目授予原型机研制合同，美国苍鹭系统公司空战智能算法战胜人类飞行员等，这些先进技术在未来将转化出无人机蜂群、忠诚僚机等多个无人机装备型号，为实现无人机自主作战和有人机 - 无人机协同作战奠定基础，塑造出未来全新的空中作战形态。

（三）国内重大进展

1. Y-20 军用运输机

航空工业研制的 Y-20 军用运输机于 2016 年 7 月列装中国空军，此后，除进行一系列空运、空投、空降和相关试验外，Y-20 飞机以其远程投送、精准到达，全球穿梭的优越性能，不负重托，挑起了大国战略输送的重任。2020 年 4 月，Y-20 飞机首出国门，给巴基斯坦运去了抗疫物资；5 月，先后飞赴泰国、斯里兰卡、缅甸、吉尔吉斯斯坦和乌兹别克斯坦等多个国家，给这些国家运去了防护服、医用口罩、额温枪等抗疫物资；6 月，首赴俄罗斯，将中国人民解放军陆海空三军仪仗队的 105 名军人运抵莫斯科参加红场阅兵；9 月，飞抵吉布提，完成了 180 名国际维和部队官兵和物资运送。

Y-20 飞机列装部队以来，从演训装备协转、远程兵力投送的军事行动，到防疫物资转运、医务人员运送等非战争军事行动，声名远扬，尽显风采。

按照国际惯例，以 Y-20 飞机为平台的多个衍生机型正在研发之中。

2. 歼 -20 飞机

航空工业研制的歼 -20 飞机按照平台一步到位，能力渐进式提升的发展思路，采用隐身气动结构一体化设计的升力体边条翼鸭式布局，大量采用新材料、新工艺和新结构，实现了五代机作战能力。该机于 2011 年首飞，2017 年正式列装中国空军，2019 年换装了国产发动机，由此，歼 -20 系列飞机进入了自主发展的新阶段。

3. 歼 -15 舰载固定翼多用途飞机

航空工业研制的舰载固定翼多用途飞机歼 -15 飞机已经列装辽宁舰和山东舰，目前，歼 -15 串列双座教练机等衍生型号正在研发中。

4. AG600 飞机

航空工业研制的大型灭火 / 水上救援水陆两栖飞机"鲲龙"AG600 飞机于 2009 年 9 月正式启动研制，2017 年 12 月 24 日在珠海成功实现陆上首飞，2018 年 9 月在荆门完成水上首飞，2020 年 7 月 26 日在青岛实现海上首飞。AG600 飞机可在水源与火场之间多次往返投水灭火,既可在水面汲水,也可在陆地机场注水。拥有高抗浪船体设计,除了水面低空搜索外,还可用于水面停泊实施救援行动。

5. 多型号系列化发展取佳绩

进入系列化发展的"飞豹"战机先后多次参加"航空飞镖"国际军事比赛,"飞豹"战机与苏 –27、苏 –30、苏 –34、苏 –35 等世界著名战机同台竞技,取得了一系列骄人战绩:2015 年荣获轰炸机组季军,2016 年荣获轰炸机组亚军,2017 年、2018 年蝉联歼击轰炸机组冠军! 2020 年,"飞豹"战机在"金飞镖 –2020"任务中表现卓越,包揽"团体""金飞镖""掩护能手"三项第一的优异成绩。

歼 –10 飞机也在沿着系列化的道路发展,歼 –10B 轴对称推力矢量验证机于 2018 年在珠海航展惊艳亮相。歼 –10C 飞机综合采用有源相控阵敌我识别系统,进一步提升了飞机在复杂电磁环境下作战能力、态势感知能力及协同作战能力,于 2015 年列装部队。

枭龙飞机不仅实现了系列化发展(两个最新的子型号:FC-1 双座战斗教练机于 2017 年首飞,FC-1-III 战斗机于 2019 年首飞),还先后出口巴基斯坦、缅甸和尼日利亚等多个国家。

另外,值得一提的是,航空工业在运 –8 飞机的基础上研制了空警 –200 预警机、空警 –500 预警机、运 –8 指挥通信机、运 –8 反潜巡逻飞机等特种飞机,空警 –200 的改进型 ZDK-03 预警机也实现了出口巴基斯坦。

6. 新舟 700 飞机

2013 年,航空工业启动了新舟 700 客机研制工作,该机是双发涡桨支线飞机,旨在打造新舟 60、新舟 600、新舟 700 飞机系列化发展格局。2020 年 3 月,新舟 700 静力试验机交付;2021 年 8 月,新舟 700 完成了全机静力试验。目前,研制工作正在持续推进。

7. C919 飞机

C919 飞机是中国商飞研发的采用 LEAP-1C 发动机的单通道干线客机,于 2017 年 5 月在上海首飞,至 2018 年 12 月,全部 6 架试飞飞机投入试飞工作,中国大型客机项目也正式进入上海、西安、东营、南昌的"6 机 4 地"大强度验证试飞和取证阶段。截至 2021 年 4 月底,C919 获得累计 28 家用户的 815 架订单,C919 飞机的交付工作正在持续推进。

8. ARJ21 飞机

ARJ21 飞机是中国商飞研制的 70 ~ 90 座级喷气式支线客机,2016 年 6 月交付成都航空进入商业运营;12 月,ARJ21-700 飞机获得了首个国外适航当局颁发的型号认可证件;2017 年 7 月取得中国民航局生产许可证。截至 2021 年 5 月,ARJ21 飞机已获得 670 架订单,交付 49 架,开通了 180 条国际国内航线,通达 88 个城市,市场运营及销售交付情况良好。

2020 年 7 月,ARJ21 飞机在全球海拔最高民用机场——稻城亚丁机场(海拔 4411 米)完成最大起降高度扩展试验,标志着 ARJ21 飞机运行范围可覆盖所有高原机场,极大拓展了 ARJ21 飞机的运营范围。

9. L-15 高级教练机和教 -10 高级教练机

L-15 飞机是航空工业研制的亚跨音速高级教练机，该机采用大边条、翼身融合的气动布局，配装两台全权限数字式电子控制系统（FADEC）的涡轮风扇发动机、全权限三轴四余度数字式电传操纵系统和先进的综合航空电子系统，2008 年 5 月 10 日 L-15 首架原型机首飞，2017 年 1 月完成赞比亚 6 架飞机出口交付工作，2018 年 12 月，完成改型机 L-15AW 飞机的设计鉴定。

教 -10 飞机是在 L-15 飞机基础上为我国空军研制的高级教练机，2013 年 7 月 1 日首飞，2018 年，小批交付领先试用，截至 2020 年底，教 -10 飞机已批量交付部队。

10. 无人机

《中国制造 2025》中提出"将航空航天装备列入重点领域进行大力推广，推进无人机等航空装备产业化"。几年来，我国在军用无人机研发方面进步相当突出，已成为继美国、以色列之后的全球第三大军用无人机出口国。截至 2020 年年底，累计向 13 个国家出口军用无人机近 200 架，军用无人机产业规模为 121 亿元。

2017 年 2 月，航空工业研制的新型长航时察打一体型多用途无人机系统——翼龙 II 成功首飞，标志着中国成为世界上继美国之后具有新一代大型察打一体无人机研制能力的国家。翼龙 II 是在翼龙 I 的基础上研制的，可以满足侦察、监视和打击等多种任务，翼龙系列无人机先后出口阿联酋、尼日利亚和沙特等国。2017 年 7 月 14 日，量产型"彩虹 -5"察打一体无人机完成首飞，该机主要用于全天候侦察监视、目标精确定位、打击毁伤效果评估等任务，向沙特阿拉伯转让了生产线。翼龙 II 和彩虹 -5 是中国在海外实战中最抢眼的无人机，其他还有翼龙 I、彩虹 -4、彩虹 -3 等察打一体无人机。

2017 年 5 月 24 日，中国航天科技集团第十一研究院研发的新型"彩虹"太阳能无人机圆满完成临近空间飞行试验，成为首款能在 2 万米以上高空飞行、留空时间可达数月甚至数年的无人机，这使我国成为继美国、英国之后第三个掌握高空长航时太阳能无人机技术的国家。

2017 年 6 月，攻 ×× 隐身无人对地对海作战飞机立项研制，该机采用小展弦比、背部进气、高度翼身融合的全无尾飞翼布局。

2017 年 6 月，中国电科成功完成了 119 架固定翼无人机集群飞行试验；12 月，国防科技大学进行了 21 架固定翼无人机集群的飞行试验。

2021 年 1 月，由航天科工三院研发的 WJ-700 高空高速长航时察打一体无人机首飞成功，飞机配装了涡扇发动机，最大起飞重量 3.5t，挂载能力超过 500kg，具备防区外对地攻击、反舰、反辐射等空对面精确打击作战和广域侦察监视作战能力。

民用无人机方面：中国民航局开展了 AT200 货运无人机的适航审定试点工作，这款中国科学院工程热物理研究所研发的全球首款吨位级货运无人机于 2017 年首飞；航天九院和顺丰集团共同研发的基于运 5B 飞机改装的飞鸿 98 无人机于 2018 年首飞，该机最大起飞重量 5.25t，最大载重 1.5t；京东集团研发的京鸿无人货运飞机于 2020 年 11 月 26 日成功载货检飞；航空工业一飞院研发的探路星货运无人机于 2019 年首飞。

11. 关键技术领域

（1）多学科综合设计与优化技术

飞机总体设计是一个多学科参与、多参数输入、多目标寻优的复杂设计过程，涉及多种学科领域，多学科综合设计与优化技术就是利用计算机科学和技术的最新成果，按照面向设计的思想来集成各个学科的分析模型和工具，通过有效的设计和优化策略，提高飞机设计质量，加快设计进度，降低开发成本。

近年来，多学科综合设计与优化技术不断完善，并在各型号中大规模应用，完成了多种型号的多要素、多学科、紧耦合、强约束的飞机总体布局设计，实现了设计流程、方法及手段的系统化、精细化、参数化和数字化创新。

（2）数字化协同研发体系初步建成

从 ARJ21 飞机、AG600 飞机到 Y-20 飞机，初步建成了整机数字化协同工作研发体系，通过数字化协同体系建立了基于广域网的数字化协同集成平台，实现了项目计划、质量和过程的管理与监控，实现了异地、异构环境下的虚拟装配和协同工作，实现了型号数据的分布式管理，从而大大缩短了研制周期、提高了工作效率，体现了我国航空工业在装备、技术、能力、手段、协同等方面递进的数字化进步与成长。

（3）轻重量设计体系的初步建成

轻重量设计是飞行器设计的持续追求，经过多年积累，从气弹剪裁、阵风减缓、多学科优化等设计方法的选取，高效结构、增材制造和整体结构的采用，制造方法的不断创新，初步建立了一整套金属结构和复合材料结构从设计到制造的轻重量研发体系，飞机各种材料的选用渐趋合理，复合材料用量逐年加大，结构可靠性不断提高，使得飞机结构整体化减重达到一个新的高度。

（4）轴对称推力矢量飞行控制技术

2018 年，歼 -10B 飞机轴对称推力矢量验证机在珠海航展上成功亮相，完成了推力矢量综合控制技术及大迎角过失速飞行验证，标志着我国战斗机推力矢量核心关键技术和工程能力取得重大突破。

三、国内外对比分析

（一）世界航空技术的发展特点和发展趋势

1. 无人机技术将改变航空格局及战争模式

近几年的局部战争和武装冲突中无人机广泛参与，并取得了优异战绩，尤其是在两个中亚小国的纳 - 卡冲突中，无人机虽只是作为一种战场侦察和精确打击手段，没有融入完整的作战体系中，但无人机的参与为双方对抗增添了高科技色彩，人们也看到了未来人工智能下的无人战争的高度自主行动和协同作战能力。随着世界各国大量装备无人机，必将对战争形态的演变带来深刻影响，并将持续改变作战力量结构，催生新的作战概念，改变制胜机理，模糊军民平战界线，冲击战争法理，使得未来战争最终走向全面无人化。

无人机的多能化、谱系化发展更加明朗化，近年来，世界各国纷纷组建无人机部队，无人机建制规模急剧扩大，美军的无人机数量在2019年已经达到1万多架，美陆军的无人机甚至已经配备到了排一级；俄陆军从2013年起，为各师（旅）组建无人机连。无人机在装备体系中的角色定位，已由遂行以侦察监视、训练靶机、通信中继、诱饵、校射等任务为主的保障装备，转变为遂行以"察打一体"对地攻击任务为主的主战装备。美军、俄军、以军等军事强国装备了高中低空、远中近程齐全，战略、战役、战术衔接配套梯次搭配，具备侦察监视、精确打击、电子对抗、通信中继、空中加油等多种功能的各型无人机。无人机装备体系日趋多能化、谱系化，并且还在大力探索发展巡飞弹、临近空间飞行器、跨介质无人飞行器、太阳能无人机等新型无人机。

无人机的使用带来了作战样式的改变，近年来，美国持续开展人工智能下的各种新型无人机自主编组和协同作战模式探索，并初步形成了"蜂群""有人无人协同""母舰"等一系列无人机作战概念。"无人机蜂群"通过实时动态编组，以在线任务分配、集群协同突防的方式，实现了以量取胜、动态聚能、精准释能的"饱和攻击"。美国开展了"小精灵"项目、进攻蜂群战术（OFFSET）项目、小型作战单元体系增强（SESU）项目等，英国也有相关项目开展。"有人无人协同"可通过无人打有人，确保新型航空装备敏捷介入高强度作战环境，自主无人机可在防区外投放，忠诚僚机替代有人机前出，大幅提升有人机生存概率，降低战争成本，这方面的主要探索有美国的天空博格人项目、英国的LANCA无人机项目、俄罗斯的雷霆无人机项目等。和"蜂群"相比，"母舰"的规模更大，且可回收，这里不再赘述。

无人机作战模糊了军民平战界线，随着人工智能技术的发展，无人机操作难度会越来越小，对操作人员的技能要求也会越来越低，出现平民化的趋势。退役军人和地方人员经过简单培训即可参加作战，"全民皆兵"成为可能。无人机的功能特点和成本优势，也引起了非国家行为体的高度关注。由于商业或娱乐目的的小型无人机容易获得，且价格相对低廉，"伊斯兰国"等恐怖组织已用无人机携带简易爆炸装置发动恐怖袭击，并多次对中东地区的美国、俄罗斯、叙利亚正规军发动攻击。

2. 民用干线飞机进入全谱系化时代，垄断性更强

2018年7月，空客正式收购庞巴迪C系列客机项目，从而使空客进入了民用干线飞机从A220到A380的全谱系化时代，如果不是受新冠疫情和B737MAX事件影响，波音公司与巴航工业的合资公司也将成立。尽管如此，民用干线飞机进入了垄断更加集中的两强争霸新时期，世界支线航空制造业也被拖进了强强竞争的格局。随着波音和空客两大

制造商巨头进一步深耕干线短途市场，未来民用航空制造业竞争会越来越激烈。中国商飞的 ARJ21 和 C919 项目受制于国外关键系统和设备供应商，项目发展的不确定性始终存在，未来挑战空客波音之路会更加艰难。俄罗斯 MC-21 的国产化道路为中国民机的发展和 C919 项目提示了一个发展方向，面向国内市场，走全面国产化道路，突破关键技术的同时，提升市场地位是一条可行之路。

3. 新能源飞行器研发百花齐放

世界各国对环保越来越重视，新能源飞行器的开发受到了空前的重视。2021 年，我国提出了力争 2030 年实现碳达峰、2060 年实现碳中和的目标承诺，新能源飞行器将成为研发热点和重点发展方向之一。

分布式电推进技术融合了飞机动力系统和气动特性，有利于飞机总体的优化设计，提高动力系统冗余度，进一步提高飞机总体效率，降低飞机能量消耗，使得电推进飞行器成为新能源飞行器的重要发展方向之一。电推进分为纯电推进系统和油电混合电推进系统。纯电动电推进系统由供电系统和电力推进系统组成，不需要发动机，电力主要来自蓄电池、燃料电池或太阳能电池。油电混合动力推进系统是指由发动机与电动机共同作用的推进系统，系统架构类似于油电混合动力汽车的架构。

氢能源飞行器是环保类飞行器的另外一个方向，氢能源飞行器能够减少温室效应气体排放，减少航空运输对环境的影响，2020 年 6 月，Zero Avia 公司在 6 座派珀 M350 基础上改装的测试飞机在英国进行了首次氢燃料电池动力飞行，成为世界低碳飞行史上具有里程碑意义的重要事件。2020 年 9 月，空客公司公开展示了世界首架零排放商用飞机的 3 种设计方案，分别代表了实现零排放飞行的不同技术途径，旨在探索各种动力技术和气动布局，率先在整个民用航空业实现脱碳，但 3 种概念方案都选择了氢能作为主要能源。

太阳能飞机是在机翼上铺设大量太阳能电池板，以获得足够的电功率支持飞机飞行。"阳光动力 2 号"太阳能飞机于 2015 年首次完成了环球飞行。

4. 潜力较大的几项关键技术

未来对航空业发展有较大影响的主要有：创新的飞行器气动布局技术、民用高超音速技术、人工智能技术等。

飞行器新布局的探索永无止境，随着飞翼布局在军用飞机上的日益成熟，民用飞机飞翼布局的探索不断，2020 年，2 架超高效概念客机完成了缩比飞行，其中空客的 Maveric 混合机翼 - 机身构型，有望比传统的单通道客机节省 20% 的燃料；荷兰代尔夫特理工大学的 Flying-V 无尾飞翼布局，预计比空客 A350 宽体飞机节省 20% 的燃料。另外，桁架布局作为另一种短平快布局还是值得期待的。

不断提升经济性是民用飞机追求的重要方向，而超音速是未来民用飞机发展的另一个重点方向。尽管协和号由于环保问题最终退出了市场，人类对超音速商业飞行的探索从来没有停止过，随着 X-59 项目的进展，人类又将再一次挑战超音速商业飞行。

2020年8月，"阿尔法狗斗"空战模拟对抗中，Heron Systems人工智能算法以5∶0击败了经验丰富的战斗机飞行员，这成为近年来人工智能技术在空战领域发展的关键一步，未来，基于认知/感知的人机系统、人工智能算法、智能蒙皮、智能信息处理、智能飞控、智能座舱、智能健康监控、智能协同探测技术等人工智能技术必将大有作为。

（二）国内外比较分析

1. 军用飞机

近年来，我国在大型军用运输机、舰载飞机、军用特种飞机的发展方面均取得了较大的进步，军用飞机谱系化建设初见成效，同时也形成了自己独特的军用飞机研发模式。

军用飞机研发方面，我国立足飞机总体设计、制造和配套的自主发展，紧跟世界航空强国的研发路线，有所为、有所不为，按照装备体系建设、系列化发展和技术渐进的思路，在设计和制造的关键技术方面不断突破，飞机性能不断提高、装备持续改进，使得我国的军用飞机发展逐步步入良性化发展道路。

目前存在的问题是，和美国等航空强国相比，军用飞机的平台性能、设计技术水平等仍有一定差距。以战斗机为例，美国F-35飞机的服役，带来了未来空战模式的改变，其具有超音速巡航、高隐身性能，既有态势侦察和电子对抗能力，又有空中指挥控制能力，加上其自诊断能力，使其成为真正意义上的第一种智能战机；虽然我国的第五代战斗机已经服役，但飞机的总体性能指标以及隐身能力仍稍逊于美国的五代机。我国在飞机平台的设计方面，仍处于紧密跟踪状态，加之受限于动力装置和航空材料等，飞机平台优势特性的发挥受到一定的制约。在飞机总体设计环境方面，我国仍处于初级阶段，飞机总体设计环境并不完善，而美国各大军工集团基本都有自己独特且完善的设计环境体系，这方面还期待着我国军用飞机总体设计技术的进一步发展。

2. 民用飞机

近年来，在传统民用飞机领域，我国的进步是有目共睹的。ARJ21飞机已初步形成了机队规模，C919飞机有望在2021年内交付，我国的民用飞机总体综合水平大为长进。尽管由于历史欠账较多，距离世界先进水平仍有较大差距，但民用飞机领域的进步是明显的。未来民用飞机发展的重点还是要走国产化道路，突破动力装置、航空材料、系统及关键设备等关键技术，使我国的民用飞机发展早日走上自主发展的良性道路。

在新概念民机领域，相比其他航空强国，我国在电推进飞行器和超音速民机方面的投入较少，研发项目较少，需要加强这方面的研究。

3. 无人机

在无人机方面，尽管与美国、以色列等无人机强国相比仍有一定的差距，但我国的无人机综合技术进展迅速，随着以彩虹-5、翼龙Ⅱ、云影、无侦-7、无侦-8、魔影为代表的无人机的发展，国内的无人机平台在国际市场上具有很强的竞争力，表明我国无人机的发展已从单一传感器平台向综合作战平台转变，其作战使用已经向遂行主流作战任务转变。在总体设计、飞行控制、组合导航、中继数据链路系统、传感器技术、图像传输、信息对抗与反对抗、发射回收、生产制造和部队使用等诸多技术领域积累了一定的经验，具备一定的技术基础。特别是近几年来，一批新型无人机装备相继研制成功并交付部队，无人机装备体系结构有了较大改善，现代化水平有了明显提高。但从总体上说，我军无人机装备同无人机强国相比仍有一定差距，国内已有的无人机任务系统载重都不大，尚难满足电子对抗、预警、侦察等大型任务系统的要求，平台技术难以满足无人作战飞机的高隐身、高机动能力的要求，在气动力、发动机、轻质结构和高精度导航等方面基础技术薄弱。此外，无人作战飞机需要的智能控制、决策和管理技术，空 / 天基的信息网络技术，以及相关的小型化高效精确制导武器等，也还都未能满足无人作战飞机系统的要求。

4. 关键技术

（1）人工智能技术

随着人工智能技术的发展，许多国家开始在各种战机中使用人工智能，辅助其更好地掌控战场。美国作为全球战斗机技术的引领者，已经广泛地在战机上使用了人工智能。随着现代航空飞行控制技术的快速发展，人工智能技术在航空飞行控制方面得到了广泛的应用，两种技术的深入融合已经成为一种趋势，我国在人工智能研发方面需要进一步加强。

（2）隐身技术

隐身技术战机生存力的直接体现，是信息化战争实现信息获取反获取、夺取战争主动权的重要技术手段，是飞机总体设计的重要权衡指标之一。目前，我国的隐身技术距离世界先进水平仍有一定差距。

（3）新型布局设计技术

较为成熟的新型布局是飞翼布局。目前，美国的飞翼布局技术在军用飞机的设计方面已经成熟，我国在无人机方面也有飞翼布局的成功设计。未来还需要进一步加强飞翼布局的研发，以获得更好的升阻特性和隐身性能。其他新型布局方面也是当前飞行器总体设计的研究热点之一。

四、展望与对策

几年来，尽管全球经济不振，但各国对发展航空科技的研发投入稳定增加，新项目研发不断，新飞机首飞不断，技术研究及演示验证持续进行。近几年的航空科技发展昭示人们，①军用飞机方面：远程战略轰炸机成为竞争的主战场，美国和俄罗斯先后开始了远程战略轰炸机的研发。②民用飞机领域：庞巴迪期待用 C 系列挑战波音、空客的梦想破灭，巴航仍期待着归于波音旗下，结果是，尽管有 B737MAX 事故停飞的影响，但波音和空客的垄断地位更加强化，未来要打破这种垄断的难度在加大，俄罗斯转而寻求占领国内市场及更多的独联体市场，MC-21飞机走上了自立自强的全面国产化道路；干线飞机领域的竞争几乎导致了支线飞机领域的重新洗牌，庞巴迪退出干线航空制造业、SSJ开始了进口替代、MRJ按下了暂停键，虽然ARJ21的发动机和系统仍是进口供应商提供，尚没有影响其在国内大卖。③无人机时代业已到来，警用无人机、农用无人机、货运无人机，无人机在各个民用领域全面开花。军用方面，察打一体无人化、战斗机无人化、加油机无人化、忠诚僚机、蜂群战术，各种演示验证不断，亚阿战争中TB-2无人机、哈洛比自杀式无人机等成了战争制胜的关键，其前后摧毁了亚美尼亚数百辆装甲车和火炮，摧毁了S-300防空系统在内的亚方防空系统，这可能不是无人机赢得的第一场战争，但却展示了无人机改变游戏规则的无限潜力，未来的希望在无人机，未来主宰天空的是无人机。④关键技术方面：X-59的研发再次让超音速运输走上前台，新布局探索、电动飞机和射流控制正处于探索和演示验证阶段。

从我国飞行器设计的现状和地位看，总体趋势仍处于追赶阶段，作为航空大国，走自主自强的道路是必然选择；否则，庞巴迪的命运就是前车之鉴，俄罗斯民机的全面国产化也在提醒我们，要想不受干扰地发展，必须自主发展；无人机方面，以色列的经验告诉我们，瞄准市场，坚持技术、实用与实战结合，独立自主发展就能获得成功。目前，无人机领域仍处于产业布局阶段，尚未形成垄断，只要积极进取、不断创新，占据一定的市场份额是可期的。尽管民机领域的垄断加强，突破的难度在加大，但不断夯实基础，以坚强的意志、持久的坚持，力争突破航空发动机、新型材料、新型布局等关键技术，缩小与航空强国的技术差距，是我们的必然选择。

（一）自立自强，当成为我国军民用飞机发展的主基调

航空产品不仅经济利益巨大，更涉及国家安全，欧美国家对航空技术的封锁由来已久，且意志坚定。2018年9月，美国宣布对俄罗斯11家企业实施制裁，2019年11月，美国赫氏和日本东丽终止向俄罗斯航空复合材料公司供应碳纤维和环氧树脂，欧美国家封杀俄罗斯MC-21飞机的目标明确、态度坚决、方法简单。不仅俄罗斯，就连庞巴迪这样的盟友公司，当技术发展到足以分食波音市场时，美国也是毫不手软地予以坚决打击，曾经的世界第三大飞机制造商，加拿大知名制造企业，就因为C系列的研发，举步维艰，不仅出让了C系列，还彻底退出了干线飞机制造业。利益面前，没有公平竞争；挑战面前，直接封杀对手，因此，任何时候，都不要心存幻想，自主图强，需成为我国军民用飞机发展的主基调。

今后相当长一段时间，我国民用飞机仍处于追赶阶段。ARJ21飞机第一次走完了支线飞机从设计到运营的现代飞机研发全流程，C919飞机目前只完成了干线客机的设计和制造，正在进行全面试飞。从ARJ21到C919，我国民用飞机的进步是巨大的，但两型飞机

包括发动机在内的主要系统和设备都由国外供应商提供，项目本身隐藏着巨大的不确定性，如果国外供应链中断，则两型飞机的研制与生产就面临停滞的风险。自主可控既是对国家安全负责，也是项目自主发展的保障。2015 年 3 月，俄罗斯联邦工业与贸易部发布《民用航空制造领域进口替代措施专项计划》，开启了俄罗斯民机的全面国产化，目的是发展俄罗斯航空科技，摆脱来自欧美的制裁，为后续参与市场竞争提供保障。民用飞机的国产化进程可带动航空工业的现代化发展，在变数不断的市场条件下，全面自主是摆脱制裁、掌控项目自主权、把握机会的关键。面对欧美不断加大的技术封锁力度，必须立足国内发展航空，实现军民用飞机研发的自主可控，形成哪怕贵一点、慢一点，也要使用国产系统和设备的氛围，力促我国的航空技术尽早进入良性发展。

（二）技术与实用并重，谋求军用无人机系统的技术领先

多年来，尽管美国占据着无人机发展的制高点，引领无人机发展潮流，但中国在军用无人机的发展方面仍处在第一梯队。翼龙系列无人机在中东国家有相当的市场，2016 年，翼龙 II 无人机获得了中国无人机行业史上最大的一笔出口订单；彩虹系列无人机年已经覆盖 10 多个国家的 20 多个最终用户，尤其彩虹 -5 大型中空长航时无人机是世界上功能最强大的察打一体无人机之一。攻 ×× 无人机开启了我国研发大型无人作战飞机的努力。

每一次的技术进步都给后来者提供了突破的机会，从新技术萌芽到产业成熟，往往经历百花齐放、产业布局、产业垄断等阶段，无人机行业目前仍处于产业布局阶段，远未到产业集中阶段，更没有形成市场垄断，这对于各国的航空产业都是一个良好的发展机遇。因此须借此机会，未雨绸缪，聚焦重点方向，加大型号研发及基础研究的投入，提高我国军用无人机的军贸份额，促进我国无人飞行器的发展。

察打一体、高空长航时、无人作战飞机是国内外市场的现实需求，美国的研究报告《新世纪展望：21 世纪的航空航天力量》指出："不久的将来，无人作战飞机将有可能成为21 世纪空中作战的主导力量。"美国的"捕食者""火力侦察兵""全球鹰"和"X-47"等系列无人机发展迅猛，察打一体无人机在近期局部战争中表现抢眼。世界市场上，高空长航时、中空长航时无人机需求旺盛。在无人机的研发上，我国须持续保持翼龙系列和彩虹系列无人机的市场优势，加大投入，向新技术更密集、作战效率更高、覆盖面积更大和生存力更强的隐身无人作战飞机及其系列化方向发展，占据未来发展先机；布局方面，隐身性能已成为提高生存力和作战效能的基本手段，飞翼布局具有先天外形隐身优势，从而成为国际上远程隐身轰炸机、隐身无人战斗机、隐身侦察机的首选布局形式，因此须突破飞翼布局，结合飞控，提高无人作战飞机的性能。

无人机集群作战属于颠覆性的低成本作战样式，其先进的自主协同、群体攻防和分布式作战能力，将促成空袭突防能力的再次提升和战术战法的变革，已成为世界各国发展的重点方向之一。我国在固定翼无人机集群飞行试验方面进行过探索，但和美国相比差距

还是比较明显的，固定翼无人机集群作战的关键技术包括空中快速发射与回收技术、高精度空中对准技术、设备载荷与机体一体化概念设计、低成本结构设计、精确数字飞控与导航、小型高效涡轮发动机、精确位置保持技术等，尤其是空中回收技术是有相当难度的。美国的"小精灵"项目的目的就是在 C-130 飞机上实现无人机集群空中快速发射和回收，直至 2020 年 10 月第三次飞行测试，仍未实现空中回收。对于我国而言，需要尽快发展并掌握无人机空中发射和回收技术，通过多样化的手段开展集群作战研究，为我国在分布式作战、集群作战等方面做好技术储备。

另外，同有人机一样，我国无人机发展也在很大程度上受制于发动机，无人机动力所采用的涡扇发动机与国外差距明显，需要加大投入，提高航空发动机的性能和可靠性，使我们的无人机发展尽早走上自主发展道路。

（三）构建集成环境体系，实现高效可持续发展

飞行器研发涉及的专业技术面广、知识含量高、多学科交叉，是一项复杂的系统工程。为了应对装备体系复杂化和智能化带来的挑战，在飞行器研发的同时，构建一套集多学科分析、敏度分析、优化设计和人工智能等方法为基础的飞行器研发集成环境体系，通过该体系，能够建立一个持续进步的研发平台，量化飞行器研发的主要性能和指标，加快系统设计进程，降低设计成本；可以快速、科学、高效地进行飞行器设计和优化，较快地缩短我们与国际先进水平的差距，对实现我国飞行器设计的"跨越式"发展非常必要。

现代飞行器研发已经进入到多学科综合设计和优化阶段，在飞行器总体设计的同时，利用计算机技术，建立起从多学科综合优化、产品数据管理、计算机仿真优化结合在一起的飞行器总体设计研发集成环境体系，实现飞行器的总体设计环境体系与飞行器研发同步构建，为飞行器总体设计优化及未来飞行器发展建立起一个可持续优化的平台。

在此平台的基础上，随着科学的发展，不断加入新增功能，优化和完善平台，最终实现飞行器总体综合设计优化环境体系的建成，不仅能够有效缩短研发周期，降低研发成本，而且为后续的飞行器研发打下良好的基础。

（四）强调渐进式创新，促进关键技术突破及良性发展

技术创新基于技术变化的强度分为跃变式创新和渐进式创新，飞行器的研制及其后续发展更多的是一种渐进集成创新，是一项庞大而复杂的系统工程，涉及了总体气动、结构强度、材料、电子、控制、航空发动机以及制造技术等工程领域的诸多技术问题，具有典型的知识密集和资本密集特点。在飞行器的研发上，不管从管理方面，还是资金投入，我国历来重视填补空白，对于之后的持续发展重视不够。实际上，技术创新更多是渐进式的，一旦建立起一个平台，后续的不断完善、持续改进才是关键，既可以成熟技术，也可以创造效益，而且技术难点往往就是在后续的持续改进中攻克的，其意义不亚于填补空

白。因此，聚集关键技术领域突破的同时，也要强调渐进式创新，在突破关键技术后，还要在新建平台的基础上，不断改进、持续提高，以量变促质变，使新技术完全成熟稳定，实现技术上的"螺旋式上升"，为后续进一步发展打下基础。

五、结束语

目前到未来相当长时期内，我国的飞行器设计技术仍将处于追赶阶段，只有立足自主，构建科学高效可持续发展的研发环境体系，注重军用无人机的发展，强调渐进式创新，促进技术的良好发展，持久专注，突破航空发动机、关键材料和系统设计等关键技术，进一步夯实基础，加大投入，提升能力，才能切实提升我国的飞行器设计水平和能力，才能实现我国飞行器研发的"跨越式发展"。

参考文献

[1] 孔祥浩，张卓然，陆嘉伟，等. 分布式电推进飞机电力系统研究综述 [J]. 航空学报，2018，39（1）：021651.

[2] 李丽雅，田云. 中国大飞机研发历程与技术突破 [J]. 中国工业评论，2015，Z1：36-43.

[3] 黄俊，杨凤田. 新能源电动飞机发展与挑战 [J]. 航空学报，2016，37（1）：57-68.

[4] 吴杨萌. 俄罗斯希望 MC-21 客机实现全国产化 [J]. 国际航空，2020，6：48-52.

[5] 刘亚威. 标准化！美国防部发布使命任务工程指南 [Z]. 空天防务观察，2020-12-14.

[6] 詹斯·弗洛托. 后疫情时代 A220 在航空运输市场中的定位 [J]. 国际航空，2020，10：60-62.

[7] 王妙香. 民用飞机总体气动技术 2020 年发展综述 [Z]. 民机战略观察，2021-4-6.

[8] 吴蔚，张洋，黄涛，等. 2018 年国外航空科技发展综述 [J]. 国防科技工业，2018（12）：52-55.

[9] 陶于金，李沛峰. 无人机系统发展与关键技术综述 [J]. 航空制造技术，2014（20）：34-39.

[10] 李磊，徐月，蒋琪，等. 2018 年国外军用无人机装备及技术发展综述 [J]. 战术导弹技术，2019（2）：1-10.

[11] 贾永楠，田似营，李擎. 无人机集群研究进展综述 [J]. 航空学报，2020，41（S1）：723738.

[12] 许佳. 俄罗斯军用无人机蓄势待发 [J]. 国际航空，2020，10：26-28.

[13] 程龙，王治，马坤. 美军察打一体无人机多机协同作战样式研究 [J]. 国际航空，2020，10：17-20.

[14] 张伟. 美国航母舰载无人机项目的发展演变 [J]. 飞机设计参考资料，2020（3）：8-12.

[15] 向锦武，阚梓，邵浩原，等. 长航时无人机关键技术研究进展 [J]. 哈尔滨工业大学学报，2020（6）：10.11918/202004009.

[16] 马东立，张良，杨穆清，等. 超长航时太阳能无人机关键技术综述 [J]. 航空学报，2020，41（3）：623418.

[17] 袁成，董晓琳，朱超磊. 2020 年国外先进军用无人机技术发展综述 [J]. 飞航导弹，2021（1）：17-24.

[18] Insidedefense. DARPA's manned-unmanned teaming project to demo air-to-ground mission [EB/OL]. 2018-04-

27. https://insidedefense.com/daily-news/darpas-manned-unmanned-teaming-project-demo-air-ground-mission.

［19］Atuahene-Gima，K.，Slater，S.F.and Olson，E.M..The contingent value of responsive and proactive market orientations for new product program performance［J］．Journal of Product Innovation Management，2005，22（6）：464-482.

［20］程普强．诺斯罗普-格鲁门公司创新发展之路［M］．北京：航空工业出版社，2019.

飞机结构设计及强度学科发展报告

一、引言

飞机结构是支撑飞机平台实现预期功能和性能的基础，在提高飞机飞行效率、控制研制成本和保障服役寿命等方面均发挥重要作用。近年来，随着航空装备需求的发展，新材料、新工艺不断涌现、载荷环境更加复杂、结构重量系数要求更加严苛，对飞机结构设计及强度分析与评估提出了更高的要求。面对全新的挑战，国内在结构设计技术研究、试验技术研究、强度分析与评估技术研究以及前沿技术探索等诸多领域均取得了突破性进展，为航空装备的高速、稳定发展奠定了坚实的基础。

本报告涵盖了我国飞机结构设计及强度专业领域近年来的发展概况和取得的重大技术成果，结合国外研究进展对比分析了国内在飞机结构设计与强度方面的技术水平，并提出了展望与对策。

二、发展现状和研究进展

（一）结构设计技术

随着对飞机结构的高性能、长寿命、轻质量、低成本等指标要求的不断提高，国内外在先进材料、新结构形式、新设计方法等方面开展了大量研究，取得了一系列成果，并应用于型号研制中。随着飞机结构设计技术的不断进步和成熟，飞机结构设计的原则已经从一味追求飞机性能最优转变为强调在性能可接受前提下实现成本最小化、经济可承受、安全性和环境适应性等。

近年来，我国的飞机结构设计技术无论是设计手段还是设计方法都有了长足进步，尤其在新型轻质金属结构设计、先进复合材料结构设计、热结构与热防护结构设计和数字化设计等技术方面取得了重要突破，立足于国内技术的发展走出了良性发展道路，基本具备了面向大型军民用运输机、战斗机、无人机等机体结构的正向设计能力。

1. 新型轻质金属结构设计技术

近年来，国外新型轻质金属结构研究取得很大进展，主要体现在新材料、新工艺和新设计方法三方面。三代铝锂合金不断更新并日益成熟，在机体结构上的用量快速上升，逐渐替代了传统铝合金成为飞机的主承力结构材料；新型焊接技术为降低飞机结构制造成本提供了新的设计手段，激光焊、搅拌摩擦焊、电子束焊等先进工艺已应用于现代飞机结构制造中；基于可靠性的耐久性/损伤容限设计思想成为飞机结构，尤其是新材料/新工艺的新型轻质金属结构的主流设计思想。

增材制造技术的出现是制造技术原理的一次革命性突破，考虑到其材料性能依赖于粉末材料、工艺参数和部件形状，欧美航空中心及科研院所围绕试件级的组织演化规律、缺陷形成机理、疲劳损伤机理及损伤容限评定技术进行了大量基础性研究，并已在 F-22 以及民机非主承力结构件上应用。

国内目前先进金属材料应用和相应成型制造技术已有相当突破，新型铝锂合金在 C919 机体结构中得到了大范围应用，有效提升了机体结构性能。在新型制造工艺方面，攻克了电子束、激光增材制造等高能束流加工技术，大型金属增材制造结构加工开裂、变形等一系列技术难题，试制了多个飞机型号的多种金属零构件，特别是在某型军机验证机主承力结构中得到了应用。但目前，金属增材制造结构的损伤容限性能评定技术体系尚不健全，服役中的损伤检查、维修问题仍有待完善。另外，受材料、制造工艺水平的限制，国内在航空新型轻质金属结构设计和应用方面落后于欧美航空发达国家。但国内基于结构功能特性的选材技术考虑了飞机结构设计中使用的安全寿命、耐久性、损伤容限设计思想，反映了单位重量材料抵抗疲劳开裂、抵抗裂纹扩展的能力及材料某一方面性能的偏重程度，与国外的同类选材指标相比，在飞机结构材料优选方面更具优势。

2. 先进复合材料结构设计技术

波音公司在第六代大型民用客机 B787 研制中，复合材料的用量扩大到了 50%，飞机的整个机体结构大量使用复合材料。空客公司 A400M 运输机外翼选用复合材料主梁和整体壁板，其复合材料用量增长到 30%，A350XWB 飞机复合材料应用高达 52%。美国 F-22 战斗机的复合材料用量达结构总重的 24%，F-35 在 30% 以上。国外复合材料已成熟应用于军民用飞机结构中。

近年来复合材料在国内军民机结构中的工程应用也得到了大幅提升，大型运输机全机用量为 8%，军用战斗机全机用量达到 24% 以上；C919 飞机后机身及尾翼结构采用了复合材料设计，全机用量为 12%，即将取得适航认证并投入运营；未来 CR929 客机复合材料用量将达到 50% 以上，机身与机翼主承力结构均将采用复合材料，并已完成了机身结构设计的技术攻关和集成验证。在材料国产化方面，国产 T300 级、T700 级碳纤维材料已大规模成熟应用，T800 级也取得显著进展，已开始应用于军机型号中。

"十三五"期间，国内相继开展了复合材料机翼和机身的研制攻关。完成了以 C919 为对象的 T800 级复合材料机翼的结构设计，基本掌握了复合材料机翼结构的完整性设计与验证关键技术。还完成了宽体客机复合材料前机身结构的设计与集成验证，突破了宽体客机复合材料机身结构的稳定性、连接、耐久性、损伤容限等设计关键技术，为 CR929 复合材料机身结构设计奠定了基础。此外，国内还开展了大量复合材料结构设计关键技术的研究，突破了复合材料编织接头 /RTM 接头设计、民机复合材料主结构可维修性设计和修理技术、热塑性复合材料前缘整体结构设计、复合材料壁板屈曲与后屈曲设计等关键技术，为未来复合材料在型号研制中进一步应用奠定了坚实的基础。

从复合材料用量来说，我国军用飞机的复合材料结构设计与应用水平已经与国际先进水平相当，且主要型号已全部实现了材料国产化。在民机方面，C919 飞机获得适航认证，标志着国内已掌握满足适航要求的民机复合材料结构设计与应用技术，并形成了一系列的设计流程与技术规范。但相比于欧美国家 B787、A350 等已经投入运营的先进民机，国内在民机机翼、机身等主承力结构中的复合材料应用还缺乏设计经验，对相关的单项关键技术、标准规范、手册指南在应用于型号设计之前还需要开展系统的验证。

3. 热结构 / 热防护结构设计技术

在飞行过程中严酷气动热载荷的持续作用下，以空天飞机为代表的高超声速飞行器表面处于极高的温度状态，严重影响飞行安全，因此在高超声速飞行器研制阶段必须开展热防护设计。其中，布置在飞行器高温区域，承受严酷热载荷并防止过多热量进入飞行器内部的结构被称为热防护结构；同时具备严酷热载荷与力学载荷承载能力的结构被称为热结构。

近年来，针对热结构设计中存在的问题，国内研究机构开展了大量研究工作。其中，南京航空航天大学（南航）进行了金属与复合材料热结构优化设计及对比研究，发现采用复合材料可以在确保热结构性能的前提下显著降低结构重量；国防科技大学研究了采用疏导式层板热管的翼面热结构的结构特性，给出了热管选材和参数设计依据，设计了具备防失效机制的双级层板热管式热结构；火箭军工程大学针对固体火箭发动机喉衬所处的极端高温严酷环境，研究了轴编 C/C 复合材料热结构的烧蚀与结构特性。

针对热防护结构设计中的问题，国内也开展了多方面的研究工作。在结构优化方面，中国运载火箭技术研究院开展了阵列式多层热防护结构和金属热防护结构优化设计研究，以结构重量为优化目标，建立了优化设计流程，取得了明显的减重效果。在材料选取方面，北京航空航天大学（北航）开展了气凝胶隔热复合材料蠕变性能研究，分析了其对热防护结构的影响，对热防护结构设计给出了建议。在新型热防护结构研究方面，南航针对旋转爆震燃烧室高热流密度的热防护需求，设计了一种耐烧蚀层 – 烧蚀层 – 隔热层 – 金属基体层的梯度复合被动热防护结构；航天特种材料及工艺技术研究所提出了一种由多种功能层材料组成的热防护组件结构设计方法；西北工业大学（西工大）提出了一种组合动力飞行器热防护系统设计方法。此外，同时具备隔热与承载能力的一体化热防护结构成了近年来国内关注的焦点，西工大、哈尔滨工业大学（哈工大）、南航等国内研究结构纷纷开展了相关研究工作，并取得了一定的研究成果。

与此同时，国外也在热结构／热防护结构设计领域开展了大量研究工作。例如，美国NASA针对再入飞行器的热防护形成了一套三维离散材料响应设计方法；欧洲航天局设计了一套C-SiC热防护系统，并通过飞行试验进行了验证；俄罗斯针对可重复使用空天飞行器的多层板热防护结构开展了防／隔热优化设计。

总体而言，近几年国内在防／隔热一体化设计、结构轻量化设计、结构形式优化等方面开展了大量研究工作，并取得了丰硕的研究成果，但在新设计概念探索、智能／多功能结构设计、可重复设计等方面，相较于国外仍存在较大差距。

4. 数字化设计技术

随着现代计算机软硬件技术的发展，数字样机技术在国内外航空等领域的应用迅猛发展，驱使传统复杂产品研发进入一个新的发展阶段。以波音、洛马、空客为代表的国外航空企业已基本形成航空产品的数字化设计方案。其特点是基于数字化的产品定义方法，以数字样机作为研制依据，通过数字化的工作环境实现并行协同研制和运营管理。洛马公司在F-35研制过程中，提出了从设计到试验的全面数字化、协同化，包括产品数字化、设计数字化、试验数字化、制造数字化和管理数字化，研制周期比F22缩短一半，定型试验周期缩短30%。国外通过在数字化设计技术多年的应用实践，先后衍生出了几何数字样机、功能数字样机等概念，目前正在向性能数字样机发展。

目前，美国NASA和空军研究实验室针对未来飞行器提出了数字孪生体概念，以数字模型来实时反映与其对应的飞行产品的状态，解决了未来复杂服役环境下的飞行器维护问题及寿命预测问题。

国内基于数字技术的协同研制已经应用于型号研制的设计与制造的协同，并在持续完善，主要通过三维CAD技术描述产品的几何特征及相关的非几何信息，如拓扑结构、几何尺寸及其他制造属性等，用于产品的设计协调、干涉检查、虚拟装配和展示。实现了设计、制造和试验中的无纸化，保证几何数据的同源，极大地提高了飞机的整体设计水平。随着几何样机与机构运行学、虚拟现实等技术的结合，几何样机的功能拓展到了运动机构分析、维修性／可达性分析、人机功效分析等，这些基于几何样机的高级应用也称为功能样机。在几何样机和功能样机的基础上，伴随CFD、CAE等大规模数值计算技术的不断发展，可以基于数字模型进行产品多学科性能的建模、仿真、分析和展示。在某型飞机研制过程中，结合数字化设计理念，引入了并行协同、多项目管理、集成产品研发等先进的管理思想，突破了基于全三维模型的关联设计技术并全面应用，实现上下游设计信息及时传递与更改驱动，极大提高了产品设计迭代速度。

相比欧美等国家，我国数字化设计技术在应用方面还存在一定的差距。各设计单位、单位内各专业间的平台架构、规范、标准完备性不足，数据传递特别是仿真数据的传递与管理欠缺规范性，无法实现多学科协同优化。数字化的虚拟试验技术在国内已有部分实践经验，一些飞机设计研究所已经在型号上开始尝试使用，但应用广度与深度还远远不够，也无法达到多专业集成应用的高度。综上所述，目前国内数字化设计技术的规范、标准、软件工具都很不完善，需要进一步开展研究。

（二）结构试验技术

飞机结构强度试验技术是发现结构薄弱部位、验证结构设计与制造工艺并根据试验结果修正和确认计算模型与分析方法的重要手段。近年来，在型号研制的推动和技术发展的牵引下，结构试验技术也取得了巨大进步，形成了大量的研究成果。面向飞机型号服役环境复杂化、设计要求综合化、设计手段数字化的技术要求，国内已基本建成了体系化的重大强度试验设施，完成了多型国家重点型号的强度试验任务，开展了一系列创新研究，既有传统试验技术的进步，如结构积木式验证体系、复杂载荷壁板试验及全机试验技术等；又有新型试验技术的突破，如气候环境适应性试验技术、多场耦合试验技术、动态疲劳试验技术等，飞机结构强度试验技术整体能力得到了大幅提升。

1. 结构强度积木式验证体系

对飞机结构的合格鉴定仅通过全尺寸结构验证试验通常是不完整的，应采用全尺寸结构与由试样、元件（包括典型结构件）、组合件组成的多层次积木式设计验证试验相结合的方法来完成。这种按照复杂程度渐增的计划，同时利用试验和分析进行结构证实的过程，被称为"积木式"验证方法。由于复合材料结构的复杂性，尤其注重积木式验证。

随着波音 B787、空客 A350 飞机的交付运营，机体结构复合材料用量分别达到了 50%和 52%，标志着复合材料在飞机主承力结构中应用技术已经成熟。波音和空客均拥有完整的复合材料主承力结构的验证体系，在满足适航验证要求的同时，正朝着虚拟试验等低成本的验证技术方向发展。

"十三五"期间，中国商飞联合航空工业强度所等单位按照复合材料结构完整性的设计要求，依据 CCAR-25-R4 相继完成了宽体客机前机身等直段、大型客机全尺寸机翼的积木式验证。

国内 CR929 宽体飞机目前已完成了复合材料前机身等直段的积木式验证的技术攻关，突破了一系列试验验证技术难题，初步建立了复合材料机身结构验证思路和技术路线。以 C919 为应用对象的复合材料机翼也从试样件、元件、典型结构件、典型盒段/壁板和全尺寸部件五个层级进行了积木式试验验证。

目前，国内外对于复合材料主承力结构的积木式验证技术已形成了较为成熟的研究方法与体系。部件试验、全机试验等传统试验技术已达国际先进水平。但国内民用客机复合材料适航验证经验较为薄弱，民机复合材料机翼、机身主结构的适航验证还属空白。虽然目前在 C919 和 MA700 客机的研制过程中积累了大量的适航验证经验，但还需通过进一步研究，建立系统完整的机翼、机身主结构复合材料适航验证体系，以满足适航取证需求。

2. 复杂载荷壁板试验技术

在机身壁板在压缩 / 拉伸、剪切和内压等复杂边界载荷下的强度试验技术研究方面，美国、荷兰、法国、德国等均研制了相应的试验装置，具有代表性的是德国 IMA 公司，在复杂边界载荷下的壁板试验技术方面已经形成了系列化的试验装置。IMA 公司的第五代壁板试验装置能施加拉伸 / 压缩、剪切、内压、弯曲等多种复杂载荷，可以真实模拟飞机飞行过程中的机身壁板受力状态。

中国飞机强度研究所（强度所）近几年在该领域持续攻关，不断创新探索，并取得了一系列的研究成果，形成了系列化试验装置，试验装置从完成单一载荷试验，到具备完成拉伸 / 压缩、剪切、内压等三种复合载荷的试验能力，覆盖从战斗机到大运 / 大客 / 宽体飞机等各类型号的机身、机翼、尾翼等壁板静力 / 疲劳试验需求。近年来，重点突破了大型机身曲板复杂应力 / 应变状态下的机身壁板试验技术。利用载荷自平衡可随动组件主动施加剪切载荷，实现了范围更大、分布更均匀的应力 / 应变场，对壁板施加的内压完全由壁板两侧的环向载荷主动平衡，实现了与真实机身圆筒增压的同等效果；基于可随动支点杠杆系统、轴承及运动导轨等运动机构的单传力路径结构设计，有效避免了大型整体结构复杂载荷联合施加的变形协调与载荷非线性耦合效应问题。与德国 IMA 公司第五代壁板试验装置对比，研发的壁板试验装置可实现轴向拉伸 / 压缩、弯曲、面内剪切、端部剪切、内压、地板梁拉伸 / 压缩 / 弯矩等载荷的联合施加，同样实现了机身壁板真实受力状态的模拟，使我国在机身曲板试验技术方面跻身国际先进水平，对于宽体飞机的研制具有重大意义。

3. 全机试验技术

国外空客、波音以及专门从事飞机结构试验验证的公司及研究机构一直致力于推动强度试验技术的进步，在试验承载、载荷施加及测控等方面研究中取得了长足的发展，实现了试验全过程的辅助设计、管理、控制及仿真，打通了各个系统数据链，建立了完备的从典型结构件到全机结构的验证体系。由于在积木式验证阶段对从元件、典型结构到部件结构的细节和失效模式都进行了较充分的试验验证，全机结构试验的重点已转移到了对机体结构和损伤综合效应的验证，试验和载荷谱更具全局性和针对性，有效缩短了试验周期。由于掌握测控方面的核心技术，欧美等国将参数自动优化、可控应急卸载、分布式测量等先进技术应用于全机试验，进一步提升了试验的效率和可靠性。欧美等国在结构损伤评估方面也开展了大量与工程实际相结合的研究工作，开发了成熟的数据存储、分析、评估平台，实现了基于多传感器信息融合的结构损伤评估。

随着新型号研制的井喷式发展，国内在全机试验技术方面也取得了巨大的进步，已具备涵盖战斗机、运输机、无人机等起飞重量从百千克级至 200 吨级飞机的全品类飞机全机地面强度试验能力，可同时开展十余项全机静力 / 疲劳试验。进一步完善了全机静力 / 疲劳试验技术体系，包括试验总体规划技术、试验承 / 加载系统设计技术、试验控制 / 测量技术、数据分析与结果评估技术。重点突破了机翼大变形加载技术、全硬式加载技术、多舱窗快速充放气技术、水载荷模拟技术、随动加载技术、双层地板加载技术，研制了系列化试验装置和系统。近年在交叉耦合补偿控制技术（CCC 技术）、载荷谱自优化等技术方向开展了大量应用，有效降低了大变形结构加载耦合影响，提高了加载精度和效率。在结构大变形精准测量方面国内也开展了基于光学的非接触测量方法研究和应用，有效提高了大变形结构位移测量效率和精度；随着 5G 技术的发展，将基于 5G+ 机器视觉的方法用于结构损伤检查的方法在全机疲劳试验中得到初步尝试，实现了全机疲劳试验舱内不可达区域实时损伤巡检。

目前国内全机强度试验技术已达到了国际先进水平，但在某些技术方向仍有差距，如试验系统数字化设计分析技术、多通道耦合高精度参数优化技术、多源数据融合下的结构损伤分析与评估。未来全机试验技术将向数字化、智慧化方向持续发展，重点攻克试验广域数字化协同设计技术、多智能体协同加载控制技术、多源数据融合及智能监测技术、试验数据管理与大数据挖掘技术等技术研究，进一步提升全机强度试验技术水平。

4. 气候环境适应性试验技术

气候环境适应性试验研究起始于第二次世界大战。1942 年至 1943 年因飞机无法在低温下起飞，美国提出建设飞机气候环境实验室的设想，并于 1947 年在佛罗里达州格林空军基地建成世界上第一个飞机气候实验室——麦金利气候实验室，飞机可在实验室中进行高温、低温、湿热、淋雨、太阳辐射、吹风、降雾、降雪、冻雨 / 结冰、冻云结冰、风吹雨、风吹雪、发动机启动 / 开车试验等多项试验。为了全面研究武器装备的环境适应性，美国还在格林空军基地陆续建设了沙尘实验室、盐雾实验室、海洋实验室、低气压实验室和雷电实验室，与气候实验室一起形成了装备环境适应性实验设施群落。麦金利实验室受试飞机涵盖战斗机、轰炸机、运输机、直升机、预警机、客机等所有类型的飞机。试验的性质包括研发试验、鉴定试验、适航认证试验。同时，该实验室及其群落也用于坦克、装甲车、导弹发射车以及舰船等大型武器装备的各种环境适应性试验。继美国之后，英国、瑞典、韩国也相继建立了飞机气候实验室，但其功能和规模都与麦金利实验室相差甚远。

目前，国内可以开展从材料 / 元件 / 组件 / 构件、部件到整机级的综合环境试验。实验室能力方面，航空工业强度所突破了超大空间多因素耦合气候环境模拟等一系列关键技术，历经 7 年建成了国内体量最大、系统组成最复杂、模拟环境因素最多的气候实验室，实现了高温、低温、太阳辐射、温度 / 湿度、淋雨、降雪、冻雨、结冰和吹风等典型气候环境的精准复现，形成了整机气候环境试验能力，体量和技术指标均处于国际领先水平，填补了我国大型综合气候环境试验设施的空白。

试验技术方面，航空工业 301 所、电子 5 所、兵器 59 所等单位主要以 GJB150《军用设备环境试验方法》为基本试验规范，开展了从材料/元件、组件/构件、部件等综合环境试验，并不断发展环境剪裁、适应性测量及评价方法等技术。强度所以科研项目为依托突破了整机级实验室气候环境模拟、大涵道比涡扇发动机单发慢车试验等技术，初步构建了飞机整机级气候环境试验方法及技术体系。哈工大、北航、西工大、中国民航大学、上海交通大学等高校开展了飞机系统的热、结冰、淋雨等环境响应机理及数值分析方法等方面的研究工作。

与美国相比，我国在飞机气候环境适应性试验研究方面存在较大差距，具体体现在试验能力、标准体系、试验理论及试验测试技术等五个方面。美国通过长期技术发展和大量试验积累了丰富的经验，建立了较为完善的技术体系、管理体系以及试验规范和标准；而我国在实验室仅进行了一年飞机气候适应性试验，完成了两架飞机的整机气候试验，初步形成了试验能力，技术体系和质量管理体系的建立还处于起步阶段，也没有建立相应的规范和标准。与全球最先进的美国麦金利气候实验室相比，我国气候环境实验室尚不具备飞机发动机开车和冻云结冰等气候试验能力。

5. 多场耦合试验技术

适用于气动热、气动力、噪声等严酷服役环境的轻质功能一体化结构一直是美国可重复高超声速飞行器战略发展的重点，多场耦合环境下结构的强度设计与验证是关乎高超声速飞行器研制成败的关键。美国等国家非常重视多场耦合试验能力建设，NASA Langley 实验室、美国空军研究实验室（AFRL）、波音公司等均具备多场耦合试验能力。以此为基础，近年来，在高超声速飞行器相关项目的支持下，NASA 等机构对高超声速飞行器结构开展了大量验证试验。如 X-34 复合材料发动机喷管热模态试验、X-37 C/SiC 襟副翼子部件热噪声试验、NGLT C/SiC 机身襟翼热/力耦合试验等，为飞行器结构的设计与考核提供了充分的试验依据。

针对严酷环境下的参数测量需求，NASA 发展了一系列温度、高温应变参数接触式/非接触式测量技术，如辐射测温、数字散斑、高温光纤等测试技术，并已经应用至试验中。

新一代飞行器正在朝着大空域、宽速域、长航时等方向发展，多场耦合试验面临新的挑战，尤其在极端服役环境载荷模拟、超高温力热参数测量等方面。此外，物理试验与虚拟试验相结合以验证计算模型、辅助结构设计的理念也正在不断深入。

在型号任务需求牵引下，国内科研院所相继开展了多场耦合试验技术研究。比如，航天相关单位建立了热噪声试验系统，并在该系统的基础上完成了舵结构 1000℃/168dB 热噪声试验。此外，国内高校如北航开展了 1500℃级别热振耦合试验。

近年来，强度所针对试验需求，开发了基于石英灯/模块化石英灯辐射加热装置的热噪、热振、热振噪、热力振噪等多场耦合试验装置，具备相关的试验研究能力。并

已经开展了部件级 1650℃ 的热 / 振动试验、1200℃ /165dB 的热噪声试验。可以实现
0.8KN/1150℃ /18T/166dB 级别的热 / 力 / 振 / 噪的多场载荷模拟，可以对金属 / 复合材料元
件 / 小尺寸结构开展试验，实现综合载荷环境下的响应特性与失效评估验证。

虽然国内已具备多场耦合试验基础，但是在高量级严酷综合环境模拟方面，试验件尺
度、关键参数测量等方面与国外差距较大，目前的试验能力尚不能完全覆盖型号全飞行包
线下的载荷环境，亦难以满足未来高超声速飞行器的地面强度验证需求。

6. 冲击动力学试验技术

国外在冲击动力学试验技术领域开展了大量工作，积累了丰富的经验，制定了相关规
范，很多试验技术已经应用到了型号研制中。欧洲国家在全面评估飞机使用过程中可能遭
遇的外来物威胁的基础上，系统开展了飞鸟、冰雹、碎石、轮胎碎片等撞击对金属 / 复合
材料结构影响的研究；美国则开展了大量冰雹撞击研究工作，在冰雹力学性能研究的基础
上，通过冰雹撞击测力元件，对冰雹撞击的数值分析模型和分析方法进行了验证。从 2017
开始，NASA 先后对 F-28 进行了前机身框段垂直坠撞试验、全尺寸机身翼盒段坠撞试验，
考虑了货舱行李和撞击地面角度对坠撞的影响。2019 年，CIRA 进行了运输类飞机复合材
料机身框段坠撞试验，研究了冲击角度对适坠性的影响。2018 年，美国空军开展了内流
体动力喷射模型研发和验证项目，进一步深入研究和测试入射弹药对燃料箱的伤害，同时
开展了燃料箱损耗蒸汽易燃漏洞研究，表征模拟碎片的摩擦和碰撞导致与燃料箱损耗蒸汽
反应引发火灾的弱点。美国在舰载机研制过程中对其起降装置、外挂物、机载设备等结构
强度进行充分考核，舰载机结构冲击动力学试验技术伴随舰载机研制过程发展。在 F35C
研制过程中对其起落架、拦阻钩、机身等部位的结构强度进行了充分验证，从 2011 年起，
开展了为期 4 年的舰 – 机适配性试验，对舰载机结构强度、设计合理性等进行了一系列试
验验证，并逐步建立了系统完善的舰载机结构强度设计与验证技术体系。

国内在冲击试验技术领域近年来技术进步明显，主要表现为现有的试验技术不断完
善，建立了包含材料、元件、部件以及全尺寸框段结构的适坠性积木式研究体系，同时在
毁伤、舰载机冲击动力学等方面有了技术突破。强度所率先针对外来物撞击引进了基于高
速摄像的图像分析测量方法，解决撞击过程动态测试的难题；突破了仿真鸟制备技术、高
抗干扰的鸟弹测速技术，提高了试验结果重复性、速度控制精度以及弹着点控制精度；另
外在冰雹撞击研究中引入不同含棉量的冰弹，能够更加真实地模拟实际工况。同时在轮胎
爆破方面也开展了考虑轮胎碎片的尺寸、冲击角度和速度等因素的研究。突破了全尺寸框
段坠撞试验技术，从 2019 年开始先后进行了干线飞机机身框段垂直坠撞试验、MA700 机
身框段垂直坠撞试验，在民机适坠性试验验证方法方面形成了一定的技术积累。针对燃油
箱结构破片高速冲击水锤效应毁伤问题，突破了流场（燃油、气体）和固体（燃油箱结
构）耦合的冲击动力学试验难题，攻克了高速冲击复杂条件下高瞬态动态响应试验测量技
术，设计了专用光学反射装置，解决了水锤效应试验中的空腔产生、生长、坍塌整个过程

动态测量难题。另外，国防科技大学以及哈工大同样针对水锤效应开展了研究，也有部分高校针对机翼等结构开展了爆炸冲击毁伤研究，取得了一定的试验技术进步和成果。近年来，国内舰载机结构动力学蓬勃发展，已达到世界一流水平。强度所在近年来经过不断技术沉淀与探索，于2016年公开了舰载机全机落震试验方法，中国成为全世界第二个掌握全机落震试验技术的国家。突破了诸如飞机机翼升力、航向速度模拟、机体载荷标定等一系列关键技术，并于2017年公开了舰载机起落架突伸试验技术与方法。

总的来说，国外在冲击动力学试验技术方面发展相对较为成熟，国内也越来越重视该领域的研究，投入逐渐增多，技术进步显著，部分已达到国际领先水平。

7. 动态疲劳试验技术

具有双垂尾气动布局的战斗机在大攻角飞行时，鸭翼和边条翼形成的脱体涡在垂尾前破裂会引起强烈的抖振载荷，同时后机身结构还受到气动、惯性效应引起的静力和疲劳载荷，这些载荷很可能引起垂尾及后机身结构的灾难性破坏。为了验证飞机双垂尾结构在剧烈振动环境下的结构耐久性，国外研究机构开展了多项实验技术研究。如美国、加拿大、澳大利亚等国就F/A-18、F/A-35等飞机开展了双垂尾动态疲劳试验技术研究项目，建立了集成静力、常规疲劳与振动载荷于一体的后机身动态疲劳试验装置，发展了相关的试验技术，实现了该型飞机的动态疲劳性能验证。

针对我国新型战机在大攻角飞行时，V型双垂尾结构承受复杂剧烈动态载荷的特点，近年来中国飞机强度所经过深入研究和多层级验证，提出了低附加刚度的静力叠加疲劳加载方法，建立了五自由度复杂载荷协调随动激励技术，形成了我国新一代战机后机身结构动态疲劳试验系统，解决了后机身结构复杂动态疲劳验证的难题，实现了五自由度随动的静力/疲劳/振动联合加载，真实模拟了战机在大攻角飞行时承受的复杂载荷状态，为新一代战机后机身动态疲劳评估提供了技术支持和验证条件。

8. 发动机强度试验技术

国外在发动机部件强度设计准则和标准规范制定上起步较早，试验体系设置较为完备，并在不断发展中。消声短舱声衬是满足飞机噪声适航指标、改善舱内舒适性和提高飞机市场竞争力的关键部件，历经三代发展，整体上呈现"消声频带越来越宽、结构重量越来越轻、同时加工维护成本越来越低"的特点。发动机安装系统是连接飞机和发动机的重要结构，通过减振安装设计可有效衰减发动机与飞机之间双向振动的传递，国外具有成熟的产品和试验技术，液弹减振器、框架减振器一体化产品研制和试验技术是目前主要发展方向之一。

"十三五"期间，国内在多项发动机部件强度试验技术研究中取得了突破。成功研制了发动机主轴高低周复合疲劳试验系统，实现了轴向力、主扭矩、振动扭矩和旋转弯矩的同步加载，大幅提升了控制精度和加载频率；研制了具有自主知识产权的机匣高温高压强度试验系统，实现了同时满足小流量大压差和大流量小压差的高温高压空气流量调节，并通过引入温度载荷快速加、卸载技术大幅提升了试验效率。在消声短舱声衬声学试验技术方面开展了诸多研究。特别在高效、高精度的声阻抗提取技术、基于精细化风扇声源模拟的声学消声效果验证技术、声衬结构强度验证技术方面取得了显著进步。多型飞机开展了安装系统的自主研制工作，随之在飞机发动机安装系统减振试验技术方面取得了一系列技术进展，逐步突破了涡桨飞机发动机安装系统、减振器和扭矩补偿器的静、动、扭联合试验技术，形成了全尺寸安装系统性能验证试验台。在涡扇类发动机安装节方面，开始深入研究铰接连杆式安装系统的减振原理和性能，形成了全尺寸涡扇发动机安装系统动态性能测试平台，逐步对型号研制提供技术支撑。

与国外相比，我国发动机部件强度试验设备和技术能力仍有一定差距，需不断完善和发展。发动机减振安装系统载荷谱确定和试验验证方法上仍需进一步确定，有流条件下地面全尺寸声衬试验验证以及飞行试验验证相关技术还需进一步发展。

9. 结构强度虚拟试验技术

以波音公司、空客公司为代表的国外航空企业，在飞机研制中非常重视结构强度虚拟试验技术的发展和应用。波音公司利用虚拟试验平台，针对新一代航天飞行器 X-37 进行了涵盖结构承载能力、渐进破坏分析、热防护、耐久性以及寿命评定等方面的分析与验证，减少了物理验证试验数量、加速了物理试验验证进程；另外，波音公司也采用虚拟试验技术对 B787 飞机静力试验提前破坏进行研究分析，并对结构进行了改进设计。空客公司采用虚拟试验技术提高飞行器主部件的建模技术，降低设计风险。在 A350 型号研制中，采用了虚拟试验技术保证了静力试验的安全；虚拟试验技术还被应用于 A380 机翼静力极限试验，通过对破坏情况进行复现，分析机翼发生提前破坏的原因，为结构改进和改型提供依据；另外，空客公司还对 A340 机翼前梁进行了稳定性虚拟试验；对 A400M 等型号的升力系统进行虚拟试验，其目的是验证在所有的操作环境条件下，飞机升力系统安全健壮性。

国内以强度所为代表，进行了结构强度虚拟试验技术研究，已经初步应用于型号研制。强度所从辅助试验设计、试验仿真数据库、高效高精度建模、破坏分析、模型评估与验证、虚拟试验结果展示等方面开展了研究工作，完成了静强度、动强度、热强度、耐久性 / 损伤容限及复合材料结构强度虚拟试验流程的建立，开发形成了一系列具有自主知识产权的虚拟试验系统平台，开创了虚拟试验和物理试验双线并行、互动融合的新模式。通过虚拟试验技术，实现了在物理试验前，对物理试验加载系统、支持系统的快速虚拟装配及物理试验加载过程随动干涉检查。虚拟试验成果已经在多个重点工程和型号中进行了应用，大幅降低物理试验风险，提高了试验精度，缩短试验周期，降低试验成本，为物理试验提供有效支撑。

与国际先进水平相比，虚拟试验技术主要差距体现在基础研究和积累方面。比如破坏机理研究、破坏分析软件方面，国内没有针对国产材料或航空常用型材的破坏分析软件，也缺少研究其破坏机理的试验数据。在数据共享和数据库建设方面，虽开发了若干数据库，但这些数据库规模小，收集的数据量少，覆盖的专业面窄，不能在协同工作平台上供全行业共享，无法起到支撑飞机结构虚拟试验和飞机设计应用的作用。

在具体专业的虚拟试验关键技术上国内外存在差距，如在静强度虚拟试验方面，缺少对结构破坏的分析模拟；在疲劳强度方面，缺少对损伤起始、扩展的模拟；在动强度方面，尚未形成一个集设计、分析、虚拟验证于一体的动力学虚拟验证系统。国内没有自主产权的可供数字化虚拟试验的数据管理集成软件、模拟各种破坏模式的强度分析软件以及试验与分析一体化软件。

（三）强度分析与评估技术

强度分析与评估技术是飞机结构设计的基础，也是结构验证的重要手段。近年来，强度分析技术在静强度、疲劳强度、动强度、损伤监测与评估等方面取得了一系列技术进展，国产强度分析软件也持续在发展，提高了结构强度分析的准确性和适用性，支撑了我国飞机型号与先进武器装备的研制与量产，推动了大量新材料、新工艺、新结构的不断应用。

1. 结构静强度失效分析技术

航空航天等领域对于材料功能、性能要求的快速增加迅速推动了多尺度建模与分析技术的进步。美国 NASA 针对航空型号研制需求，深入研究，开发了 GENOA 等专用软件系统。该软件系统具备多尺度建模与渐近失效分析功能，涵盖从微观力学到宏观力学，微观结构损伤到宏观结构损伤及断裂的分析能力；在单胞切片层面，能够考虑纤维、基体及界面性能，准确获得材料、结构可能存在的损伤和失效。软件在层压板和编织等复合材料分析方面功能尤为强大，尤其对材料性能和失效机理不确定的情况非常有用。可以考虑由于损伤萌生、扩展和累积而导致的材料和结构性能的退化，并能考虑制造缺陷、残余应力、湿度和温度等的影响。

在复合材料多尺度建模与分析领域，强度所依照材料与结构的宏细观多尺度耦合力学分析功能研发需求，以复合材料及其结构的力学行为这一关键基础问题为导向，以细观构型与宏观行为相结合为目标，以有限元方法为基础，开展复合材料结构宏细观多尺度力学性能求解算法的研究，形成复合材料结构的多尺度分析算法框架，实现复合材料结构宏细观多尺度耦合力学分析，用以预测复合材料及其结构的等效刚度和强度，为相关构件设计奠定了基础。同时，强度所考虑制造过程中复合材料纤维铺设角度、界面脱粘等因素的影响，完成复合材料多尺度性能表征方法研究，形成复合材料多尺度分析技术，在保证分析精度的前提下，实现对复合材料整体宏观性能的表征及力学响应规律的揭示，在此基础上研发多尺度建模与分析专用软件和材料数据库。

与国际先进水平相比，国内技术差距主要表现在基于物理的复合材料损伤和断裂准则研究不透彻，试验数据积累不够，多尺度模型损伤演化规律支撑理论研究较少。复合材料的多尺度建模及分析是一个非常复杂庞大的应用体系，需要综合考虑工艺、环境、几何结构、载荷等多方面的因素，再加上我国对于复材的研制和应用起步较晚，所以在工程知识积累方面还稍显不足，同时国内还没有一款专门用于复合材料多尺度建模及结构仿真的工具。

2. 耐久性 / 损伤容限分析技术

当前，结构疲劳开裂分析有两种通用的工程方法：基于概率疲劳分析的名义应力法和局部应力 – 应变法。这两种方法形式简单，与试验数据结合确定相关参数，可靠性高，被广大工程学者认可，是航空结构疲劳寿命分析的主要手段。工程上较常用的应力严重系数法和细节疲劳强度额定值法（简称 DFR 法）就属于名义应力法的范畴。以铝锂合金为代表的先进材料和以搅拌摩擦焊、增材制造为代表的先进工艺在疲劳性能评定方面均以该两种疲劳分析方法为基础进行研究，相关研究成果有力地支撑了其在航空结构中的应用。空客采用疲劳指数（AFI）分析方法，用于飞机金属结构的疲劳分析，与 DFR 法类似，用表征各种影响疲劳寿命的重要因素的参数的乘积表征对 AFI 及 DFR 的影响。

在损伤容限分析方面主要采用线弹性断裂力学分析方法，近年来扩展有限元（简称 XFEM）方法也逐渐发展起来，商业有限元软件 ABAQUS 中也加入 XFEM 分析模块，推动了 XFEM 在航空工程领域的应用。随着飞机老龄化的发展，广布疲劳损伤（简称 WFD）现象被认为是对结构完整性的最大威胁。目前主要有 4 个用于广布疲劳损伤的分析方法，分别为欧洲空客法、波音商用飞机法、洛克希德 – 马丁法以及达美航空法。这 4 种分析方法均基于线弹性断裂力学和裂纹扩展模型进行裂纹扩展分析，其主要差别在于如何处理裂纹萌生的寿命。

结合大型商业有限元分析软件，结构疲劳寿命分析软件随着行业需求应运而生，得到了广泛的应用。已发展的多种裂纹萌生分析软件，如 Nsoft 软件、MSC.Fatigue 软件、FE-Safe 软件、DesignLife 软件以及 WinLife 软件等，均可开展应力疲劳分析、局部应变疲劳分析、单轴 / 多轴疲劳分析等工作。国外损伤容限分析软件主要是基于工程分析的 NASGRO、AFGROW 软件以及基于有限元分析的 Franc3D 和 Zencrack 软件。

国内耐久性分析方法与国外类似，可归纳为两类：一类是名义应力法，另一类是当量原始疲劳质量法。名义应力法以波音的 DFR 法为主。强度所根据经过多年的研究将 DFR 法拓展，形成了 SFE 法，在不同的寿命区间选取不同的疲劳额定值，可用于结构全寿命区间的耐久性分析。成都飞机设计研究所建立了军机 DFR 分析方法、中国商飞形成了 CFQ 分析方法。结构损伤容限分析主要也是采用线弹性断裂力学分析方法。对广布疲劳损伤问题，国内在共线 MSD 结构的裂纹萌生概率、应力强度因子求解、裂纹连通失效准则、裂纹扩展寿命计算以及多裂纹结构剩余强度等方面均开展了一系列研究。由强度所开发的飞机结构损伤容限分析软件 ASIgro，采用结合工程经验数据的理论分析及工程算法，融入了 Willenborg-Zhang 和闭合模型来考虑裂纹扩展中的超载迟滞效应。

国内虽然也形成了自己的疲劳分析方法，但是方法的核心思想依然参考国外分析方法，但在分析参数的确定上充分考虑了国内的工艺和加工现状，另外在损伤容限分析方面还未形成自有的分析方法。

3. 结构动强度分析与评估技术

以美国为代表的西方航空技术先进国家在其三代机（F-14、F-15、F-16、F-18 等）、四代隐身战斗机（F-22、F-35）以及高超声速飞行器（X-37B、SR-72、X-33、X-51A、NASP 等）的研制过程中，为解决 S 型进气道、内埋弹舱高速开舱、全内埋高射速航炮以及大迎角机动给飞机结构以及机载设备带来的严酷振动/冲击/噪声环境问题，不仅在结构动强度理论分析技术上取得了大量的研究成果，而且在地面原理试验及型号应用方面也积累了丰富的实践经验。在振动/声疲劳分析与评估方面，美国对 S 型进气道的动载荷预计、动响应分析及动态疲劳预计技术，内埋航炮的振动/冲击/噪声动载荷预计及结构动响应分析技术，大迎角垂尾抖振动载荷预计及动响应分析技术，内埋弹舱高速开舱复杂内流场动态载荷预计及流固耦合动响应分析技术等研究方向都开展了系统深入的研究，形成了一系列工程适用的仿真分析方法，为型号研制中结构抗振动/冲击/噪声动载荷优化设计建立了系统的设计流程和设计规范。在飞机冲击动力学分析与评估方面，主要对飞行器受到外来物冲击后结构的变形模式、位移、应变、撞击载荷等方面进行分析与评估。相关科研机构正在推进基于真实坠撞场景的整机适坠性综合分析评估研究工作，开展了考虑飞行气动载荷和发动机载荷的水面坠撞和机场跑道等场景下应急坠撞的全过程仿真，为真实坠撞场景下的民机适坠性综合评估提供了技术支持。在毁伤和易损性评估方面，国外已形成多款专用的军用飞机作战生存力评估系统或软件，既可满足某结构在某毁伤源作用下的毁伤效应分析，也可满足整机的易损性评估。

随着我国军/民用飞机迅速发展，动强度问题也愈发突出。近年来，我国在飞机结构动强度分析与评估技术方面也开展了大量研究工作，取得了显著的科研成果。在结构振动分析与评估方面，强度所针对客舱振动环境下的舒适性，开展了人体振动舒适性评估方法研究，提出了考虑人体舒适性的客舱减振指标制定方法；采用客机全机动力学模型研究了客机振动传递路径识别方法，此外针对民用客机结构形式特点，在客舱结构振动寻源、结构动力学优化设计以及民用客机舱内综合减/隔振设计方法上开展了研究工作，研究成果也在我国客机上得到验证。

在飞机结构颤振分析方面，成都飞机设计研究所建立起了覆盖全生命周期的颤振优化分析、设计与地面验证流程，从方案阶段开始优化设计工作，通过多阶段多专业联合工作，成功解决了全动翼面等关键部件颤振问题。建立了面向型号研制的频域法部件/全机亚跨超声速颤振分析与设计技术、部件/全机/外挂 GVT 及有限元模型确认技术等关键技术与手段，形成了系列分析与设计指南、操纵面间隙控制规范等。中国商飞北研中心掌握了大展弦比复合材料机翼型架外形设计技术，发展了准确的 CSD 计算方法、高效的 CFD/

CSD 数据传递方法，开发了基于高精度 CFD 算法的复合材料机翼型架外形反设计方法，考虑非线性循环迭代，保证了气动性能和设计巡航外形基本一致。掌握了复合材料机翼气动弹性剪裁与综合优化技术，建立了复合材料机翼气动弹性剪裁设计流程。强度所在时域地面颤振试验仿真系统建立、非定常气动力降阶减缩、激振点/测量点位置优化配置、激振器/待测结构系统辨识与多输入多输出激振力精确控制等方面开展了大量工作，已完成典型结构试验件颤振特性仿真模拟，为地面颤振技术的进一步推广奠定了基础。

在结构冲击动力学分析与评估方面，国内在动强度分析与评估技术方面也开展了大量研究，突破了一系列关键技术，如适坠性分析与评估技术、易损性评估技术、舰载机动强度分析技术等。强度所在典型坠撞工况下的物理试验和虚拟试验研究中，考虑了不同机身构型、地面环境、飞机姿态等因素的影响。部分高校开展了基于杀伤树模型的易损性评估研究，其对象面对整机级和系统级。强度所自研了具有自主知识产权的舰载机载荷分析软件，攻克了舰载机起落架突伸载荷、全机落震载荷等动载荷问题的分析难点，实现了与工程实际误差小于 10% 的高精度预计。

在航空噪声分析与评估方面，强度所近几年开展了 C919 飞机适航验证试验、某型飞行器结构热噪试验等多项型号试验，建立了我国民机结构声疲劳适航试验体系，形成了大型异形结构飞行载荷多种类分区模拟试验技术；开展了 ×× 振动噪声载荷环境预计与控制技术等预先研究工作，探讨了航炮动强度破坏发生机理。在传统噪声控制技术方向，国内的积累与国外基本相当，对于声学超材料、新型降噪结构的研究大多处于理论研究、样件试制及效果验证阶段，距离型号工程化应用仍有较大距离；在噪声主动控制系统研制方面，以小规模多通道主动控制系统的研制为主，并在工程型号上进行了效果验证，在控制算法、系统集成及稳定性方面亟待加强。

4. 振动疲劳分析与评估技术

振动疲劳破坏是指在振动载荷作用下，飞机局部结构出现过度振动或严重的共振响应导致结构疲劳损伤、破坏的现象。与常规疲劳一样，振动疲劳的损伤、破坏也表现出局部化和细节化的特点。振动疲劳损伤通常产生在局部结构的部位，其振动应力或应变通常很大，往往出现在设计或加工处理不当的结构细节部位，如结构连接件、接头（如耳片、梳状接头等）、螺钉、铆钉、钉孔等，以及局部响应过大的壁板结构、框结构、开口结构区等。国外依靠前期研究成果和大量飞行测试，在飞机设计初始阶段充分考虑飞机动力学问题，通过仿真计算分析与试验相结合的途径，将动强度设计融合在飞机设计阶段，大大降低飞机在定型后出现动强度问题的概率。如美国空军发起了国家高循环疲劳计划专项攻关，目前已具备较为完善的结构件（包括复合材料叶片、机匣新结构）振动分析方法，具备在设计阶段评估结构件振动危害性的能力，极大降低了构件出现高循环疲劳故障的概率。

针对振动环境下飞机典型金属结构疲劳破坏难题，我国也开展了较为系统深入的研究工作。近年来，强度所在国家重点预研课题的支持下，对金属材料/结构振动疲劳机理开展了多项研究工作，构建了剧烈振动环境下金属材料振动疲劳损伤在线/离线测量系统，提出了真空环境下变形场、温度场、应力波等多参量协同高精度测试方法，建立了阻尼与微塑性之间的能耗等效关联机制；发现了固有频率、材料阻尼、表面金相与应力波反射的关系，建立了阻尼耗能随振动状态变化的内在联系，揭示了共振状态下金属材料疲劳损伤演化规律；提出了宏微观损伤参量能耗等效方程，构建了基于连续损伤力学的振动疲劳损伤演化模型，发明了剧烈振动环境下基于双尺度损伤演化模型的疲劳寿命预计方法，为飞机典型金属结构振动疲劳寿命评估提供了新的途径。成都飞机设计研究所在结构随机/正弦振动响应分析及验证技术研究领域系统研究了结构动力学建模及仿真分析方法，可以直接应用于型号研制。航空工业一飞院形成了飞机结构振动控制设计流程，其中突破了总体指标的确定和分解、振源预计与控制、关键部件振动响应分析、振动疲劳分析、振动环境预计、人员工效性和舒适性评估研究等。航空工业沈阳所建立了军机炮击振动谱计算程序及响应综合抑制方法等。

5. 结构健康监测与评估技术

在飞机结构健康监测（Structural Health Monitoring，SHM）技术领域，欧美等国家一直处于国际先进水平。近些年，美国和欧盟在 SHM 技术方面制定了一些系统标准，开发出了多种基于先进传感器技术的监测子系统，并完成了大量飞机结构地面试验应用验证和部分空中飞行测试，在多型飞机中使用了载荷监测技术、健康与使用监控系统（HUMS）等。例如：SHM 技术已经在 F22、B777、A380 等飞机全机地面试验中进行了应用，使地面飞机结构试验受益；F35 已经建立了预测与健康管理（Prognostics and Health Management，PHM）框架体系，提出了未来发展技术概念；欧洲联合研制的 Eurofight 2000 新型战机利用光纤光栅（FBG）传感器进行了飞行载荷的监测。此外，国外基于结构分析和数字模型，开展了健康管理技术研究，研发了针对不同应用对象的健康管理系统。

国内在 SHM 技术发展方面，从总体来看，已完成了实验室研究，正在开展飞机结构地面试验应用验证和部分传感器技术的飞行测试。近些年，科研机构和高校在先进传感器、结构健康状态诊断方法、小型化/机载监测系统研发、监测系统集成等方面，进一步提高了技术成熟度。在先进传感器技术方面，国内在提高现有传感器工程化的同时，也研发了一些先进传感器。重庆大学、大连理工大学、南京航空航天大学等在传感器工程化方面开展了深入研究。空军工程大学自主设计并研制了柔性涡流传感器及其监测系统。国内大量研究集中在结构健康状态诊断方法方面，提出了一些具有更高准确性和可靠性的方法，同时开展了大量试验应用验证。哈尔滨工业大学、南京航空航天大学等高校在理论方法方面做了大量研究工作，如开展了智能无线传感网络、多主体协作技术等研究工作。中国商飞北研中心、航空工业强度所、中国直升机设计研究所等科研机构则开展了大量应用研究工作，在固定翼飞机、直升机等的结构地面试验中进行了应用验证。在小型化/机载监测系统研发方面，研发了产品化更高的小型化结构健康监测设备和一些机载监测系统样机，如航空工业一飞院在在研的舰载预警机型号上，开展了基于光纤的机体载荷数据采集设备研制。在监测系统集成方面，强度所研发了结构健康监测综合集成管理系统，并在 C919 全机疲劳试验中进行了应用。国内也探索开展了部分传感器技术的飞行测试，如空军研究院航空兵所，航空工业 304 所、强度所等分别在飞机飞行中对光纤光栅技术进行了飞行测试。此外，国内进一步开展了单机寿命监控研究，如航空工业一飞院开展了歼轰七 –A 飞机单机寿命监控研究，完成了机队 68 架飞机所有历史飞参数据的损伤评估和各架单机的寿命消耗情况，给出了单机使用调整建议。

我国在结构健康监测方面与国外发达国家相比仍存在差距，国内研究与工程实际结合不足，较少考虑环境噪声等不确定性因素影响，很少结合大型飞机结构进行系统集成与功能验证。另外，我国目前大部分结构健康管理软 / 硬件系统过度依赖进口，亟须国产化。

6. 分析软件工具

国外结构分析软件伴随其工业化进程已经发展比较成熟，目前主流结构分析软件公司有 MSC、ANSYS、达索、ESI 等，开发了一批以 ANSYS、ABAQUS、NASTRAN 为代表的结构分析通用软件，以及 FiberSim、PAM–DISTORTION、PAM–RTM、PAM–STAMP、NOVACAST 等为代表的结构分析专用软件，这些软件满足了装备研制过程中设计、制造、试验、试飞、服役不同阶段的各类结构分析需求。总体上，欧美发达国家不断适应新的计算环境（高性能计算机、云计算），提高分析的规模、效率和精度，已逐步形成大型通用分析软件与行业专用软件互补共存、多头并进的局面。

以强度所为代表，国内在结构分析软件工具的开发方面有了长足的进展。为满足航空装备研制过程中结构设计、强度校核、生产制造、试验验证等需求，强度所开发了一批以 HAJIF 软件为代表的 CAE 软件系统。近年来，围绕 HAJIF 软件的功能及性能提升，陆续攻克了大型矩阵特征值求解算法、高精度 / 高效 / 高鲁棒性的非线性方程隐式求解技术、T 级有限元数据的高效组织及管理等多个限制国产结构分析软件的关键核心技术，完成了静力、模态、屈曲等基础功能向全新架构的迁移，并开发了符合国内飞机设计流程和规范的前后置处理功能。与此同时，结合航空装备研制需求开发了载荷计算、自动强度校核、气动弹性剪裁等专用软件，现已推广应用到航空、航天、船舶、兵器等行业，为多个重点型号的研发提供了支撑，取得了显著的社会效益与经济效益。

与国外商业软件相比，国产结构分析软件还存在一定差距，集中体现在功能、性能、架构、友善性等方面。在功能上覆盖性不够，缺乏多物理场耦合分析、转子动力学分析等高级功能模块；在求解规模上可解决千万自由度量级矩阵求解，与国外上亿自由度相比还有一定的差距；软件架构开放性、可扩充性等方面不足，缺乏易用的二次开发语言和模型数据接口；软件用户友善性和系统鲁棒性还需提升。

（四）前沿技术

前沿技术是具有前瞻性、先导性、探索性的重大技术，是未来先进民机及新一代航空武器装备创新发展和更新换代的重要基础。航空武器装备及先进民用飞机的发展需求，对飞机结构设计与强度技术提出了新的要求，为支撑飞机结构的正向设计，近年来我国在智能结构、多功能结构、超材料及新型复合材料结构等技术方面开展了大量的探索研究，形成了理论模型、分析方法、原理样件，为未来在航空装备中的应用奠定了很好的基础。

1. 智能结构技术

航空领域中的智能结构主要包括智能蒙皮、变形机翼、共形天线、主动噪声／振动控制、结构电池等，主要作用是实现感知、驱动、控制、储能等功能与结构承载功能的一体化，以提高飞行器的综合性能。

鉴于变形机翼对提高飞行器综合性能具有显著影响，以美国 NASA、Flexsys 公司和德国宇航院等为代表，欧美国家在变形机翼领域持续开展了深入研究。2017 年，Flexsys 公司完成了针对洲际公务机湾流 – Ⅲ 前缘的改造和飞行试验，验证了自适应柔性前缘的功能和作用。设计者表示，该项技术的技术成熟度已接近商业应用，目前正在和商业公司合作。德国宇航院在变弯度机翼方面也开展了持续研究，其提出的变弯度机翼前缘基本满足大型民机应用的要求，正在进行飞行验证。

近年来，强度所提出了集成智能作动器的变弯度机翼前后缘结构方案及综合设计方法，突破了变刚度复合材料蒙皮协同优化设计、精确轨迹控制机构优化设计、多智能作动器柔性结构协同优化设计、零泊松比蜂窝结构优化设计、复合式内嵌骨架柔性蒙皮等关键技术；针对高速远程飞机，提出了基于刚柔耦合结构的变弯度机翼前缘，联合内外力量，研制了大型飞机柔性变形机翼前缘工程样机，并完成了全尺寸地面强度试验和全尺寸风洞试验；提出了多节转动的变弯度机翼后缘、基于偏心梁驱动的变弯度机翼后缘、基于增材的变弯度机翼后缘等的结构方案及优化设计方法，并研制了工程样机，开展了变弯度机翼后缘自适应差动变形控制技术研究、柔性变体结构地面试验技术研究。特别在基于点阵结构的机翼变厚度技术研究方面，开展了前期探索，提出了基于数字超材料的变厚度机翼结构概念和方案，并进行了原理性验证。上海交通大学围绕变体结构进行了一系列研究，包括变弯度后缘、变后掠翼、伸缩翼等。建立了气动外形、机构参数、结构重量的联合优化方法，可变结构随动试验方法。大连理工大学开展了智能变体结构设计原理、设计方法研究，研制了包括折叠机翼、柔顺变形副翼，多维全动尾翼在内的多种变体机翼样段。成都飞机设计研究所重点研究了折叠机翼在舰载机上的应用。

目前，国内外在该领域的研究均探索了多种方案，但鉴于当前智能材料／结构技术水平还不成熟，相关技术距离工程应用仍有较大差距。

2. 多功能结构技术

随着航空科学技术的飞速发展，对飞行器的结构提出了轻质、高可靠性、高维护性和高生存力的要求，多功能材料结构在航空飞行器上的应用已经成为目前欧美研究的重点，对结构技术的要求也不局限于单一技术的发展，而是将多项技术进行集成设计，例如机翼的设计将减阻、降噪、结构健康监控、减重和其他方面进行了一体化集成设计。

强度所面向未来可重构/自适应飞行器结构的应用需求，开展了主动柔性蒙皮相关的集传热/承载、电子/承载和作动/承载等于一体多功能结构设计与验证技术研究，重点突破了热/承载结构设计、共形天线设计以及主动柔性蒙皮结构设计与验证等研究，设计和试制了点阵功能结构的原理样件，并开展其传热与承载特性测试试验，完成了柔性蒙皮共形天线的设计和分析，制造了柔性蒙皮共形天线原理样件以及零泊松比蜂窝夹芯结构样件，开展了内埋光纤传感器的柔性蒙皮结构样件的实验室测试，验证了设计与分析方法及制造工艺，技术成熟度达到TRL3。此外，提出了基于MFC驱动的主动柔性蒙皮结构方案，并针对杂交型和手风琴型零泊松比蜂窝建立了理论模型；在国内首次进行了杂交型零泊松比纸蜂窝的加工工艺尝试，实现了杂交型零泊松比纸蜂窝的精确加工制造；提出了超弹性橡胶与蜂窝的粘接工艺，实现了MFC与零泊松比蜂窝的一体化集成，为未来智能飞行器发展提供技术支撑。

3. 超材料技术

超材料（Metamaterial）一词最早由美国得克萨斯大学奥斯汀分校的科学家于1999年提出，一般是指具有天然材料所不具备的超常规物理性质（如负密度、负刚度、负介电常数等）的人工复合材料或复合结构（常常具有周期性，但周期性并非必要条件）。超材料研究起源于电磁学和光学领域，随后迅速发展到声学领域，之后又与力学领域产生新的切入点，扩展到弹性动力学与静力学领域。凭借其独特、颠覆性的设计理念，超材料突破了传统材料设计的思维框架，使其不再局限于自然材料化学参数和功能，将之前许多公认"不可能"的材料性质变为"可能"，对提升传统材料性能而言是革命性的。经过十余年的发展，超材料结构已在军事隐身、航空航天工程、国防卫星通信、振动与噪声控制、武器装备等诸多领域展现出巨大发展潜力。美国国防部将其列为六大颠覆性基础研究领域之一，俄将其列入第五代战斗机关键技术，洛克希德马丁、波音、雷神等航空巨头斥巨资支持其研究，我国也将超材料研究列入国家"十四五"规划中。

减振降噪是声学/弹性超材料非常突出一个的功能性应用领域。局域共振型声学超材料，凭借微结构局域共振产生的禁带效应，可突破低频振动噪声控制中存在的瓶颈性挑战，打破传统材料遵循的质量作用定律，实现亚波长尺度下对振动与噪声的有效调控。然而，虽然关于声学超材料的减振降噪结构设计已有一定的研究工作，但传统声学超材料仍存在减振消声频带范围窄、夹杂振子重量大、所需材料多样、承载能力弱等问题。如何利用轻质超材料结构拓宽低频带隙带宽，实现低频、超宽带的减振降噪效果仍存在很多工作亟待进一步研究。

主动与可调超材料是目前研究的另一个热点。传统被动声学/弹性超材料由于结构的不可调节性，仅对特定频带或工况的波动与振动控制有效，如需更换工作频带，则需要重新设计与制备超材料结构。而主动或可调超材料为波动与振动的调节提供了更有效的手段和更广阔的应用场景。然而，目前关于主动与可调声学/弹性超材料的研究仍处于起步阶段，现有结构往往体积庞大、可调节自由度少，距工程应用还亟须更多研究。

轻、薄声学/弹性超材料结构设计一直是该领域的永恒主题。超材料虽可通过子波长单胞实现波动的有效调节，但要实现功能化，整体结构往往仍需要单胞的大面积周期排列，其对声波与弹性波的控制仍属于三维体调节。近年来，超表面的出现为波动与振动控制提供了新的途径。通过二维界面结构设计，超表面可以用更轻薄的结构实现与超材料相似的波动调节功能，甚至展现出更丰富的物理特性。目前，关于弹性超表面的研究才刚刚开始，属于超结构领域另一个热点前沿课题。

4. 变刚度复合材料结构技术

变刚度复合材料结构技术是指通过改变复合材料结构叠层厚度、铺放角度以及材料性能等方法实现结构刚度随载荷需要而变化，以实现提高结构承载效率的目的。其中改变铺放角度法最具应用前景，其通过改变纤维铺放角度来实现局部刚度随载荷需求而变化，可以充分利用复合材料可设计性的优势。目前国外在该方面开展了大量的设计、分析、制造以及试验基础和应用研究工作，逐步进入工程应用验证阶段。美国 NASA 阿姆斯特朗飞行研究中心完成了基于纤维自动铺放技术的大型变刚度复合材料被动气弹机翼结构的演示验证，在被动气弹剪裁机翼（PAT）项目中，通过典型样件、机翼盒段、全尺寸机翼三个阶段的研究，开展了系统性的设计、优化、制造以及试验研究工作，完成了包括地面振动、-1G、+2.5G 极限载荷试验在内的一系列全尺寸机翼试验，验证了该技术的可行性与先进性。项目的实施极大提高了变刚度复合材料结构技术的工程应用可行性。

与国外相比，国内关于变刚度复合材料结构的研究起步较晚，目前的研究仍偏重于实验室理论和试验研究，工程应用仍有差距。国内南航等院校和强度所、成都飞机设计研究所等科研院所在设计、制造、分析与验证开展了大量的基础研究工作。研究了纤维轨迹特征长度和定向坐标系偏角对丝束变角度层合板屈曲性能的影响，提出了一种新的纤维轨迹定义方法和铺层设计方法。在变刚度复合材料层合板的制备方面，随着纤维曲线铺放设备的研制与 3D 打印技术的发展，国内已基本具备制备中小型变刚度复合材料层合板的能力。在力学性能验证方面，进行了一系列的数值模拟和试验研究。开展了关于气动弹性、壁板屈曲以及开孔结构的优化设计和分析工作。但是，目前对变刚度结构的认识仍是相当有限的，特别是缺乏面向工程应用的针对复杂构型的变刚度复合材料结构的设计、制造与评估技术和考虑制造工艺缺陷的变刚度复合材料结构的分析等诸多方面还有待深入研究。

三、展望与对策

当今国际环境错综复杂，竞争日趋激烈，科技创新已成为国际战略博弈的主战场；随着国家利益的拓展与和平崛起，地区争端持续升温，高新武器快速发展，军备竞争进入新阶段；中美两极格局已然形成、贸易摩擦已成常态，我国关键技术领域的"卡脖子"问题突显。国家新一轮科技革命和国防安全战略对高水平自主创新的需求更加迫切，航空是代表国家装备制造业能力和综合水平的重要产业，是引领科技进步、提升综合国力、实现国防现代化的重要手段。

随着自主、人工智能、无人、计算、通信等增量技术和变量技术的井喷式发展，航空武器平台之间将实现更深程度的互联互通、更广范围的协同增能，未来空战将从"信息机动制胜"迅速进入"认知机动制胜"时代，这直接激发了复杂空战系统的研究与应用，而察打一体/协同攻防/集群作战等新一代无人机、态势侦察/电子对抗/空中指挥等新一代多功能作战飞机，以及具备快速响应的高超声速飞行器等武器装备是复杂空战系统的重要节点。

民机产业是我国的重要战略产业。当前，先进支线飞机已进入航线运营，中程干线客机即将交付运营，远程宽体客机已进入研制阶段，民机发展的路线图日渐明晰，型号谱系也在不断完善，通航及无人机产业仍将持续保持较快增长，成为航空运输业的重要补充。此外，随着各国碳达峰、碳中和目标的提出，绿色航空技术已成为民用航空未来发展的主要方向，也将成为未来竞争的主战场，电动、氢能源飞机，新构型布局、轻质新型结构飞机将成为未来民用飞机发展的重点方向。

未来新一代航空武器装备及先进民用飞机的发展需求，对飞机结构设计与强度技术提出了新的要求，结构设计技术更加数字化与融合化，飞机结构多功能化，试验技术综合化，结构强度分析智能化，软件工具国产化。

（一）结构设计技术

1. 飞机结构多功能化

结构轻量化是飞机设计的永恒追求，在结构设计中结构轻量化是关乎成本和飞机性能的重要指标，实现结构轻量化，降低成本的本质就是结构多功能化。

在军用飞机次承力结构中已经大量采用了结构功能一体化的保形承载天线，带来的好处是既降低了结构重量和成本，又增强了天线性能。未来态势侦察、电子对抗、空中指挥等新一代多功能军用飞机对天线的需求更多，对其电性能的要求也更高，大力发展并扩大应用结构功能一体化技术是未来飞机结构发展的必然趋势。

未来电动和混合动力推进飞机在储能方面存在巨大挑战，使能量存储部件重量最小化的传统方式是尽可能地增加电池的能量密度，但这种方法会不可避免地带来安全隐患，开发可以将储能功能与承载结构集成，同时减少重量和体积的多功能结构是必然的发展方向。欧盟在 SORCERER 项目中探索了在飞机复合材料结构中集成电能存储功能以形成飞机结构组件的潜力。

2. 结构设计技术融合化

我国新型武器装备尤其是下一代战机结构的高性能、轻量化等苛刻要求对先进结构设计技术提出了严峻挑战。未来结构的精细化设计将产生各种形状的拓扑构型，增材制造技术将成为确保结构可制造性的重要手段。近年来发展的基于增材制造工艺的拓扑优化设计是先进设计技术的革命性变革，两者的有机融合构成了材料 – 结构 – 性能的一体化思想。

不管是民机还是军机设计都是一个复杂的系统工程，尤其是未来新一代航空武器装备和先进民用飞机结构设计面临各种需求和指标的协调与优化，基于模型的系统工程（MBSE）是解决这一复杂需求的有效方法。MBSE 是将多领域建模与仿真技术全面应用到复杂产品全寿命周期过程而形成的新研发模式，对于提升面向需求、基于模型、仿真驱动的正向设计能力具有重要意义。传统研发模式主要靠后期的试验验证，迭代周期长、成本高。MBSE 研发模式在研发的不同阶段通过建模与仿真技术进行需求的持续验证和快速迭代。在飞机结构设计阶段，可通过数字样机模型开展工艺性、维修性、经济性等的虚拟验证和迭代设计，是未来飞机设计方法发展的必然趋势。

（二）结构试验技术

1. 新型号催生试验技术综合化

随着我国航空科技从跟随式发展转变为自主创新式发展，面对新结构、新材料、新工艺的出现及其应用以及更严苛的使用环境，迫切需要研究更为先进的飞机强度试验技术，以满足未来五代机、下一代民机、高超声速飞机等新型号的地面验证试验需求。未来五代机集无人驾驶、高机动、轻量级和高隐身等性能为一体，催生高性能的变体结构、智能结构等新结构、新材料、新工艺的大面积应用，对变体结构、智能结构的强度试验技术研究，就成为目前的迫切需求和发展方向。

随着下一代民机结构高性能、长寿命、轻重量、低成本指标的不断提高，复合材料、结构/功能一体化结构、大尺寸结构的应用将成为新一代民机结构主要发展方向，与之相应的复合材料结构边界模拟技术、大尺寸结构、大吨位复杂载荷的精准施加技术、非接触（局部）全场应变位移光学测量技术、复合材料结构内部渐进破坏过程损伤的红外监测技术、积木式强度试验验证技术、基于人工智能的损伤识别与评估技术等是支撑新一代民机研制的强度试验技术的发展方向。

作为国家战略制高点的高超声速飞机的发展，使超高温条件下热载联合试验技术、热/力/振/噪多场耦合试验技术、超高温环境下温度、应变、位移等物理参数测试技术、热环境下结构健康监测技术、全尺寸飞机热强度试验技术等热强度试验关键技术的突破成为飞机强度试验技术一个重要发展方向。这些飞机强度试验技术的新发展，必将助力我国飞机新型号飞机的研制和发展。

2. 新技术促进强度试验数字化

随着云计算、大数据、物联网和人工智能的不断发展和融合，飞机未来发展方向将是体系化、数字化、信息化和智能化。在这样工业技术条件下，飞机强度试验将朝着数字化、信息化、智能化方向发展。

利用先进的数字化和网络化技术，通过突破试验数据协同与动态感知技术、试验数据高精度同步控制技术、多源设备种类智能识别与匹配的技术等关键技术，建立飞机强度试验数字化平台，集智能化试验辅助设计、先进的试验控制、硬件设备管理、试验流程管理、试验结果实时显示等功能为一体，通过数字化试验平台的运用，进一步提高飞机强度试验自动化水平，优化试验流程，降低试验成本，提高试验效率。

利用大数据、云计算，对现有大量试验数据进行深度挖掘，建立飞机强度试验知识库，为试验设计提供网络实时在线指导服务。随着中国制造2025、工业4.0等概念的提出，自动化和智能化也是未来材料力学性能测试技术发展的必然方向。基于系列化的材料性能自动试验机，实现试样尺寸自动测量、自动装夹、自动加载和自动换装，从而实现材料试验全过程的自动化。

在静强度/疲劳试验方面，通过基于数字孪生的飞机结构寿命评估及管理、试验数字化设计等研究，具备利用数字孪生模型进行飞机结构寿命验证的能力和试验数字化设计、数据分析能力，提高试验数字化、信息化水平，提升强度研究和验证试验的数字化能力，融入飞机研制数字链，推动国内建立航空强度"虚实结合、虚实互补"的双重验证能力体系，实现航空强度地面验证模式的根本变革。

未来气候环境试验测试技术趋于智能化。借助工业互联网技术，结合人工智能、柔性电子、光学测试等技术手段，建立极端环境下全状态武器装备温度/气密热成像测试技术、非接触式形变测试技术、动态特性柔性测试技术、自动巡检技术、机载数据测试技术及应用防护技术等不同响应特性测量技术群。

（三）结构分析与评估技术

1. 强度分析智能化

目前，尽管大量的新材料、新工艺、新结构越来越多地应用于飞机结构中，但其强度分析方法却远不成熟，甚至是缺失。随着大数据技术的快速普及与应用，大规模、高性能计算技术的快速发展，以及机器学习、数据挖掘等智能算法的不断涌现，使得飞机结构的智能化强度分析成为可能。采用基于人工智能和大数据驱动的结构强度分析技术可以克服复合材料等结构失效机理复杂、现有测试技术很难表征材料强度、无普遍可用的失效准则等一系列工程问题，是未来普遍采用新材料、新工艺的飞机结构强度分析的发展趋势。

另外，随着人工智能、数字孪生、5G 等新兴技术的逐步发展，利用新兴技术助推飞机强度分析技术水平与整体能力的跨台阶式提升。例如怎样将人工智能技术引入飞机强度分析工具中，实现建模、求解等效率的提升；如何构建飞机结构完整性数字孪生模型，实现飞机强度的综合性、精细化分析评价；如何利用 5G 的低时延高带宽数据传输优势，将飞机强度试验过程中，乃至飞机全寿命服役周期内的详细实时数据快速高效地传输至飞机结构完整性数字孪生模型，实时、全方位地观测、预测飞机综合响应特征等上述一系列问题，是飞机强度分析领域未来应思考的重要命题。

2. 软件工具国产化

工欲善其事，必先利其器。以有限元理论、方法为基础的大型结构分析软件，目前已经成为飞机强度分析不可或缺的计算工具。MSC.Nastran、ANSYS、Abaqus 等国外商用有限元软件占据了国内飞机强度分析领域的高比例份额。随着国外针对我国的多方位技术封锁加剧，国外商用有限元软件禁止输入我国的风险逐步攀升，而我国"制造强国"的发展愿景的实现又需要有限元分析软件的支撑，因此，研制具有自主知识产权的大型结构强度分析软件成了强度专业的时代担当。须逐步构建完善从单纯的结构力学计算发展到求解多物理场问题、由求解线性问题发展到非线性问题等计算工具，实现并增强与 CAD 软件的无缝集成以及高效可视化前 / 后置。

航空机电技术学科发展报告

一、引言

　　航空机电系统是机上提供能源和功能保障、支撑飞行与遂行任务的系统总称，主要包括供电、液压、燃油、环控、二动力、防护救生、供氧、防除冰等系统。机电系统的载体主要包括机、电、气、液等各种二次能源，通过其产生、传输、转换，完成各种飞行保障功能，是实现人机融合、全面发挥飞机综合性能的重要保障和核心载体。

　　随着飞机现代化发展进程的推进，机电系统的重要性愈发显著，其技术水平对飞机的飞行性能与遂行任务能力起着关键作用：在军用航空装备领域，为飞行控制、先进任务与武器系统提供保障；在民用飞机领域，能够有效提高效率、降低燃油消耗与排放、改善乘客体验。

二、国外发展现状

　　美国和欧洲历来对航空机电系统技术发展高度重视，开展了大量专项研究计划，针对系统架构和电力、热管理等关键技术开展攻关，并研究子系统之间以及与其他系统的综合问题，取得了丰硕成果，多项技术产品在军民用飞机中应用，有效提高了平台性能。

　　以美国为例，在过去数十年间持续开展了多个预研计划和演示验证计划，促进了部件和子系统技术的成熟。针对第五代战斗机需求，先后实施了多电飞机计划、子系统综合技术计划和"联合攻击机综合子系统"演示验证计划，研究并验证了高压直流电机、电作动器、动力与热管理系统等机载能量系统关键技术，并在F-35等型号上获得应用；针对未来空中优势平台需求，实施了"飞行器能量综合"计划（INVENT）、"综合动力与热管理验证机"计划等，发展自适应动力与热管理系统、鲁棒电源系统和高性能电作动系统三大子系统，完成地面综合演示验证。

近年，随着航空装备智能化、高能化发展，国外军方和政府层面针对飞机发展需求开展了一系列专项研究。

（一）军方层面强化航空装备机电系统技术基础与创新

1. 美国持续开展多项航空装备机电综合研究计划

在长期研究基础上，美空军近期启动了"下一代热、能量与控制（NGT-PAC）""电、能、热、综合与控制（PETIC）"等机电系统技术研究计划，并持续推进研究。

NGT-PAC计划周期为2017年至2024年，总经费为4.09亿美元，研究目标为增进对未来航空装备热、电力和控制相关需求的认识，通过演示验证过程，测试并评估相关架构与组件技术的可行性，从而推动机电技术发展；进而以现有飞机和发动机作为试验平台，提高相关技术的经济可承受行。该计划将飞机、发动机、机电系统技术深度融合，共19个研究方向，包括：电力与热管理架构综合研究、热管理系统研究、电力系统研究、机电能量转换系统研究等，涵盖了综合解决方案、接口技术、系统级建模、基础科学等多个领域。2017年，美国空军与洛克希德·马丁、诺斯罗普·格鲁门、通用电气、普拉特·惠特尼、霍尼韦尔、波音公司等6家美国航空制造商签订了合同，正式启动相关研究工作，目前处于在研状态。

PETIC计划周期为2019年至2026年，总经费9900万美元，面向兆瓦级远程空中优势飞机、长航时无人机、高超声速飞机、定向能武器及"高效中等尺度推力（EMSP）"等型号和应用，开展机电系统相关基础技术研究，内容涵盖机械子系统与能量转化、机电作动/电静液作动和液压作动系统、电力管理与分配、先进导体研究开发和热科学研究、储能科学研究等。2019年5月，美国空军研究实验室与代顿大学、UES公司签署了项目合同，开展热物理、电化学、电磁学领域科学研究，使技术成熟度从1～2级提升至3～4级或更高，以满足先进军用平台的需求。

2. 英国推动航空装备机电系统与平台深度融合

英国下一代战斗机"暴风"将采用嵌入式起动/发电机等新型机电技术，同时可能采用替代推进方案（混合电或全电推进系统），将推动航空装备平台推进系统与机电系统的深度融合，机电系统的综合化发展进入全新阶段。

近年罗罗公司为英国下一代战斗机"暴风"项目开展动力与电力系统技术研究，统一管理机上电力以及热载荷，将动力系统与机电系统深度融合。在项目启动之前，罗罗公司已经开始先期技术攻关。早在2014年，该公司启动了嵌入燃气轮机发动机核心机的起动/发电机研制，即"嵌入式起动/发电机（E2SG）"演示验证项目。该技术无需附件机匣，能够有效降低系统体积和复杂度，便于平台气动外形和隐身设计，同时发电容量也将大幅提高。

E2SG 项目主要研究内容包括双轴式功率提取技术和电源智能管理技术。与传统单轴起动 / 发电机不同，E2SG 将采用高压、低压双轴功率提取，根据负载需要调整发动机轴功率输出，从而增大发电容量、提高效率。电源管理智能控制技术通过算法设计实现基于需求的电力系统实施决策，优化效率和工作状态。未来，罗罗公司将开展综合热管理系统研究，并开展演示验证。为支撑相关研究，罗罗公司建立了综合电力系统实验室，可支持电网物理连接燃气涡轮发动机。E2SG 相关成果已纳入"暴风"项目。

此外，俄罗斯于 2020 年 5 月宣布将对苏 -57 战斗机开展电作动升级，以提升其隐身性能、机动性、维护性。苏 -57 本次升级的核心是采用电作动系统代替传统液压系统，同时升级相应的供电系统与保护模块。改进型苏 -57 战斗机计划于 2022 年夏开始试飞，于 2024 年底完成研发，随即开始生产。美国、欧洲军民用飞机设计中均在推广使用电作动器取代传统液压系统，如美国 F-35 战斗机的混合电动液压系统、瑞典 JAS-39 "鹰狮"战斗机的电驱动系统、美国波音 787 飞机的全电动刹车等。

（二）政府层面推动机电系统架构与关键技术创新发展

1. 欧洲持续关注航空机电技术创新发展

作为先进航空技术的重要引领者，欧洲通过"洁净天空""地平线"等系列综合性航空科技研发计划大力支持机电技术发展，近年来，多项研究项目获得重大突破，涵盖了机载能量系统管理、环境控制、作动等广泛的机电技术领域，典型的项目包括：

1）多电大型飞机创新能量管理架构研究。该项目旨在定义新的机电系统架构，并提高技术成熟度、开展演示验证，从而进一步推动多电飞机发展，2023 年完成。项目主要研究在未来飞机上使用电力替代液压和气压，引入高压直流系统和配电设备、电源管理和电子模块、冷却管理和各种相应的支撑电子技术。该项目由空客、赛峰、泰雷兹、利勃海尔和左迪亚克等多家公司联合承担。空客公司作为项目牵头公司，负责建设 PROVEN 试验台，可开展新型电源及管理中心、配电系统以及用电系统（如电环控系统、机翼结冰电热防护系统）等集成和试验；利勃海尔负责测试电环控系统及相关电力电子模块；赛峰负责电网组件、配电中心、发电机和变换器；泰雷兹负责发电机。

2）非推进能量项目。该项目研究未来飞机新型能源架构，设计、研究、试验和验证不同飞机电力系统架构，以满足 2030 年后支 / 干线飞机和公务机的电气化发展需求、提高能量利用效率。该项目由赛峰公司牵头，2023 年完成，关注一种新架构，使得辅助动力装置（APU）可以在飞行中而非仅仅在地面生产电力，以满足下一代多电飞机的需求。项目涉及的 APU 功率在 200~300 千瓦，相关架构设计、发电和配电技术正处于研究中，目标达到技术成熟度 4/5 级。目前项目正在对各种架构进行评估，其中 1 个架构在公务机上评估、3 个架构在大型客机上评估。

3）飞机电滑行综合机电系统（ACHIEVE）。该系统利用先进发电系统、电力电子设备、控制系统和智能热管理技术，开发新型先进机电一体化系统（电起动机 / 发电机系统）。当飞机滑行时，利用该系统提供动力，避免启动主发动机。一方面节省燃油，另一方面减少噪音和排放。该系统由电机、功率变换器和控制器三部分组成，具有多功能、高效、可靠、结构紧凑、重量轻等特点，有助于改善和提高涡桨飞机的性能。目前正处于关键设计评审阶段，在诺丁汉大学完成测试后，ACHIEVE 系统将于 12 月前交付赛峰集团，实现与发动机的集成。该系统将集成在飞机发动机变速箱中，使飞机能够完全关闭发动机，仅使用电池和电机驱动螺旋桨，完成跑道和机场航站楼之间的滑行。

4）嵌入式电力电子创新冷却技术（ICOPE）。该项目使用新式风冷散热器和先进材料来探索机载热管理的新方法。2017 年 5 月正式启动，目前即将完成，其重点是利用先进的热管理材料（包括热解石墨和铝石墨等金属基复合材料）开发风冷散热器的新概念。此外，该项目也研究如何将新开发的散热器集成到热管理架构中。

5）先进电静液起落架研究。该项目于 2020 年 9 月启动，将飞机设计逐渐由液压和气动系统转向电静液作动，降低系统重量、废热和噪声。赛峰起落架公司作为牵头单位负责主起落架研制，利勃海尔公司负责前起落架研制。计划 2021 年达到技术成熟度 5 级。

2. 美国政府关注先进航空机电技术开发与验证

美国航空航天局（NASA）和美国能源部通过广泛的技术预研和演示验证推动机电技术创新，为电动飞机等新应用领域提供支撑。

在美国政府 2021 财年预算申请中，美国航空航天局预算概算为 252 亿美元，较上年预算增加 12%，将重点支持电推进系统、无人空中交通系统等方面的研发工作，相关项目涉及大量先进机电技术开发与验证，主要集中在先进飞行器计划和综合航空系统计划。

先进飞行器计划框架针对电动飞机等领域相关的先进机电技术开展广泛支持。先进空中运输技术项目将利用 NASA 电动飞机试验台开展约 10 千米模拟高度状态下兆瓦级逆变器试验，完成确定从高压和低压发动机级进行大功率提取可能影响的涡扇发动机试验的关键设计评审，开展先进机翼襟翼、发动机降噪装置等降噪技术的验证。创新垂直升力技术项目将开发电垂直起降飞行器的高压直流电源质量标准，通过建模仿真验证城市空运多旋翼飞行器性能的计算能力。

在综合航空系统计划下，通过实验性飞行研究和革命性创新的综合技术验证探索，开展系统级技术和概念的研究。其中，飞行验证与能力项目 2021 财年将为 X–57 飞机第 3/4 阶段飞行做准备，包括电机移至机翼翼尖和采用综合分布式电推进电机等试验；电气化动力系统飞行验证项目为 2021 财年新设项目，该项目将支持把电动力系统、电分配和储能部件加装至已有飞机平台，通过飞行试验验证电推进系统性能；先进空运项目从 2021 财年开始从空域运行与安全性计划转至综合航空系统计划下管理，该项目将管理城市空运"大挑战"飞行验证活动等大型复杂验证活动，将获得的经验和知识与 NASA 以及工业界分享，还将开展自主等关键领域的技术研究。

美国能源部能源高级研究计划局投资 5500 万美元支持航空电推进系统开发，主要面向电机、驱动器、热管理等机电技术，计划应用于单通道客机级别的电动飞机。

三、国外发展趋势与特点

（一）电动飞机技术成为机电系统与平台综合化发展前沿

电动飞机是指以电能作为推进系统的全部或部分能源的飞机，是实现绿色航空的关键技术途径。在多电飞机发展的基础上，将电能引入动力系统，能够显著提高能源利用效率、改善维护性能、降低噪声和排放，有望实现节能 60%、减排 90%、降噪 65% 的技术突破，远高于传统技术改进带来的收益。美国、英国、欧盟等国家和地区通过设立专项基金、研究计划等形式大力推动电动飞机技术发展；空客、波音、达索、通用电气、罗罗、赛峰、联合技术等 7 家航空制造巨头发布联合声明，将电动飞机技术列为航空业发展"第三时代"的标志，将加大相关研发力度；商业资本广泛投入该领域，催生了大批初创企业，涌现了超过 200 项电动飞机项目。

美国多层面推动电动飞机发展，强化航空领先地位。NASA 规划发展路线，建设试验基础设施，开展关键技术演示验证，于 2015 年率先提出了电动飞机发展路线图，启动包括小型垂直起降飞行器、通用飞机、大型干支线飞机在内的 3 条技术路线研究；2016 年启动了 X–57 麦克斯韦分布式电推进验证机计划，目前已进入第二阶段试验（共四阶段）。美国能源部资助关键技术攻关，2019 年底启动了电动飞机领域动力系统研究计划，面向单通道客机需求，资助电推进系统关键部件和技术研究。美国军方预研关键技术，提供试验资源，一方面通过多项预研计划布局发电、配电等关键技术先期研发；另一方面为企业提供空域、试验室等资源。

英国设立专项基金，以电动飞机为经济复苏重要抓手。电动飞机技术是当前英国制造业发展的重点方向，英国首相鲍里斯表示将发展电动飞机作为英国经济复苏和维持航空业全球领先地位的重要举措，提出将在全球范围内率先完成零排放远程客机研制。英国商业 – 能源与工业战略部、航空航天技术研究所于 2020 年 7 月设立了 4 亿英镑的专项基金，推动绿色航空发展，其中由航空航天技术研究所主导的 FlyZero 电动飞机计划是重点研究领域，对电动飞机研发提供了广泛的资助，涉及电推进系统、平台集成、基础设施等多个领域。

欧盟持续投资电动飞机技术，支撑绿色航空发展战略。2008 年至今，提出了"洁净天空""地平线 2020"系列联合技术创新计划，开展了包括混合电推进架构、先进发电技术、电力电子技术等在内的大量电动飞机关键技术攻关。欧盟主要国家（德国、法国、荷兰等）航空研究机构积极开展合作，在氢动力系统、分布式电推进技术等领域开展了丰富的工作。

（二）航空装备机电系统综合化发展进入新阶段

经过多年发展，机电系统综合化程度日益提升，基于总线的综合化管理日趋成熟，逐步走向开放式架构综合化管理和基于能量优化的能量综合。

从20世纪70年代末开始，国外启动了机电系统综合管理技术研究，其中机电设备公共管理系统是典型的研究代表。这种综合方式主要是从物理层面解决各机电系统的控制器、监控器的共享问题，通过多个标准化的机电计算机组成的机电控制与管理系统，实现对燃油、环控、液压、二动力、刹车等控制，使得机电系统在控制和监控方面的部件和模块种类减少，有利于降低备件种类；机电计算机打通了机电系统与航电系统的信息通道，机电系统能够获取更为广泛的飞机状态信息，有利于故障监控和控制，降低飞行员的工作负担；机电系统的状态信息也有利于任务系统根据机载信息作出对应的处置措施，如燃油剩余油量信息与任务系统的综合可对任务规划作出及时判断和调整，通过航电总线也能更加快速地进行机电系统的维护，有利于缩短飞机的再次出动时间，达到兵力倍增的效果。三代机的机电系统综合主要是在航电系统综合构型下的子系统综合，机电综合管理计算机系统是作为航电总线上的一个节点加入综合航电系统中的，其任务的规划和修改升级需要围绕航电总线架构进行。

以F-22和F-35为典型代表的西方第四代战斗机，提出了飞管综合的架构设计思想，出于对机电、飞控、推进等飞机平台系统在对飞机所起的能力支撑作用的认识，以及对这航空装备在应对全生命周期中任务载荷频繁的能力扩充需求与飞机平台系统在安全性方面的能力约束所作出的综合权衡考虑，提出了将机电系统与飞控、推进控制一起作为飞行器系统进行综合管理的系统构架设想，该架构能更好地支撑飞机的安全飞行，保障飞机的作战、训练等任务的可靠有效执行，也能更好地支撑航电系统等的扩能和升级。四代机飞管系统综合管理架构的核心是将飞机平台管理和飞机任务管理隔开，以便飞机任务扩能和飞机平台系统升级的独立（图1）。能源、功能设备和飞控、动力、飞机传感器等构成了飞机系统平台，任务、武器等航电系统构成了载荷系统，平台和载荷系统理论上可通过高带宽的飞机管理系统总线交联，这两类系统的升级和更改互不影响。到目前为止，机电系统综合管理的本质还是围绕总线网络所开展的信息交联的综合模式，区别在于总线是航电总线或飞机管理系统总线。

随着航空武器装备的种类日益增多，装备更新换代的周期越来越短，升级需求较普遍，装备朝着系列化、体系化布局发展。过去那种系统开发周期长、升级和维护代价大的系统架构和系统开发模式、一个型号开发一套系统的方式已经不适应现代航空武器装备研发的需要。当前需要一种能满足系统快速开发，支持系列化、体系化装备需求的机载机电系统架构和开发模式。近年来开放式架构的机载通信网络模型的研究成果和模块化、可重用设计的技术途径使得机电系统综合管理有了新的突破方向。

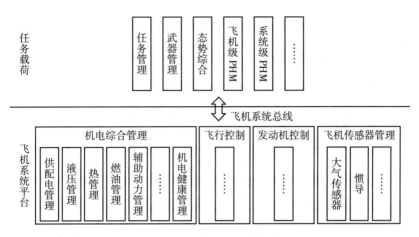

图 1 国外四代机相对独立的任务载荷和飞机系统架构

同时，为满足未来飞机机电系统在能量管理效率方面的更高要求，需要对飞机机电系统能量进行综合。机电系统涉及机械能、电能、液压能、气压能、热能等多域，需要针对不同飞行任务剖面的能量需求和散热需求，综合考虑系统散热、系统稳定性、燃油消耗率、功重比等因素的约束影响，建立机电系统能量综合管理策略。以机电系统性能、效率和成本优化为目标，对机电系统动力源与冷热源进行选择和控制，以满足不同飞行任务剖面的能量需求与散热需求，实现机电系统能量获取、传输与使用的综合管理，为提升系统综合能效奠定基础。能量优化是未来飞机设计技术的发展趋势，是指在多约束条件下对飞机多指标综合性能的提升。自适应系统技术是能量优化飞机解决能量和热管理问题的核心技术之一。它的关键特点是用机电系统的最优化代替部件级和子系统级的优化，能够根据不同飞行任务自动选择最佳能源与可用热沉，探索新的热沉形式，并且具有按动态需求提供能量的能力，可以满足峰值需求并管理再生载荷，同时为飞机飞行关键系统提供高可靠功率，大大提升能量管理效率。

（三）基于模型的设计方法广泛应用

随着航空机电系统综合化程度不断提高、与飞机发动机以及其他系统交联耦合日益紧密、能量优化需求突出，基于模型的设计方法成为现代机电系统设计的重要手段。

对于高度集成、结构复杂的现代机电系统，采用传统基于硬件的"设计－试验－修改方案"迭代设计手段将面临严峻的成本与时间风险。而传统建模方法中，飞机各个子系统供应商按照静态接口控制与规范文件分别对飞机子系统进行建模，难以应对复杂系统设计环境。

美国空军率先推动基于模型的设计方法应用。在 INVENT 计划中，美国空军研究实验室采用了美国 PCKA 公司制定的建模需求与实施计划（MRIP），详细描述了系统集成和动

态 / 随机系统分析所需模型，通过保证政府和工业界之间建模的标准化，尽可能减少建模
与仿真方面的问题。该计划为政府 / 工业界建立了一套统一的建模框架，规定了模型应当
具备的精度，还规定了模型之间的接口定义及软件文档需求。

机电系统模型包含多个级别的精度，包括时段级和任务级。包含 6 个模块，分别为飞
行器系统、发动机、燃油热管理系统、鲁棒电力系统、自适应动力与热管理系统、高性能
电作动系统（表 1）。

表 1 机电系统模块与子模块

模块	子模块
飞行器系统	飞行器管理系统模拟器、座舱、武器、雷达、飞机六自由度动力学模型、环境等模型
发动机	发动机作动器、发动机燃油热管理系统、附件传动机匣、涡轮机 / 燃烧室等模型
自适应动力与热管理系统	综合动力包、空气循环、蒸汽循环等模型
燃油热管理系统	各种热交换器和油箱燃油泵等模型
鲁棒电力系统	永磁电机、115 伏系统、逆变器、起动 / 发电机及控制器、配电装置、电能存储装置等模型及热模型
高性能电作动系统	各种作动器及作动器舱热模型

美国空军提出机电系统建模仿真需要满足如下要求：一是能够保护子系统供应商的专
有数据；二是能够高效率计算；三是能够实现系统级的综合和优化，具备可变精度、多物
理建模仿真和分析技术能力。具体而言，要求考虑不同子系统之间的动态交互，同时实现
参与大型复杂系统设计、开发和优化的多机构和组织的远程协同工作。

PCKA 公司研制了机电系统建模仿真软件 FastSim，主要包含两项关键技术。一是，高
效率有限元方法，在用于瞬态有限元模型时，较传统方法可以减少约 30% 计算时间，已
在永磁、开关磁阻、同步电机等机电设备建模中获得应用；二是，变精度、多物理仿真架
构技术，允许用户在有限元模型（精确，但计算资源消耗大、周期长）和构造模型（精度
降低，但高速高效）之间进行选择。

四、国内外发展对比

我国机电系统专业齐全，初步形成了具有一定规模的科研、生产、保障体系。在机电
系统综合方面，部分核心功能系统实现综合化发展；设计与验证层面，初步建立了系统和
产品的设计研发、试验鉴定环境。但相比于国外先进水平，我国机电系统自主创新、体系
化发展、系统集成存在显著不足，产品质量、可靠性和寿命均存在显著差距。

（一）正向设计能力不足，难以满足平台需求

由于历史发展原因，我国航空机电系统发展起步于国外产品测仿，部分单位尚未真正走出"测绘仿制"的窠臼。长期以来居于产品配套位置，研发投入不足，没有建立起从需求分析到研制试验的正向设计能力。

多年来，各渠道预先研究项目基本覆盖了机电技术的各系统和产品层面，但存在技术成熟度不够、转化率不高等问题，由于缺乏技术体系引领，机电系统发展始终难以满足平台需求，功率密度、效率、健康管理、维护性等关键参数偏低，核心器件依赖进口，尚存在关键技术/产品空白领域。

（二）体系化发展和系统集成能力不足

我国机电系统功能综合设计验证和体系化发展方面仍然落后于航空发达国家水平。美国、欧洲自20世纪90年代起通过"子系统综合技术""综合热能量管理模块""综合飞行器能量技术""更加开放的电气技术"等专项计划，促进多电技术、综合机电技术在民机和航空装备领域的转化应用。我国机电系统主要由型号牵引，在机电系统的控制和监控层面逐步开始综合化发展，在减少备件种类、优化维护设备等方面取得了成效，但是在健康管理、能源综合利用等功能方面还很滞后，系统和成品的问题依然较严重。

（三）基础技术落后，产品质量尚待提升

在民机和在研在役航空装备领域，当前我国航空机电产品普遍存在通用质量特性与飞机要求差距较大的问题，具体表现在能源效能低、产品可靠性不高、跑冒滴漏现象依然严重、虚警率高、故障定位不准、维修性差、保障性低等几个方面。机载电力系统功率不足、效率低，热管理问题突出，环控系统代偿损失大；产品寿命短、故障频发，迫使系统采取较多的冗余，影响成本和飞机重量。

五、建议与对策

现代民机和航空装备发展过程中，先进机载任务系统、武器系统广泛应用，电推进技术快速发展，呈现智能化、高能化发展态势，对平台能量生成、储存、转换、管理等提出了极高的需求。我国机电系统初步形成了具有一定规模的科研、生产、保障体系，但在自主创新、系统集成、产品寿命与质量等方面与国际先进水平存在显著差距。为提升我国机电系统能力，提出如下建议对策。

（一）顶层设计，制定机电技术发展路线图

为指导机电系统技术发展方向与资源投入、满足军民用航空快速发展的需求，组织行业力量深入研究机电技术发展路线。强化需求牵引，研提机电技术发展战略与规划，明确技术、产业、适航等发展路线。

（二）统筹规划，设立机电技术发展专项计划

为提升机电自主创新能力，形成有效技术储备、满足未来军民用航空平台发展需求，建议通过计划渠道设立机电（机载）系统发展专项计划，组织上下游企业院所聚力攻关，着力构建解决机电系统关键技术问题的科研平台。

（三）加大投入，强化机电系统基础能力建设

围绕制约机电系统产品质量、行业发展的核心基础能力，强化共性理论研究，推动核心基础元器件、材料、工业软件等技术产品发展，夯实能力、实现自主可控，避免"卡脖子"危机。

（四）强化协同，构建主机－机载聚合发展模式

在预研和研制的全流程中构建主机单位与机电单位协同研发模式，发挥主机需求牵引作用，确保需求、知识、流程、数据同源。保证需求分析与分解、传递精准，设计导向准确。

飞行器制导、导航与控制系统学科发展报告

一、引言

制导、导航与控制（Guidance Navigation and Control，GNC）是以航空、航天、航海、陆行各类运动体为研究对象，以设计、构建、分析和评价自动或自主运行系统为手段，达到辅助、替代和延伸人的体力或脑力劳动效果，实现运动体位置、方向、轨迹、姿态的测量、控制与决策，是以提高人类认识世界和改造世界的能力为目的的系统理论与技术，也是国防武器系统和民用运输系统的重要核心技术之一。

飞行器 GNC 技术范畴除了制导、惯性导航 / 组合导航、飞行控制 / 综合控制三大系统平台技术外，还包括导引头、制导组件、惯性器件、作动器、传感器、电子与计算机、制导律 / 控制律、飞行关键软件与仿真技术等诸多方面。GNC 技术与相关学科共同发展进步，并与材料、逻辑学、数学等基础学科交叉形成新领域，派生出大量的新概念、新构思、新技术和边缘学科，如量子导航、微纳制造等，多学科发展交叉研究给 GNC 学科带来了新的活力和重大创新机遇。

对于飞行器而言，GNC 系统是飞行的基本关键要素，是飞行器的"大脑神经""运动感知"和"执行驱动"系统。其功能、性能对整个飞行器的综合技术水平、飞行安全、任务效能的发挥和生存力，都会产生至关重要的影响，在现代飞行器上具有越来越重要的地位，主要体现在以下三个方面：

（一）GNC 系统属于飞行安全关键和任务关键系统，可靠性和性能要求高

飞行器的运动直接取决于其搭载的 GNC 系统，对于现代飞行器尤为如此。如果没有 GNC 系统，飞行器将无法实现安全可控的飞行，机动动作的完成、按时准确飞行到指定

位置、对目标的精确打击更是无从说起。同时，GNC 系统的可靠性要求非常高，GNC 系统的失效意味着"机毁人亡"，例如，战斗机电传飞行控制系统的安全可靠性要求为系统失效率低于（$10^{-6} \sim 10^{-7}$）/ 飞行小时，民用飞机主飞行控制系统失效率要求为低于 10^{-9}/ 飞行小时。又如，以 RNP 规范为例，飞机导航定位的完好性要求为 10^{-7}/ 飞行小时。

（二）GNC 系统构成复杂，技术难点多

飞行器 GNC 系统的开发涉及多学科的理论基础和应用技术，主要包括：控制理论、空气动力学和飞行力学、导航原理、地球物理、可靠性理论、人工智能、信息论、运筹学、电子计算机、软件工程、精密机械、光学工程、人素工程、系统仿真等。作为多学科技术综合的实现载体，同时为了更好地实现既定功能，GNC 系统必然是一个复杂的大系统，存在方方面面需要解决的技术难点。

（三）GNC 技术在发达国家受到广泛重视，各国竞相大力发展

飞行器 GNC 技术属于航空领域的高新技术，具备典型的"小投入大产出"特征，含金量高，世界各发达国家均将其作为重要的发展方向。纵观世界航空强国，无一不在 GNC 领域具有深厚的理论和工程积淀，而且还在进一步大力发展。

飞翼布局的战略轰炸机 B-21、非常规布局的无人作战飞机 X-45 和 X-47B、变体飞机以及各种发展中的先进飞行器，无一不依赖先进的 GNC 技术。其中制导系统基于任务和平台特性，给出控制指令、引导飞行；导航系统感知平台运动，为制导与控制系统提供闭环反馈信息；飞行控制系统与飞行平台紧耦合，控制广义操纵面、改善品质。三者紧密结合，给予了现代飞行器更广阔的设计空间，为飞得更快、更远、更高、更灵活、更长时、更隐蔽提供了技术支撑，保障最终实现精确定位、准确到达、稳定飞行、机动作战、安全舒适、可靠运行的总体目标。

本报告重点对国内外 GNC 技术的发展现状以及技术差距进行阐述和分析。此外，给出了我国 GNC 领域未来需要重点发展的关键技术，并针对发展趋势给出若干建议。

二、我国飞行器 GNC 技术发展现状

近年来，国内围绕多种先进飞行器深入开展了各项研究和工程化实践，GNC 技术也得到了长足发展，已取得突破的先进 GNC 技术概述如下。

在制导技术方面，在导弹制导与控制领域，目前突破了 GNC 一体化软硬件集成设计技术、制导系统低成本设计技术、制导武器末端多约束制导控制技术、惯性 / 卫星深组合抗干扰技术、高动态电动伺服系统设计技术等，构建了导弹、制导炸弹和空中靶标三大领域。在无人机飞行控制与管理领域，飞翼布局无人机已具备高机动、大过载飞行的制导控

制能力，无动力滑翔着陆技术已经进入型号。异构、通信受限条件下的无人机集群制导控制技术实现了初步的试验验证。人工智能技术在空管语音交互等方面得到了初步应用。在中大型民用无人运输机领域，攻克了货运无人机急需的无人机控制与管理关键技术，实现了通航飞机平台快速改装货运无人机，全自动滑行、起降及飞行，感知与规避以及涡桨发动机一键启动等功能。总的来说，目前国内制导技术领域正随着导弹和无人机的蓬勃发展而飞速进步，基本满足了军民用任务领域的需求。未来的发展重点集中于高超声速制导技术、异构飞行器协同制导技术、小型一体化低成本制导系统技术等主要方向。

在导航技术方面，国内光学陀螺技术发展迅速，基于光学陀螺的捷联惯导系统已成为我军机载领域的主力装备；惯性 /GNSS 组合取得巨大成功，应用范围越来越广泛，已发展成为一项专门的技术，其中卫星导航的抗干扰防欺骗技术、抗干扰天线技术及惯性 /GNSS 深组合系统技术等方面均已取得重要的进展。此外，惯性导航、卫星导航、天文导航、光电导航、多传感器信息融合等相关技术和产品成熟度的不断提升，也有力推进了更高层级导航信息处理系统的研制进程，如综合导航系统技术和飞行管理技术等已逐步形成正式装机产品，机载 PNT 技术、多平台网络化协同导航等技术也正在稳步推进中。同时，在原子导航等先进技术领域，国内在原子惯性测量器件研制、原子惯导系统误差体系构建等方面也均取得一定程度的进展。

在飞行控制技术方面，构建以总线为核心通信手段的可同步运行功能节点网络，实现了系统各项功能由飞行控制计算机集中运行向各功能节点分布运行方式的转变，降低各项功能与飞控计算机耦合度，提升系统开放性、扩展性和重构能力。光传飞行控制系统中持续推进光传计算机、光传惯性测量组件、光传作动器远程控制单元、光传感以及光传感器解调器等关键部件的工程化研制。随着技术的不断发展，飞行控制系统的功能已从增稳、控制增稳发展为综合控制，目前正朝着智能自主控制方向发展；飞控系统的控制对象也由大量的常规布局发展为非常规布局；飞控系统的信息传递方式已从机－电混合操纵发展到电传，未来极有可能发展到光传、无线传输；飞控系统的架构已从集中式发展为分布式，新一代网络式架构已经形成；操纵面已从传统操纵面发展到目前的广义操纵面，而创新效应面则是当前研究的热点；飞行控制律经历了从经典控制算法到状态空间算法再到非线性控制算法的跨越；飞控作动器已从机械作动器、液压作动器发展到全电 / 多电作动器甚至智能（灵巧）作动器。

三、飞行器 GNC 技术国内外比较分析

（一）国外 GNC 技术发展概述

GNC 技术的主要推动来自军事用途的需求升级，美国军用飞行器的发展基本代表了世界顶级水平。2019 年 3 月，美国国防高级研究计划局战略技术办公室发布名为 "战略

技术"跨部门公告，其内容全面围绕马赛克战。美国马赛克战概念现已成为 DARPA 系统之系统（SoS）作战体系研究的核心顶层概念，旨在发展动态、协同、高度自主的作战体系，逐步并彻底变革整个装备体系和作战模式。

在上述背景下，近年来与平台和任务紧密相关的 GNC 技术伴随着决策中心战和飞行器平台的发展，取得了显著进步。

在新一代作战飞机方面，美国空军处于国际领先行列，美国空军研究实验室于 2018 年 3 月发布了下一代飞机 F/X 的示意图，在"下一代空中优势"（NGAD）计划下，美国空军旨在发展先进的智能空战系统，包括战斗机、无人机和网络平台，以提高空中优势，可以看到 F/X 战斗机提供了增强的隐身能力，并与无人机协同工作。GNC 技术在其中起到了加速 OODA 环的作用，辅助飞行员在复杂空战态势环境下进行最优决策，减少决策 - 控制延时，达到抢占先机的作用。

未来战斗航空系统（FCAS）是德国、法国和西班牙之间的一项联合计划，将提供"下一代战斗机"（NGF）。该系统通过先进的航空电子设备和传感器套件增强态势感知能力。凭借强大的发动机和先进的 GNC 系统，战斗机还将提供更大的机动性、速度和射程。

俄罗斯推出的新型第六代飞机米格 -41，即 PAK-DP，能够以超过 4 马赫的速度在极高的高度上运行，该战斗机将配备拦截器导弹系统，具备拦截高超声速导弹的能力，对 GNC 系统提出了更高的技术要求，包括精准的引导能力、高速飞行器的控制能力、高精度的导航能力。

英国与瑞典和意大利正在开发"暴风雨"未来战斗机，该战斗机计划于 2035 年开始服役，以取代"台风"战斗机。具有适用于各种操作的适应性架构，其关键功能驻存于先进的飞行控制系统，具备增强的生存能力和可扩展的自主性，支持控制大规模的无人机参与集群作战。

在旋翼飞行器方面，当前技术发展重点是保持直升机原有垂直起降和低速机动能力的同时，不断提升最大飞行速度和任务载荷。美国海军分析中心在对海军陆战队兵力结构、各直升机数量及运输能力比较分析后发现，V-22 与重型直升机协同作战更能发挥整体优势，以 CH-53K 取代 CH-53E 会是最好的选择。CH-53K 在 2015 年首飞，2018 年首架交付美国海军陆战队。其中电传系统取代复杂、笨重的液压机械系统，具有先进的增稳和飞行控制模式，降低飞行员负担。GNC 具备综合飞行器健康监测能力：具有在线诊断功能，可检测轴平衡、旋翼平衡、旋翼轨迹和平衡以及尾桨平衡。

美国西科斯基的共轴刚性旋翼高速直升机（S97）于 2015 年首飞，最大飞行速度可达 440km/h，共轴刚性旋翼高速直升机的气动面多，操纵复杂，在垂直起降、悬停和低速飞行状态下，通过操纵旋翼总距、纵横向周期变距和差动角以直升机模式飞行。在中高速飞行状态下，升力由旋翼产生，通过操纵尾部推进桨桨距、升降舵、方向舵，并结合旋翼操纵，来保持平衡，实现稳态飞行，对 GNC 的控制提出了更高的要求。

在无人机方面，以无人作战飞机系统（UCAS）自主控制、高精度相对导航等技术为代表的 GNC 技术得到了广泛重视。美国空军和海军联合开展的 J-UCAS "联合无人作战系统"的指标是 ACL5-6 级，美国陆军和 DARPA 联合开展的 UCAR "无人旋翼战斗机"计划的目标是达到 ACL7-9 级；美国无人机的不少技术都经过了实际的飞行验证。X-47B 所代表的航母起降、编队飞行、空中加油等三项关键技术已经进入型号。2018 年波音公司的 MQ-25 中标美国海军未来的舰载无人机，作为 FA-18 和 F-35 舰载机的加油机使用。UOS 已经加快从概念变成现实的脚步，种种迹象表明美军有可能在最近几年而不是 2025年就将 DARPA 和 ONR 设想的具备一定自主控制能力的 UOS 装备一线部队，甚至投入实战，实现混合力量（Mixed Force）的宏伟技术构想和全新的运作模式。美国诺斯罗普格鲁曼公司研制的大型隐身长航时无人机 RQ-180 目前已处于试飞阶段，主要用于执行情报、监视和侦察任务；美国波音公司开始研制 "鬼眼"高空长航时无人机，可在 19812m 高度上连续飞行 4 天。

此外，在新技术发展方面，美国还开展了 A160T 高空长航时无人直升机的研制，加拿大开展了 CL-327 共轴无人直升机的研制，无人直升机也向综合化、新构型方向发展，美国的 X2 无人机、鹰眼无人机以及 X-50A 无人机均是固定飞机与旋翼飞机结合的复合构形飞行器。

美欧等国在总结继承航天飞机研制经验的基础上，积极开展新一代空天飞行器研究，将其作为空天一体战体系中的核心关键装备大力攻关和验证。X-37B 是新一代空天飞行器的典型代表，是世界上第一个将卫星技术、航天飞机技术与飞机技术融合到一体的无人小型重复使用空天飞行器。X-37B 已成功完成 3 次天地往返飞行试验，实现了长期在轨（第三次飞行在轨运行 674 天）、大范围机动变轨、高度自主升力式再入和无动力水平着陆等关键目标，表明包括空天一体化 GNC（制导、导航与控制）技术在内的新一代空天飞行器技术在美国已比较成熟。

2014 年以来，在美国防部推行的 "第三次抵消战略"背景下，基于 "高动态与分布式为特点的跨域自主协同作战理论"，美国大力开展以小型无人机集群为载体的 "蜂群作战"相关研究和试验，主要在五大技术领域发力，包括：自主学习系统、人机协作、辅助人类行动、人机战斗编组和网络使能集群技术。截至目前，依据可见文献和网络等信息渠道，美军所公开的具有一定代表性和影响力的项目主要包括：DARPA 主导的 "体系集成技术及试验"（SoSITE）、"自治编队混合主动控制"（MICA）、"小精灵"（Gremlins）、"拒止环境下协同作战计划"（CODE）、"进攻性蜂群使能战术"（OFFSET）等项目，美国海军研究局（ONR）负责的 "低成本无人机蜂群技术"（LOCUST）项目，以及战略能力办公室支持的 "山鹑"（Perdix）微型无人机项目等。这些项目一方面突出作战装备在高强度拒止环境中使用的特点；另一方面强调削弱单一武器平台的中心地位，转向以信息、火力的集成作为作战力量的核心。其本质是通过发展多样化、廉价的小型武器和传感器替代以往大型、昂贵的武器，从而将交战过程中的各个环节功能分散到不同小型武器上去，实现作战力量的分散部署和作战流程的高度灵活。

2017 年 4 月，为庆祝美国空军建军 70 周年，美空军司令部发布了《空军科技计划》。在无人机领域，首先美国空军按照作战任务中所依托无人机自主能力的不同，将无人机的应用划分为三种主要方式，分别是："有人平台的替代""有人 – 无人编组协同"和"无人机编队"，基本覆盖了所有的作战任务场景。其次在每种应用方式中，规划了相应的任务实现路径和时间表。

2018 年，美国国防部公开了《无人系统综合路线图（2017—2042）》，这是美国自 2001 年以来发布的第五版无人机 / 无人系统综合路线图，用于指导美军用无人机、无人潜航器、无人水面艇、无人地面车辆等的全面发展。新版路线图强调，为适应未来联合作战需求，无人系统应聚焦全域作战，而非特定作战域，相关技术应支撑跨域指控、跨域通信以及与联合部队的集成。新版路线图指出，互操作性、自主性、安全网络、人机协同是加速无人系统作战应用的四大驱动力。

在民用领域，A380、B787 等最新型飞机，全电传操控，电子技术的可靠性大幅提升，机械备份已非必须，同时取消机械备份也大大减轻了飞机的重量，GNC 系统的结构进一步简化，提升经济性。此外，随着现代计算机系统以及微电子技术的快速发展，飞行向高度自动化飞行发展。高度的自动化飞行可以尽可能避免人为差错带来的事故可能，给飞行员提供更准确的数据信息，影响是全方位的，主要表现为飞机控制精度提高，飞行安全度提高，座舱空间更宽大，信息显示综合化程度高，大大降低了飞行员的劳动强度，大大提高了航空公司的经济效益。因此无论是波音还是空客，其大型民机飞行控制系统都应用了阵风载荷减缓、机动载荷减缓等多种先进控制技术，这些先进的控制技术对飞机性能和经济性的提升具有重要作用。

总的来说，国外近年来先进飞行器领域的应用和发展，以及对测量精度与控制性能要求的不断提高，对制导、导航与控制理论与技术的发展与创新提出了新的挑战：

1. 飞机平台变化对 GNC 技术的影响

随着作战模式变化和航空技术突飞猛进，飞行器向新构型（无尾、飞翼、变体）、高超音速（马赫数大于 5）、高隐身化、无人化（各类无人机）和临近空间（高度从 20 千米至 100 千米）发展的趋势日见明显；飞行器新技术发展为创新性飞行器布局、创新性控制作用、创新性控制概念、理论和方法的研究及其工程技术发展提供了广泛的机遇与挑战。

飞行器的空天一体化，航空飞行器进入亚轨道，航天飞行器可重回大气层并自主着陆，可重复发射和回收的运载器等成为大国竞相研究的趋势，因此，对于飞行器控制技术而言，将朝着基于多源信息融合的资源分配、任务规划和指挥决策促进飞行器导航、控制、决策与管理一体化、控制制导一体化和导航、制导、计算、通信和控制的一体化的方向发展。

2. 新型飞行器 GNC 体系结构的变化

面对新型作战平台、新式空中武器作战空域的大幅度拓展、飞行速度的跨越式提高、网络化体系对抗作战模式的突飞猛进都对飞行器控制技术提出了一系列新技术挑战，其 GNC 系统核心正在由传统飞行控制系统向综合化飞行器管理以及自主决策与控制转变、导航传感系统正在由惯性 / 卫星组合导航向智能化导航及组网相对导航转变，而飞行器的制导已由传统的单机制导向协同制导、三维制导向四维制导方向发展。

3. 先进部件技术的变化

新型飞行器的控制体制也出现了许多新的设计理论和设计方法，如飞行器各系统的信息管理从总线型向网络型方向发展，飞行器余度配置和容错管理从简单的硬件余度设计向软硬件容错与功能重构结合的高可靠容错体制方向发展，飞行器操纵介质从机械、电传操纵到光传操纵方向发展，甚至实现无线网络架构。人工操纵机构包括操纵形式、操纵感觉两方面，操纵形式从中央杆、驾驶盘到侧杆，人工操纵感觉从舵面力反馈、机械力反馈到程控力反馈方向不断发展；电子部件将向小型化、低功耗、高可靠、集成化方向发展；作动器驱动方式从电液作动向静液作动（EHA）、大功率机电（EMA）、静液备份作动器（EBHA）方向发展；作动系统能源网络从相似余度液压系统向非相似电液混合新体系方向发展。这样的骤变已不能沿用原有的技术研发模式，也不是对现有研发能力简单改进所能支撑的。面临新一代飞行控制技术和产品的跨跃升级，需要持续大强度的能力体系建设投入，突破断裂式创新所需的关键技术，才能持续满足航空新装备的发展需求。

导航信息融合成为未来趋势，目前国外机载导航系统基本为光学捷联系统，并按照不同精度需求形成了精密级、标准级、航姿级、控制级四个等级类型的产品。国外机载导航系统的主要特点有：光学捷联系统广泛应用；系统可用性不断提升，用户全寿命成本不断降低。当前，西方发达国家光学捷联系统已经进入全方面应用阶段，累计生产了上万套产品。标准级光学捷联导航系统的典型产品有基于激光陀螺 GG1342 及 GG1320 的 HoneyWell 公司的 H423、H764G，以及 Northrop Grumman 公司的基于 ZLG 零锁区激光陀螺的 LN100F、LN260 等。同时光纤捷联航姿系统已开始应用，并成为支线飞机的主要装备产品，其具有抗过载能力、可靠性高和寿命长的突出优点。标准级导航系统的纯惯性指标自 20 世纪 70 年代以来一直维持在 0.8nm/h、0.8m/s 的精度，在标准级导航系统基础上，美国等军事强国通过器件、系统技术的不断进步，发展了精密级导航系统，纯惯性导航精度为 0.1 ~ 0.2nm/h，装备于各类战略作战飞机，满足 SNU84-3 保密标准。

综合上述各种先进飞行器的特点，GNC 技术需要解决现代飞行器长航时、大航程、大包线、高动态、不稳定、多耦合、不确定、强干扰等多方面因素所带来的技术问题。三者未来的发展紧密联系但各有侧重，具体而言，制导领域主要着眼于所执行的任务，实现无人机系统和制导武器的精确引导；导航需要根据实际飞行器需求的导航精度，给出适用的导航方案；控制则需要针对新的飞行器平台，实现满足飞行品质要求的稳定飞行控制。同时三者相辅相成，共同支撑未来信息化网络化环境下新的飞行器使用模式。

（二）国内外比较分析

对比国外 GNC 技术发展及产品装备现状，国内 GNC 专业在系统、部件设计技术上均有一定差距，在同类产品可靠性方面也差距较大，主要体现在以下方面。

1）控制对象方面。飞行器已经由传统的常规布局发展为翼身融合、飞翼甚至变体等非常规布局，在空间、速度上也已经与空天类没有明显区别。目前我国已经开始对类似 F–117 和 B–2 等非常规布局飞机进行研究，逐步掌握了其气动特性以及操稳特性等，而国外已经成功应用到多个型号研制中。

2）控制舵面方面。GNC 系统已经由传统意义上的操纵面发展成以推力矢量为代表的广义操纵面，甚至为前体涡控制面、全动翼尖、蚌式等创新操纵面。我国也紧密跟踪了相关技术的发展，其中推力矢量等技术也已经在相关型号中初步使用。而国外类似技术已经相当成熟，已在型号中大量应用。

3）信息传输方式方面。飞控系统的发展经历着由机械控制模式到电传控制模式再到光传控制以至于未来的无线传输模式等。目前，我国已经全面掌握电传控制系统的设计研制，主要型号产品也采用此技术，光传控制处于初步验证阶段；而国外先进直升机系统中已有项目采用光传控制系统完成了飞行验证，先进商业飞艇则已经采用了光传飞控系统，光传技术已进入应用阶段。

4）系统控制功能方面。飞控系统由简单的比例控制逐步发展到增稳控制、控制增稳，实现飞机平台的稳定安全控制能力，并发展到综合控制阶段，将通过系统综合和智能算法的突破，实现智能自主控制功能。智能辅助驾驶技术、智能空战决策技术等下一代 GNC 技术即将进入演示验证。目前我国已在电传控制系统平台上实现全权限的三轴控制增稳技术，综合飞行控制在型号上获得初步应用。

5）系统架构设计方面。根据对比国外发展趋势，GNC 系统由以飞控计算机为核心的集中式控制体系架构逐步发展到以飞行器管理计算机、高可靠数字总线为中心的分布式控制体系，伴随计算机处理能力和总线通信能力，以及控制需求的进一步提升，系统架构将朝着网络化的模式推进，以便支撑将来飞机 / 系统功能的进一步扩展与发展。国外目前已经开始网络化的节点调度、协同控制等技术研究；我国基本突破基于总线的分布式体系架构设计技术。

6）控制算法方面。经历了由经典 PID 到基于状态空间的现代控制理论到非线性控制，并朝着自主学习自适应控制的方向发展。国内基于经典 PID 的控制方法已经全面应用于各型号飞机的研制，基于状态空间的现代控制理论方法也已经在小型无人机验证平台上进行了飞行验证；国外已经成功采用非线性控制方法完成 F–35 等多型飞机平台控制律设计与试飞验证。

7）作动器设计方面。作动器的发展由助力器开始，随着飞行控制能力要求的不断提升，许多新型作动器应运而生，如电静液作动器、直接驱动式作动器、机电作动器以及灵巧作动器等。国外在这一方面进行了大量试飞验证工作，灵巧作动器、电静液作动器和机电作动器均在 F-18 验证机上进行了试飞。其中，很多已成熟应用于 A380、F-22 等多种先进机型。国内目前在主要型号设计中广泛应用了 EHV、DDV 产品设计技术，形成了工程化的产品，但在电功率作动器设计方面处于初步验证阶段。

8）导航系统综合化方面。国外多传感器综合导航技术已在 F-22、F-35、B777 等飞机上广泛、大量装备。国内对综合导航技术开展了型号应用研究工作，目前尚未有成熟的定型产品。

9）系统可靠性方面。国内外 GNC 技术的发展目前不差代，在基本指标上一致，如导航系统定位测速精度，但在可用性方面差距巨大，当前美国等西方国家的惯性导航产品已不需要维护性标定，可靠性普遍大于 6000h，而我们在此方面差距明显。

总的来看，上述涉及的各种先进飞行器所要求的 GNC 技术与国外先进水平（美国）相比，存在的差距可归纳为：GNC 系统体系结构设计技术需深入研究；先进 GNC 部件技术仍需进一步发展；先进控制策略和技术的工程化应用需要深入研究；高性能惯性导航技术与国外先进水平差距较大；综合导航技术理论研究和工程化应用水平有待提升。

四、我国 GNC 技术发展展望与对策

（一）我国 GNC 领域未来需重点发展的关键技术

随着未来战争作战模式的变化和航空技术的飞速发展，新型作战平台、新式空中武器作战空域的大幅度拓展、飞行速度的跨越式提高以及网络化体系对抗作战模式的突飞猛进，都对飞行器的 GNC 技术及产品提出了一系列新的要求。此外，我国经济持续、稳定的发展，带来民航运输、通用航空以及机械电子信息行业等市场的兴起，也为 GNC 领域的发展提供了更大空间。

目前飞行器 GNC 技术领域的发展趋势如下（图 1）：

1）制导技术领域。对无人机而言，国内外目前主要围绕智能空战决策、有人无人协同、集群控制与决策等方面展开研究，重点面向无人机自主飞行中的各种快动态的复杂决策问题，聚焦于新的自主能力提升手段与技术研究；对导弹而言，GNC 一体化技术、多弹协同制导控制技术及高超声速导弹制导控制技术是当前国内外发展的重点，为了实现快速打击、高效突防、精准拦截及有效打击机动目标，导弹、空中靶标提升机动性也是制导武器未来发展的主要趋势。

2）导航技术领域。高精度惯导系统仍是现阶段导航系统的核心，惯性 /GNSS 组合导

航、惯性/天文组合导航、惯性/地球物理场匹配导航等组合导航方式也是满足不同应用场景和不同精度应用需求的重要技术实现途径，多模式、多用途、快速即插即用、高可靠性的多传感器组合导航将是未来导航应用的重要发展方向；此外，需要特别关注复杂电磁对抗环境、山区地形、城市环境等典型卫星导航拒止条件下的高精度导航能力的建设与实现；同时，需要对今后一段时期内重点发展的高超声速飞行器、临近空间飞行器、系留气球、长航时无人机等与传统航空导航需求具有显著差异的惯性导航系统技术及组合导航技术等加以关注。

3）飞行控制技术领域。飞控系统的功能已从增稳、控制增稳发展为综合控制，目前正朝着智能辅助决策方向发展；飞控系统的控制对象也由大量的常规布局发展为非常规布局；飞控系统的信息传递方式已从机-电混合操纵发展到电传，未来极有可能发展到光传、无线传输；飞控系统的架构已从集中式发展为分布式，新一代网络式架构已经形成；操纵面已从传统操纵面发展到目前的广义操纵面，而创新效应面则是当前研究的热点；飞行控制律经历了从经典控制算法到状态空间算法再到非线性控制算法的跨越；飞控作动器已从机械作动器、液压作动器发展到全电/多电作动器甚至智能（灵巧）作动器。

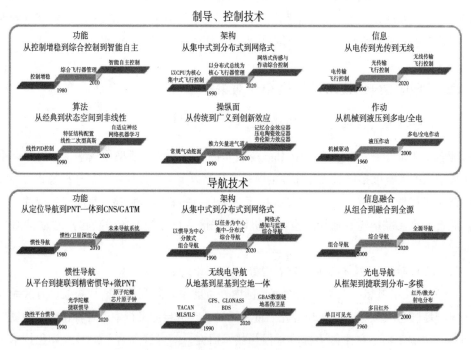

图 1　GNC 技术发展趋势

此外，值得重视的是，目前飞行器所处的信息化、网络化环境也给 GNC 技术的发展带来了新的挑战，衍生出网络化制导、网络化导航、网络化协同控制等新的研究和应用方向。

根据上述技术发展趋势，为了适应武器装备发展和民用领域应用需求，我国 GNC 技术的研究和应用方向应围绕以下关键技术展开。

1. GNC 系统总体设计技术

有关系统全局的总体综合设计技术对整个 GNC 系统的设计起到了牵引和带动作用，对 GNC 系统其他关键技术的研究和发展提出明确要求，涉及系统需求分析、系统功能 / 性能设计、系统体系结构设计、系统人机接口设计、系统软 / 硬件设计与综合等主要方面。面向未来先进飞行器的需求，需要重点发展的系统总体技术主要包括面向无人自主飞行器的智能决策、网络化协同制导 / 导航 / 控制等关键技术，以及面向各类飞行器的分布式体系结构与综合设计分析技术、GNC 系统健康管理与重构技术、电传 / 光传 / 全电 / 多电飞控系统总体技术、GNC 一体化技术、系统仿真与试验技术和低成本系统设计实现技术等。

2. 先进 GNC 部件技术

系统部件是系统设计实现的基石，往往代表了系统的先进性。对于 GNC 系统而言，涉及的核心部件主要包括导弹导引头、惯性器件、位移传感器、计算机、伺服作动器等。随着下一代 GNC 系统的论证，未来完全时间触发总线系统成为关注的重点。面向高自主化无人机和综合导航的应用需求，高性能并行计算机技术主要解决多信息融合、大数据量处理计算问题。

1）惯性器件技术方面。为更好地满足现有装备对惯导系统的性能需求，需进一步提升现有激光陀螺、光纤陀螺、机电加计等核心惯性器件的精度、可靠性、小型化等参数指标；同时应密切关注惯性器件发展趋势，对光子晶体光纤陀螺、原子陀螺、半球谐振陀螺、光电加速度计、硅谐振式加速度计等前沿技术进行探索研究；为满足未来机载 PNT 和长航时自主导航的应用需求，还应加快芯片级原子钟、机载领域星敏感器、MEMS 压力传感器等与惯性应用密切相关的器件的研制。

2）控制算法方面。对于具备高度非线性、强耦合、迟滞、多变量特点的下一代飞机，传统的控制律设计和评估方式已不适用，因此非线性算法方法是控制律算法发展的趋势之一。在作动器技术方面，功率电传（Power-By-Wire，PBW）作动器是下一代作动系统的发展方向，大功率 EMA 技术、灵巧作动技术、主动气流控制技术、灵巧材料变形控制技术等是未来一段时期内技术发展的重点方向。面向下一代飞行器，在软件方面，开放式的体系架构、分布式协同以及并行处理等技术是安全关键操作系统的重点研究内容。在传感器方面，需重点研究适用于光传飞控系统的波长编码位移传感器，基于驾驶杆的光纤网络传感器，满足未来先进飞行器技术需求的长寿命、抗强工作应力电磁位移传感器。

3. 先进制导 / 控制策略技术

先进制导 / 控制策略技术是有效提升 GNC 系统能力的"软技术"，在整个 GNC 技术体系中具有举足轻重的地位，未来需要面向先进无人飞行器重点发展智能自主控制技术，包括复杂环境下的智能空战技术、有人/无人协同控制技术、集群制导与控制技术、多约束离线/在线航迹规划技术、高精度航迹跟踪技术、制导/控制一体化解算技术等；同时需要针对特定新型飞行器研究适用的控制算法和策略，如短距/垂直起降飞机、倾转旋翼飞机、变体飞机、高超声速飞行器、未来新构型新概念飞行器等；还需要面向各种先进飞行器大力发展综合控制技术，包括 GNC 一体化控制技术、综合飞行管理技术、能量管理技术等；此外还需要大力推动现代控制理论的工程化应用，包括面向大飞行包线、变体的对象自适应控制技术、面向对象不确定性的鲁棒控制技术等，并深入研究针对现代控制理论应用的新的飞行品质评定方法与途径。

4. 高性能惯性导航技术

精度作为惯性技术的核心指标，始终引导着陀螺、加速度计、惯性导航系统技术及相关技术的应用发展。目前，基于激光陀螺的惯性导航系统仍是现阶段装备的重要选择之一，基于光纤陀螺的惯性导航系统性能已逐步接近激光惯性导航系统，现阶段上述两种技术均已属于成熟技术。对标航空标准惯导系统规范，上述两种技术已能够满足现有装备的应用需求，今后发展的重点在于持续降低其成本、体积和功耗等方面，以提升其综合性能；同时也应同步开展系统误差辨识和补偿、重力异常精确测量和抑制、综合测试与评估环境等方面能力的提升，以满足航空平台对高精度惯性导航系统的需求。

此外，随着结构简化、成本降低，半球谐振陀螺成为近期惯性技术领域的关注热点；同时，国外原子惯性传感器讨论主题也已转向关键技术及核心部件的分析、设计与实现方法上。上述半球谐振陀螺和原子导航具有实现高精度导航甚至超高精度导航的巨大潜力，实现半球谐振陀螺的设计、制造、电子控制和测试验证全流程能力以及开展原子惯导系统的总体集成技术、超高精度导航算法、系统测试方法等方面的研究工作，具有重要的现实意义。

5. 综合导航技术

精确、可靠的导航需求对机载导航系统来讲是一项非常严格的要求，特别是在战场复杂电磁对抗环境或卫星拒止环境下。可以预见，在未来相当长的一段时间内，惯性导航系统仍将是高精度导航的重要基石。在提高惯性器件和惯性导航系统可靠性和环境适应性的基础上，为了进一步提高导航参数的观测精度和可靠性、扩大导航系统使用时机以及突破天气限制等不利影响，通过综合天文导航信息、无线电导航信息、数据库匹配导航信息、视觉导航信息等多种载机导航传感器提供的数据，在考虑信号质量、台站几何位置、完好性和估计误差等因素的基础上获得载机当前的最优导航参数，就是综合导航技术。

未来一个重要发展趋势是迈向全源导航，即利用所有可用的导航信息源，通过将多种不同工作机制的异质传感器有机组合起来，利用它们之间的非相似性和互补性，充分挖掘不同传感器间的关联特性，产生任何单一传感器所无法表征的新的有意义的信息，并通过自适应融合的方法形成多源异构信息自适应融合导航系统，为用户提供卫星信号拒止环境下的高精度 PNT 功能，以满足不同任务环境和不同任务要求下对导航性能的要求。其核心是追求深层次组合的强调快速集成、快速重新配置异构传感器的能力，提供能够满足不同使用要求的导航解决方案。

（二）我国 GNC 领域研究和发展建议

根据我国航空科技发展的需要，建议通过以下措施保证和促进 GNC 学科的健康持续发展。

1. 提倡系统思维，提高设计的准确性

必须克服国内 GNC 产品研发过程中普遍存在的重技术、轻方法，重设计、轻工艺的现状，重视项目策划和顶层设计工作，提倡系统思维，强化系统设计的前期验证与检查，进一步加强工程项目技术状态的统一控制与管理，注意研究设计的工艺性、产品的通用性、系统的开放性以及全寿命周期成本的相关技术和对策。

2. 重视系统综合，提高系统验证方法的有效性

国外十分重视"系统综合"，经验表明做好系统综合是信息资源共享、合理配置余度、增加容错能力的重要途径。主机和专业厂、所都应当十分重视系统综合方法和技能的研究，建立必要的系统综合手段，分工合作，做好系统的逐级综合工作，适应下一代军机综合控制和综合管理的要求。

3. 加快建立机载 GNC 软件一体化开发测试与验证环境

机载 GNC 软件关系到控制功能的实现和飞行安全。目前国内机载 GNC 软件开发和测试手段相对落后，尚未形成软件开发、测试和验证配套的机制。加快建立较完善的机载 GNC 软件一体化开发测试、验证软件非常必要。

4. 实施并行工程机制，发展集成制造技术，缩短研制周期

以往较复杂系统的研制周期都在 10~15 年左右，难以满足国防装备的急切需求。应该在发展 CAD/CAM/CAPP/CAT/CAE 技术的基础上，建立综合化的集成设计（CIMS）环境，实现系统 / 部件研制过程并行工程体系。

5. 健全人才培养和激励机制

建立一支高水平、高素质的专业化人才队伍，是实现 GNC 领域跨越式发展的关键。各级领导应该以战略的眼光予以重视，确立人才发展战略，健全人才培养和激励机制，并在工程实践中加速培养出理论水平高、实践能力强、一流的人才。

参考文献

［1］ Goodfellow I，Bengio Y，Courville A，et al. Deep Learning.Cambridge：MIT Press，2016.

［2］ Feng L，Choi K，Wang J. Flow control over an airfoil using virtual Gurney flaps［J］. Journal of Fluid Mechanics，2015，767：595–626.

［3］ 孙长银，吴国政，王志衡，等. 自动化学科面临的挑战. 自动化学报，2021，47（2）：464–474.

［4］ 马东立，张良杨，穆清，等. 超长航时太阳能无人机关键技术综述［J］. 航空学报，2020，41（3）：623418.

［5］ 穆凌霞，王新民，谢蓉，等. 高超音速飞行器及其制导控制技术综述［J］. 哈尔滨工业大学学报，2019，51（3）.

［6］ 张鑫，黄勇，王勋年，等. 超临界机翼介质阻挡放电等离子体流动控制［J］. 航空学报，2016，37（06）：1733–1742.

［7］ 徐悦，杜海，李岩，等. 基于射流飞控技术的无操纵面飞行器研究进展［J］. 航空科学技术，2019，30（4）：1–7.

［8］ 王炫，王维嘉，宋科璞，等. 基于进化式专家系统树的无人机空战决策［J］. 兵工自动化，2019-01，38（1）.

［9］ 任章，白辰. 高超声速飞行器飞行控制技术研究综述［J］. 导航定位与授时，2015，2（6）.

［10］ 杨伟. 关于未来战斗机发展的若干讨论［J］. 航空学报，2020，41（6）.

［11］ 薛连莉，沈玉芃，宋丽君，等. 2019 年国外导航技术发展综述［J］. 导航与控制，2020，19（2）：1–9.

［12］ 雷宏杰，张亚崇. 机载惯性导航技术综述［J］. 航空精密制造技术，2016，53（1）：7–12.

［13］ 刘春保. 美国打造新的军用"全源导航"［J］. 国际太空，2013（04）：46–49.

［14］ 范秋丽. 惯性技术在航空领域的发展与应用［J］. 飞航导弹，2017，（10）：1–6.

［15］ 杨元喜. 综合 PNT 体系及其关键技术［J］. 测绘学报，2016，45（5）：505–510.

航空电子学科发展报告

一、引言

航空电子系统（以下简称"航电系统"）是现代飞机的"大脑"和"神经中枢"，对保障飞机飞行安全起着关键性的作用。虽然不同类型飞机根据其任务使命和应用环境不同，其航电系统的组成、功能和配置有一定区别，但总的来说，航电系统主要功能为在飞机运行过程中，根据其需要和环境特点，完成信息采集、任务管理、导航引导等基本飞行过程，为飞行机组提供基本的人机接口，确保飞行机组的态势感知和飞机系统管控能力，使得飞行机组能够及时、有效地管理和控制飞机安全，可靠地按照预定航迹飞行，高效地完成相关任务。航空电子系统组成与功能描述如下（图1）：

1）综合模块化航电系统由 IMA 计算平台和网络系统组成，是实现系统综合的基础。主要工作包括航空电子系统需求分析与确认、架构设计与评估、集成与验证，网络定义与

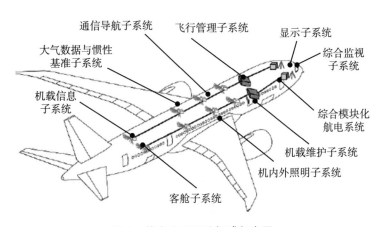

图1　航空电子系统组成与布局

数据交换、资源组织与功能驻留、人机接口与工效评估、状态监控与故障诊断、飞行管理与任务评估等，支持主制造商开展系统设计、集成与验证。

2）飞行管理子系统是驻留在IMA计算平台上的功能系统，具有飞行计划、数据库管理、综合导航、性能管理、飞行引导、场面引导等功能，与航空电子各子系统通过接口数据交换和功能应用，实现与空中交通管理（ATM）协同，完成飞机航迹生成与性能优化，实现"门"对"门"自动飞行管理，降低机组工作强度，提高飞行效率，减少航班延误，降低运营成本。

3）显示子系统是飞机和飞行员主要的人机接口，由显示单元、平视显示器、控制器、视觉增强系统（EVS）、图像增强系统（SVS）等组成。主要作用是通过驻留在显示器、IMA上的软件向飞行员提供全飞行过程所需飞行参数和指引信息显示，包括飞机飞行信息、系统状态信息、飞行管理信息、机组乘员告警信息、气象信息、空中交通告警信息、系统监控信息、维护信息等飞行参数。通过控制器与触控技术相结合的控制与参数指令输入完成CPDLC显示及控制、场面引导指示、平视导引、电子飞行包（EFB）显示、增强飞行视景、合成视景显示等功能。

4）中央维护子系统面向机载系统、机体和结构等，通过远程数据集中器获取信息，实现故障检测、故障隔离和故障定位、地面维护与支持等。主要包括中央维护功能、飞机状态监控、构型报告、软件/数据加载等功能。

5）通信导航子系统由机载通信导航控制管理设备、通信系统（含HF设备、VHF设备、卫星通信设备、应急定位发射器ELT等）、导航系统（含仪表着陆系统ILS、全球卫星定位系统GNSS设备、甚高频全向信标VOR、自动定向仪ADF、指点信标MB、测距机DME、无线电高度表RA和数据链等）组成。主要作用是实现飞机空地话音及数据通信，同时提供飞机起飞、航行、进近和着陆等阶段的引导信息，指导飞机按预定航路安全飞行。

6）综合监视子系统由气象雷达（WXR）、空中交通告警与防撞系统（TCAS）、S模式应答机（XPDR）、地形感知和告警系统（TAWS）及广播式自动相关监视系统（ADS-B）等设备组成。主要作用是利用机载射频传感器、计算处理资源组织和应用功能开发，实现飞机环境监视设备的信息综合、数据综合、功能综合和物理综合，提供影响飞行的地形、气象和交通信息显示与告警，保障飞行安全。

7）大气数据与惯性基准子系统由惯性基准系统（IRS）、大气数据系统（ADS）组成。主要作用是实现机载惯性和大气数据测量，包括航向、姿态、位置、速度、角速率、加速度、升降速度、气压高度等，是飞机驾驶舱显示和飞行控制功能的主要信息源，通过驻留在IMA上功能软件为驾驶舱提供基本参数，包括飞行姿态、航向、高度等。

8）客舱子系统包括客舱核心系统、机载娱乐系统、外部通信系统（不包括卫星通信、HF、VHF、UHF和发射/接收设备、天线等），客舱系统主要作用是为乘务人员提供客舱灯光、温度等控制管理功能和为乘客提供娱乐功能。

9）信息系统由网络化信息处理平台、信息系统显示终端、视频服务单元、机载打印机、机场无线通信设备、驾驶舱无线通信设备等组成。机载信息系统是实现机载系统之间、飞机与地面系统之间网络互联的枢纽和提供信息服务的中心，为飞机提供通用信息服务、驾驶舱信息服务、维护信息服务和乘客客舱信息服务等。

二、国内发展现状

近五年中，国内航电系统取得了很大的进展，主要体现在如下几个方面：

（一）初步形成民机系统研制能力，带动了其他型号的研制

国内供应商一方面通过独立承担系统整体分析、设计和综合，基本建立了独立的民机研制体系，掌握了 T3 级系统需求、设计和验证方法，促进了其他型号飞机的研制，如中航工业航空无线电电子研究所独立承担了国内干线飞机 A 级显控系统，大大提升了民机研制能力；另一方面，通过参与系统部件研制和系统综合，如中电科航电系统公司主要承担通信系统数据链软件 ATS（空中交通服务）、CSA（控制状态应用）的研制，提升了设备研制能力。

（二）初步建立了民机系统研制环境

从国内民机航电系统研制进展来看，目前 C919 的航电系统均已交付，拟 2021 年完成随机取证，体现了各供应商已初步建立了民机系统研发环境，形成了支持 ARP4754A 研制流程的工具集和综合台架，如中航工业航空无线电电子研究所为研制显控系统，建立了设备级测试验证环境（MDVS）、分系统级测试验证环境（SSDL）和系统综合台架（SIVB）用于满足装机需求。

（三）深化适航认识，推动适航体系不断完善

通过国内民机项目的研制，主要的航电系统企业对民机适航的认识不断深化，建立了AS9100 质量体系，对民机适航的标准较为熟悉，初步建立了与适航要求一致的设计保证体系和适航认证体系及流程，组建了适航相关组织架构与团队，锻炼和培养了适航管理人才与授权代表队伍，部分产品取得了 CTSOA，甚至 FAA 的 TSO；通过参与系统 / 设备的研制，推动机载系统企业按照适航标准进行系统与部件产品的研制和供应链管理。

（四）航电专业领域不断深化发展

航电系统始终围绕着"综合化、数字化、网络化、智能化"的发展脉络，不断深化发展，具体体现如下。

1. 综合模块化航空电子领域

第一代综合模块化航空电子技术（IMA1G）已经在国内干线飞机得到了成功应用，其主要特点是：采用较少的通用处理模块来取代了那些分立式的设备，共享了必要的电源和通信链路等。当前大型飞机（如 B787、A350XWB）均通过驻留更多的应用来提高有效性，新研制飞机的综合化程度越来越高，国内宽体飞机也要求在 C919 基础上增加综合的范围。

综合化的发展趋势一方面要求提供的计算资源、网络资源能力更高；另一方面要解决故障隔离，安全性设计面临更大的挑战。目前国内在资源方面已掌握 100Mbps 的 ARINC664 网络系统技术，在千兆 ARINC664 网络技术方面，已形成原理样机，在 A664 终端网络关键技术方面还有待突破；计算资源方面缺乏适航认证的分区操作系统和 CPU 芯片，多核、cSoC 技术的应用还处于探索阶段。

国内正在航空电子互联、分布式模块化电子等方面开展新一代航空电子系统架构技术研究，一方面实现机内综合范围扩大到全机，另一方面实现信息与地面互联共享，提升飞行和运营效率。

2. 飞行管理系统领域

国内对机载飞行管理系统技术最初研究主要集中在介绍结构及原理上，随着研究的深入，在理论研究和数字仿真上做了大量工作并取得一定进展。与此同时，对飞管的研究进一步细化为若干小分支，诸如水平和垂直飞行剖面的创建与优化、综合导航、在空域管理系统中的应用以及性能优化等关键分支，目前对于飞行管理的基本功能如飞行计划、水平引导等已在支线、通航飞机中得到飞行验证。国内在飞行管理系统在实验室完成了能够实现精确的 4D 航迹控制的试验验证，能够实现在指定航路点到达时间的精确控制，精度达到秒级，具备了基本的初始 4D 运行能力。

为了解决在互联航空生态系统和日益拥挤的天空中对飞机进行有效管理，国内开展了互联飞行管理系统技术研究，集成了电子飞行包（EFB）和飞行管理系统，在安全保障下 EFB 和 FMS 进行连接和数据传输。随着通信技术向 5G 和 6G 方向发展，机内互联、空地协同和空空协作运行需求将进一步拓宽互联飞管的内涵。

3. 驾驶舱显示控制领域

传统的民机驾驶舱人机交互技术随着 C919 飞机的研究在我国已经较为成熟，但复杂情境和任务（单一驾驶、多通道、组合视景、增强视景）下的飞行任务场景分析、功能分配与新颖性的人机交互技术，目前在国内民机领域尚属新技术，技术成熟度较低。

对于视觉辅助交互技术和增强现实显示技术，国内开展了部分基础技术概念研究，但在关键技术领域成熟度较低。目前国内宽体客机提出了基于平显的组合视景装机要求，也是未来民机视景系统的发展方向。在机载平时显示技术领域的技术积累可作为机载增强现实显示技术研究的基础。

当前国内民机驾驶舱人机交互设计主要以功能仿制为主，这种"以功能为中心"的交互设计难以满足新功能、新技术应用（如触控）以及新场景（如单一飞行员驾驶）情况下的适航人因条款要求。本专题重点解决"以功能为中心"到"以人为中心"，并进一步到"以人机协同为中心"的民机驾驶舱人机交互技术研究。

4. 无线电通信、导航与监视领域

2019 年，中国民航局发布《中国民航北斗卫星导航系统应用实施路线图》，推动北斗系统在民航的应用，我国正逐步形成以北斗系统定位信息为核心的航空器追踪、监视及导航能力，提供补充监视及航空器追踪监控信息服务。机载北斗位置追踪设备目前已获得了中国民航局的适航取证，在 2019 年底完成了首架民用运输飞机的装机运行，目前正在陆续装机。

在前舱 L 波段卫通产品研制方面，国外已有成熟的产品，包括海事和铱星系统的多型产品，在全球多个型号飞机大量安装使用，相关技术成熟度高。从 2018 年起，国内也开展了相关技术的研究和产品研制，目前已完成原理样机设计，并在 2020 年完成了对星实验和语音数据通信，相关技术成熟度达到 4 ~ 5 级。在电磁空间频率自适应、波形自适应领域，目前仅有部分军机技术的积累。但军机技术立足于作战环境的电子对抗，并不适合民机全球跨地域、跨异构网络的使用环境。

国内 OEM 已初步具备机场场面滑行引导、综合备份导航、控制交通管制、遇险应急发射、合成空速等民航细分专业领域的研究基础，但与国外相比，有较大差距，需要进一步加强建设。

国内在原有一/二次雷达监视基础上，在局部地区、针对部分航空器补充建立 ADS-B、北斗等监视手段。针对地基 ADS-B 覆盖范围有限的问题，国外已启动星基 ADS-B 研究，并初步构建了 ADS-B 星座；国内关于星基 ADS-B 的研究尚处于起步阶段，仅开展了单星的功能演示验证，技术成熟度多集中在 TRL2-3 级。

面向未来空管体系的机载防撞技术，国内已完成 TCASII 交通防撞模型的研究，针对该模型鲁棒性不强、虚警率高等问题，FAA 启动了新一代机载防撞系统（ACAS-X）计划，并组织了概念飞行验证测试；国内关于 ACAS-X 的研究尚处于起步阶段，相关研究较少，技术成熟度多集中在 TRL2-3 级。

在雷达综合探测技术研究方向，国内在气象探测、地形探测领域拥有一定的技术基础，但在结冰区、闪电等危险气象精细化探测与告警、地形/地物综合感知与防撞、高压线等障碍物远距离智能化探测等技术研究方面与国外仍存在较大差距，技术成熟度多集中在 TRL3-4 级。

5. 大气数据与惯性导航领域

目前国内正在发展微机电（MEMS）技术和新原理的惯性传感器技术。目前，高精度的捷联惯导系统仍以光学捷联惯导为主，国内大气数据与惯导产品与国外产品差距较大的指标是可靠性，技术上主要在于光学陀螺、加速度计和大气数据等精密光机电传感器模

块，其可靠性水平直接决定系统可靠性水平。与国际先进供应商相比，系统层面的差距主要体现在综合化水平不足以及对新型感知原理的研究与认知不充分，包括三轴一体激光陀螺技术、高精度半球谐振陀螺、基于光学测量原理的大气数据系统技术。

6. 机载信息与维护领域

国内已突破飞机客舱信息一体化设计技术，解决了安保技术的实验室验证，进一步开展装机试飞验证，为宽带应用奠定了基础。开展了 5G 技术在机载上的应用研究，5G 的机载应用主要包括空地宽带 ATG、客舱无线网络、AeroMACS 相关应用，解决空地宽带通信、机舱低时延、大连接无线通信与民用飞机领域的深度融合。实现空天地机载信息的高速无线互联互通，机舱内无线高可靠传输。在机载维护方面，还没有实现与地面客户服务中心的互联以及视情维修。

国内缺乏信息化应用（如性能计算、电子文档、电子日志、电子文件夹和电子航图等），以及与机载维护系统（包括中央维护、飞机状态监控、数据加载 / 构型报告、电子日志和电子维护手册等）、飞机运营控制（包括消息管理和 OOOI 等）、客舱服务（包括客舱日志、乘务员操作电子手册、客舱内话等）等原有的机载系统集成。

7. 航空电子与空管的协同发展

未来空中交通运行体系中，航路运行密度及飞机运行精度不断提高，驱使管制模式将部分安全间隔保持功能授权给飞机，飞机由被控制对象转变为空中交通管理重要参与节点，以实现飞行全过程的协同。面向协同的数字化技术推动了航电系统通信、导航、监视、人机交互等核心能力的发展，使航电系统具备在空地协同环境下深度参与空管运行的能力，促进了空管技术与航空电子技术的融合。国内已经完成了第一轮的基于航迹运行的飞行协同试验。

三、国外发展现状

近些年来，航空电子技术及系统的各类技术有很大的发展。主要体现在以下几个方面：

（一）航电综合处理系统

国外航电系统供应商通过建立自己的航电综合处理系统架构，掌握了系统集成的核心能力，使得其在面对新的机型开发时，只需要根据应用需求进行少量改动，大大缩短了研制周期（减低 50%）。目前主要的航电系统供应商（如 Honeywell、RockwellCollins 和 GEAviation）都拥有自己的航电系统架构（如 Honeywell 的 PrimusEpic、Collins 的 Proline 和 GE 的 OpenArchitecture）。

近期，Rockwell Collins 航电系统架构升级为 Pro Line Fusion，旨在改善态势感知并减少飞行员工作，提高航空公司运营能力，其功能包括：用于全球空域现代化运行的全套基线设备 ADS-B，支持 SBAS 的 GNSS，带垂直引导功能的定位信标性能（LPV）进近能力，固定转弯半径（RF）航段等；宽屏液晶显示器拥有先进图形、可配置窗口和触摸屏界面；高分辨率合成视景功能；触摸交互式地图，带有前瞻性飞行计划、高分辨率地形、实时机载大气雷达覆盖、障碍物、特殊用途空域和搜索模式；显示本机位置的地理参考电子导航图；使用显示器正面的标准 USB 驱动器端口，轻松快速地更新数据库。

Honeywell 航电系统架构升级为 Primus APEX，其操作界面直观易懂，飞行员可以在一块屏幕上同时获取导航、天气、地形、领空、飞行路线、机场和空中交通状况、主要发动机和系统参数等关键信息。模块化的系统设计便于运营商及时更新可用的前沿技术，确保整套系统始终保持领先的航空电子水平。Primus APEX 飞行管理系统支持交互式导航，是首款允许飞行员使用飞行计划图标来修改飞行计划和飞行路线的导航系统。该系统还可以集成其他的飞机实用功能和电传飞行技术，并减少重量、电线数量和功率消耗。

（二）驾驶舱显示控制技术

泰雷兹 Avionics 2020 具有以机组人员和任务为中心以及可定制的特点，可谓汇集多种优势于一身。首先，Avionics 2020 的设计是以机组人员为中心，其根本设计原则是实现自然、直接的人机互动，从而大大简化机组的操作。该设计能让飞行员减少培训、减轻工作负荷并提高情景感知能力。其次，它以任务为中心，能适合各种类型的任务，如搜救、紧急医疗运输、海上勘探等。Avionics 2020 拥有安全可靠的大型显示区，提供多点触控等多种控制方式。它能够统一显示各种飞行系统的数据，让飞行员随时获得需要的信息。通过触摸屏，飞行员能够重新配置驾驶舱接口，以集成不同的操作和功能。

（三）综合监视

在气象监视技术方面，国外公司不断更新先进的信号处理算法，采用垂直扫描、多扫描技术和增强湍流检测算法，实现前视风切变探测、飞越保护（OverFlight）、增强型湍流检测、雷暴探测等功能；同时采用三维立体自动扫描技术和计算机建模技术，产生重要天气的三维图像；利用数字脉冲压缩技术和一个甚低噪声频率相参接收机等手段来实现高分辨率气象探测、前视风切变探测、多普勒湍流检测等功能。

在近地告警与防撞方面，主要还是继续围绕探测精度、探测准确度方面进行优化；根据国际民航组织的广播式自动相关监视（ADS-B）发展路线规划以及 ADS-B 技术发展趋势，2020 年机载设备基本完成 ADS-B Out 的加装，正在逐步开展 ADS-B In 设备的研发与认证。同时，星基 ADS-B 技术以及自主遇险追踪设备的研发将进一步提升民航飞行的安全性。国外已经开始对包括 ACAS X 在内的交通管理和监视创新项目进行研发和测试。ACAS X 是由美国 FAA 的交通告警和防撞系统（TCAS）项目办公室研发的，将代替 TCAS Ⅱ 支持 NextGen。ACAS X 将改进防撞逻辑，并支持多个监视数据源。

FreeFlight 系统公司推出了 978 MHz、1090 MHz 频段经认证的 ADS-B In 接收机，能够基于最新的数据链系统接收最新的空中交通信息，提升飞行员空中态势感知能力，有效减少飞机对地面雷达站的依赖。数据链接收机系统可获得五类认证的 ADS-B 信息，兼具接收机和收发机两种功能。最新的 ADS-B In 产品还能与其他便携式电子设备应用程序实现无缝 Wi-Fi 集成，使飞行员更好地基于认证数据实现空域评估。

（四）机载卫星通信终端

机载卫星通信终端向相控阵、小型化、低成本发展。随着 L/S 波段卫星向高速率和高安全性发展，以及 Ka 波段高通量通信卫星的逐渐部署，机载卫星天线也逐渐由传统的机械平板天线向超低轮廓、低价格的相控阵天线方向发展。柯林斯公司开发了新型宽带 Iridium Certus 机载卫星通信（SATCOM），通过新型有源低增益天线（ALGA）实现了与轨道卫星铱星（Iridium）的 L 波段宽带服务的连接，并进行了稳定数据传输。

（五）先进导航技术

随着北斗卫星导航系统的飞速发展与应用，国内各研究机构也大力开展 GNSS 双 / 多模接收机的研制工作，以解决对单一导航系统的依赖性。目前我国已有适用于干线运输航空机载 MMR，具备支持北斗三号的多系统卫星导航、ILS、VOR 和 MB 导航功能，并支持 GLS/SBAS 增强导航功能。

先进导航、进近技术的发展以及电子飞行包（EFB）应用的进步，为飞行员和飞机运营商带来了诸多好处，能够根据实时的航线与航路、天气情况等寻找改航、节省燃油和更高效的飞行路径。

（六）机载信息与维护技术

机上连接供应商以及相关行业联盟正在通过向第三代、第四代和第五代网络技术发展，通过形成行业标准，以期在降低成本的同时提高乘客的网络连接体验，未来将进一步发展基于 5G 的飞机通信。Seamless 航空联盟已在实现新一代空中互联（IFC）方面取得了新的进展，发布了全球首个空中互联标准"Seamless Release 1.0"，包括适用于全球飞机系统蜂窝网络和 Wi-Fi 连接的特定的开放标准。各大航空公司通过使用功能部件的开放接口，比如 Hotspot 2.0 和本机蜂窝漫游，可向乘客持续提供联网服务。

APiJET 公司开发了基于交通感知战略机组需求（TASAR）的电子飞行包应用程序 Digital Winglets，整合了机载导航设备的航空电子数据、机载和地面源共享的数据、与飞机的 IP 链路的通信数据以及 ADS-B 的监视数据，能够利用座舱自动化和连接性来优化航线规划，在空中自动监控潜在的更好的飞行路径，并将信息传递给飞行员，帮助他们获得航路更改的许可。

A350XWB 实现机载维护系统与地面客户服务中心的互联，地面人员在飞机降落之前就能发现那些需要维护或更换的部件——并确保备件就位，需要的时候即可随时安装。

四、国内外发展对比

从全球的市场格局来看，航电产品由于涉及分系统和较多的部件产品，相应的配套商较多而系统集成商相对集中。国外航电设备主要供应商包括柯林斯宇航、霍尼韦尔、Raytheon（雷神公司）、Northrop Grumman（诺斯罗普·格鲁曼公司）。当前我国民机基本依赖进口，航电系统基本也为进口品牌。航空电子系统的主要差距表现在以下四个方面：

1）缺乏自主知识产权的航电架构技术。如 C919 采用的是通用电气公司波音 B787 综合模块化航空电子架构（IMA）。国际上主要航电供应商均拥有自主知识产权的航电架构，例如霍尼韦尔公司、柯林斯宇航、泰雷兹公司，形成了支持民用客机航空电子系统研制的知识图谱（指导产品设计的标准、规范和指南，支持系统开发的方法、过程和工具）。

2）体现在航电先进技术应用能力上的差距。如航空系统组块升级 ASBU 中涉及大量先进的系统技术，我们不掌握，包括 i4DT、TBO 等涉及的机载子系统和设备新技术应用，需要开展符合性验证和安全性验证。通过民机航电系统新技术应用研究，提升国内民机航电系统和设备新技术推广应用的能力，避免在子系统和设备上受制于人。

3）产品的可靠性、经济性有待进一步提升。国内民机产品目前处于从无到有的阶段，还没有通过大规模的运营实现产品优化，一方面没有服役数据来支撑可靠性提升；另一方面产品规模上不去，缺乏成本降低意识，产品价格高，与国外同类产品相比，不具备国际市场竞争力。

4）在行员情景意识提升技术方面差距较大。传统的民机驾驶舱人机交互技术随着 C919 飞机的研究在我国已经较为成熟，但复杂情境和任务（单一驾驶、多通道、组合视景、增强视景）下的飞行任务场景分析、功能分配与新颖性的人机交互技术，目前在国内民机领域尚属新技术，技术成熟度较低。当前国内民机驾驶舱人机交互设计主要以功能仿制为主，这种"以功能为中心"的交互设计难以满足新功能、新技术应用（如触控）以及新场景（如单一飞行员驾驶）情况下的适航人因条款要求。

五、发展趋势和对策

综上分析，结合我国"十四五"规划，我国航电系统的发展方向应集中在如下三个方面：一是基础技术，重点解决已有产品的高安全性设计、适航符合性方法以及机载设备与系统数字化增量确认和集成支撑技术问题，目标是支持民用飞机航电系统设备装机；二是先进产品技术，重点解决民机领域新产品的市场竞争力问题，围绕对民机"安全性、经济性、环保性、舒适性"的基本要求，开展新技术研究；三是新技术应用，主要考虑融入国家战略新兴技术框架，提前布局航空新应用和新业务，满足航空应用持续发展的要求。具体包括：

1）重点解决国产飞机航电系统国产化及市场化运营的基础和瓶颈问题，开展家族化、谱系化航电架构技术（含相应的工具链）研究，实现产品系列化，降低成本，提高市场竞争力，突破高安全性核心部件（含器件）安全性设计技术，重点解决核心设备与核心部件、知识产权（算法、协议）受制于人，依赖进口的问题。

2）机载系统产品适航符合性与试飞验证技术。针对不掌握适航符合性方法的已有产品，开展具体产品的适航符合性实施策略、验证方法以及适航符合性验证等研究，通过这些技术的突破，为产品取证打下基础。

3）数字化增量确认和集成支撑技术。针对民机产品研制周期长、设计变更频繁导致符合性证据难以提供、开发成本高的问题，开展支持增量式设计和分层分级需求确认与集成的数字化技术研究，实现机载设备与系统数字样机，支持模型重用和持续集成与测试验证，能够为提升适航取证置信度提供数据支撑。

4）航空系统组块升级（ASBU）支撑技术。针对ASBU计划对航电系统的升级发展带来的新应用新产品问题，开展航电系统需求分析、航电系统通用架构技术研究，满足航电系统及设备技术升级与航空系统组块升级计划相适应的要求。面向体系化运营的民机航电系统架构，针对当前综合化航电系统架构较少考虑接入民航管制服务体系的要求，航电系统架构对于实际运行需求支撑不足的问题，重点解决以下两个问题：一是考虑体系运营下的信息互联和不同信息域间的安保需求，支撑空管应用发展；二是考虑航电系统共模规避困难和区域安全性等设计和维护限制，提升飞机运行效率，提升可维护性。重点开展广域信息管理接入互操作协议设计和虚拟化资源动态配置等关键技术研究，研制支持体系运营的航空电子开发工具链，以形成支持安全、高效、协同和网络化体系运营的航空电子系统架构设计规范，实现航空电子向全域互联方向发展。

5）民机驾驶舱人机交互技术。针对当前国内民机驾驶舱人机交互设计"以功能为中心"的交互设计难以满足新应用、新技术以及新场景（如单一飞行员驾驶）情况下的适航人因条款要求的问题，重点解决"以功能为中心"到"以人为中心"，并进一步到"以人机协同为中心"的民机驾驶舱人机交互技术研究，掌握自主知识产权的人机交互设计技术，为高效、安全的民机驾驶舱以及未来单一驾驶舱设计提供技术支撑。

6）机载系统故障预测与健康管理技术。针对视情维修需求，利用空地宽带数据传输及云技术将机上实时故障检测和云端健康预测相结合，开展空地一体化的维护核心架构技术和故障预测与健康诊断模型设计。

7）机载通信导航与空地一体化组网技术。民航飞机全球跨地域飞行，机载通信导航监视业务跨越多个异构空天地网络，如何保证数据安全、可靠、完整地传输问题？对比开展空天地网络架构、协议体制、电磁空间自适应、多安全级别业务管控、航电系统集成等研究。支撑全球跨地域飞行的机载通信导航监视业务的空天地一体化网络解决方案的实现。

8）高速机载网络技术。航空电子系统随着飞行功能和客舱娱乐设施的增多越来越复杂化，虽然现有的数字总线标准能够提供一定质量的服务，但是随着飞行任务越来越复杂，网络流量不断增加，下一代 IMA 系统必须实现更高的有效吞吐量。从技术可行性的角度来看，大型复杂飞行设备的逻辑关系是指数据从系统边界（例如传感器和执行器）到共享计算资源再返回的速率，虽然飞行控制相关的任务只占用少量的网络流量，但是对抖动和时间延迟的容忍度低，需要进一步提高飞机上航空总线的带宽和速率并保证服务质量。

9）机载综合监视（含独立监视）技术。以地基为主的监视手段受距离限制和地形地物遮挡，造成航空器在远洋、偏远内陆、低空飞行时，态势监视及信息服务能力不足；传统空中交通防撞模型虚警率偏高，各类规避建议相互独立缺乏有效协同，决策效率较低；航空器飞行地形、气象、交通等态势信息获取手段单一，无法满足全天候全域飞行的需求，针对以上问题，开展基于星基 ADS-B 和北斗的独立监视技术研究、面向未来空管体系的机载防撞技术研究、雷达综合探测技术研究。

10）空管系统与航电系统的综合。随着星基导航、新一代防撞、空地宽带数据链、机场宽带通信、机载综合监视防撞等新技术的发展，以及四维航迹运行概念的逐步推广应用，机载空管设备功能越来越多，对开放式综合航电架构的需求越来越明显，体现出与航电系统深度融合的发展趋势。现有机载空管设备与航电设备的交互界面不清晰、融合能力有限，需要飞行员居中操作，未来将是两者的深度耦合和信息融合，自动进行信息分发传输和自动化操作，提高自动驾驶水平，如 AUTO-ACAS 设备对飞机的自动拉升等。

11）积极开展航空电子领域前沿技术的研究和探索，不断强化航电系统的总体集成能力，培养系统供应商，并带动整合产业链发展。进一步加强集成创新，应积极借鉴和结合目前在人工智能、5G、云计算、物联网、大数据、虚拟现实等领域的最新技术成果，积极探索相关成果在航电领域应用的可行途径，朝着航电系统综合化模块化智能化方向发展。

航空生理与防护救生学科发展报告

一、航空生理与防护救生现状

随着我国航空武器装备高速发展和实战化飞行作战训练的加速推进，飞行员所面临的航空环境日益复杂严峻，对航空生理与防护救生装备的防护性能提升提出了更高的要求。本报告针对未来空、天、地一体化作战平台，从航空人体环境生理、防护救生的发展历程及国内外现状入手，分析了航空武器装备高速发展对防护救生系统的需求，论证了防护救生系统的发展方向，提出了未来飞行器防护救生系统的多元化、智能化方案设想与发展对策。

（一）航空生理系列创新研究

航空人体生理学（亦称航空应用生理学）主要研究航空特殊环境与动力因素对机体影响的变化规律及其作用机制，探讨防止其对飞行人员产生危害或不利影响的防护措施。航空供氧装备防护生理卫生学要求是工程设计、产品转型与定型、装机应用的重要依据，是航空医学生理研究、飞机战术技术要求的具体体现。其宗旨是在飞机战术技术性能范围内，确保飞行员的高空飞行工作能力和应急救生安全。航空应用生理学不断创新研究，推动着航空个体防护技术的不断进步。航空人体生理试验验证是确保飞行员高空防护装备研发质量的关键环节，更是保证飞行员空中正常操纵、应急供氧救生安全的盾牌，是飞行员供氧及个体防护设计合理与否的关键依据。

1. 历史创新

自人类早期开始升空探索以来，一百多年的航空发展，前人找到了对抗战斗机高空低压、缺氧与加速度等致命因素的措施，推动了航空应用生理与防护技术的进步。"高空用氧"使人类突破高空缺氧的限制；飞机"增压座舱"的升空飞行，让人们可以在高空较长时间逗留；"加压供氧"技术的应用使人类飞行与作战高度突破平流层飞行的限制；"机载制氧"系统装备高性能战斗机后，极大地减低了飞机对地面支持系统的依赖，使人类环球飞行、连续飞行、远距离飞行成为可能。这是航空应用生理学与航空工程发展史上的四座里程碑。

2. 当代创新

源于战斗机的战术性能进一步提高，使传统的航空应用生理与防护技术产生了飞跃。不同加压供氧总压制条件下的"肺循环气血分流"；具有中国特色的"管式代偿背心—抗G服系统"；满足机载制氧与高过载防护要求的"供氧与抗荷呼吸调节装置"；高空分子筛供氧的"等效生理效应与富氧排氮作用"等学术观点为当代战斗机个体防护技术的发展提供了航空应用生理理论基础，其四大技术成为当代战斗机飞行员个体防护装备的标志。

3. 应用创新

在航空生理的医学保障实践中，"加压呼吸预防加速度性肺不张"；"减低峰值预防迅速减压肺损伤"；"降低减压训练高度，预防高空减压病"；"等效高度生理理论预防高原缺氧"等四个航空生理应用研究的理论创新与运用，呈现了航空应用生理学保障与发展的良好态势。

4. 发展创新

在新一代飞机研发过程中，"无忧虑补偿防缺氧呼吸窒息""科学呼吸预防空中过度换气""创新发展空天一体低压平台""供氧电子调节要求无忧呼吸"，等成为新一代飞机航空应用生理与防护技术的重要支撑。

系列创新研究成果有效支撑了我国近30年所有型号的歼击机、轰炸机、运输机、舰载机、教练机等重大工程的跨代研发，起到了关键且有效的技术支撑。尤其是在新一代飞机飞行员电子呼吸调节器的跨代系统装备研制上，起到了创新研制的推动作用，成效显著。对有关飞行员供氧安全的关键科学技术问题探讨深入、研究分析透彻、手段先进实用、措施可靠得当，有效地避免了在我军出现如同猛禽飞机因机载制氧设计缺陷导致飞行员空中缺氧而坠机问题的发生。

（二）航空防护救生研究现状

1. 火箭弹射座椅

（1）第三代弹射座椅的升级

第三代弹射座椅的升级主要围绕程序控制系统升级、舒适性改进、个性化背带推广等项目展开。程序控制系统升级一方面是由机械式向电子式升级，包括机械式双态控制器升级为电子式程序控制器，机械式单态控制器升级为电子开伞器；另一方面是电子式程序控制系统自身不断升级。舒适性改进主要包括靠背和座垫的改进，其中靠背的改进包括硬质靠背赋形设计、增配仿形靠背软垫和上下可调的腰靠软垫等；座垫的改进包括内衬赋形设计、适当增加厚度及材料改进等。为进一步提高现役背带调节便捷性、改善舒适性，开展了个性化背带优化改进和应用推广工作，目前已能满足第三代弹射座椅的配套需求。

（2）第四代弹射座椅

第四代弹射座椅实现了跨越式发展，通过顶层统一规划、接口统一管理，实现了防护救生装备高度集成；采用惯性测量、多参数多模态电子程序控制及弹射动力可控等技术，具备根据弹射参数主动调节空中姿态的能力，实现了初步的自适应控制，大幅提高了低空不利姿态下的救生性能；通过人机工程学研究，全面提升了装备舒适性；采用基于相对地面高度的开伞控制和高平原通用救生伞，实现座椅高平原通用，满足飞机跨区域作战救生需求；采用模块化、通用化和系列化设计方法，提高了弹射座椅的使用维护性。产品综合性能达到国际水平，部分性能达到国际领先，打造了我国第四代火箭弹射座椅的通用化发展平台。

第四代弹射座椅改进型在充分借鉴已有型号技术优势的基础上，首次采用了电子式指令弹射技术控制前后椅弹射程序，为适应舰载机座舱结构和海洋环境进行了改型，为满足长航时飞行舒适性需求、跨区域作战需求、特殊环境适应性需求、座舱内维护需求等，重点开展了弹射座椅舒适性提升研究、模块化研究和特殊环境防护研究。

2. 个体防护

（1）综合防护服

针对第四代战机对高过载、跨区域、长航时等提出明确需求，研制了FZH-2综合防护服，共7项独立产品，分别是上身供氧代偿防护装置、下身抗荷装置、通风装置、电磁防护装置、抗浸防寒装置、脖式漂浮装置及飞行手套。综合防护服采用一体化设计、组合化使用理念以及大覆盖抗荷设计等技术，实现了供氧抗荷综合防护水平以及舒适性水平的跨代升级，综合达到F-22飞机同等水平。

在降低热负荷措施研究方面，各国飞机状况、技术水平等情况不尽相同，都在发展各自的热防护装备，气冷与液冷方式并存。从服装适体性研究看，美军较早开展了深入的基础研究，并在人体测量与数据分析方面进行了大量工作，其四代机飞行员个体防护服装适体性明显提高。在评价方法方面，目前仍以采用问卷调查的主观评价为主，客观评价方法有待深入研究与应用；美军针对2种全覆盖抗荷服工效性能在地面和试飞中进行了实用性评价，其方法与结果值得我们参考借鉴。国外先进飞行员个体防护服装研制过程中，工效性能愈来愈受到重视，相关研究与装备成果均代表了当前的发展方向。相比之下我国在这方面差距较大，应进一步改进提高相关技术、装备的研究与应用水平。

目前综合防护技术已向在役重点型号飞机推广使用。

（2）综合保护头盔技术

保护头盔发展到今天，已经由过去单一的防护装备发展为集多种功能于一身的综合显示头盔。随着现代航空技术、武器技术的发展，现代飞机座舱成为十分复杂的信息显示系统，飞行员期望能够以简单快捷的方式筛选并正确处理必要的信息，头盔除具备正常的防护能力外，还应对飞行员的战场态势感知和先敌发现能力起到有效的辅助作用，提高主动打击的能力。由此，直接推动了飞行头盔由单纯的保护头盔向综合瞄准显示头盔的发展演变。综合显示头盔除具有保护头盔的基本功能外，其护目镜能显示飞行、导航、瞄准等信息和红外图像。近年来，集防护、通信、显示、跟踪定位多功能于一体的综合显示头盔技术已初见成果。最近，针对第四代战机对超视距作战等任务需求，研制了WTK-4综合保护头盔，已实现双目显示，扩大了视场范围和定位精度。

（3）抗荷、供氧一体化电子调节技术

由于四代机机动能力大幅提高，其过载增长率提升到了6G/s，最大过载为9G，为此，研制了YKX-1椅装式氧气抗荷调节子系统，目前技术状态处于试样阶段，开展了该产品的试样生产。该产品实现了抗荷/代偿/通风/通信的综合一体化管理，以及抗荷代偿气源的大流量、快响应、高精确、高可靠的电驱动调节，实现与氧气调节器协同工作，对飞行员实施抗荷正压呼吸，提高飞行员抗过载耐受能力。

3. 电子技术应用的拓展

随着火箭弹射座椅从第三代跨越至第四代，电子式程序控制技术从速度-高度-时间双态控制发展为多参数输入多模态自适应控制，实现了座椅弹射出舱后的轨迹控制，极大提升了火箭弹射座椅的自适应能力和低空不利姿态下的安全救生性能，也成为座椅先进技术水平的标志。个体防护装备已从多件单一功能装备叠加实现多种防护功能向多功能综合化、模块化、组合化、一体化发展，随着电子技术在防护救生领域上的深入应用，形成了以嵌入式控制器为核心、多种状态参数感受、多任务输出、自适应程序控制、高可靠性高安全性等技术特点的防护救生电子控制技术。近年来，将防护救生电子控制技术拓展应用于航空应急救援领域，形成了过载启动、入水监测、应急漂浮控制、搜索定位等专用电子技术，开展了直升机过载启动装置、直升机应急漂浮控制器、电子开伞器、多功能救援信息终端等装备的研发，显著提升了航空防护救生等相关系统装备的技术水平。

（1）直升机过载启动控制技术

通过实时感受并监控直升机三轴六向过载，当飞机发生水面迫降、碰撞或坠地等紧急事故时，自动识别并为定位系统提供过载启动信号，引导救援装备快速、准确搜救，提高直升机失事后的搜救效率。

（2）直升机应急漂浮控制技术

在直升机出现紧急情况即将落水迫降时，应急漂浮控制器根据位于机腹不同部位的浸水传感器感受到的入水信号自动启动并输出电信号，驱动电起爆器，激发气源装置，给浮囊充气，为落水直升机提供稳定的漂浮能力，保证直升机应急漂浮和人员撤离。

（3）人用电子开伞技术

电子开伞器配装救生伞使用，包装在救生伞包内，封包绳穿过切割器封包，正常飞行时启动装置为插入状态，电子开伞器处于关闭状态。飞机空中出现应急情况需要跳伞离机时，机组乘员在跳伞离机前将电子开伞器启动装置与飞机空中应急出口处的挂点连接，机组乘员跳伞离机后，启动装置拔出，电子开伞器按照预设的时间和高度延时工作后击发切割器，切断封包绳，打开救生伞包。

（4）多功能救援信息终端

多功能救援信息终端对通话、定位、信标功能进行三合一，在飞行员遇险跳伞落地（海）后，多功能救援信息终端通过北斗或 GPS 定位，将报警信息及位置通过手持救生电台发送到 COSPAS 搜救卫星系统，同时电台不断发送 21.5MHz 的信标信号，引导装有定向导航系统的救援飞机前来搜救，飞行员还可以通过手持救生电台与搜救人员通话，便于救生与救援。

4. 试验能力

（1）高精度火箭橇试验滑轨

高精度火箭橇试验滑轨由 3132 米扩建至 6132 米，进一步提升和扩展了火箭橇滑轨试验在高速度、高精度、大过载、大尺寸、大质量等动态环境下的综合模拟能力、气动性能试验能力，实现了火箭橇滑轨试验技术新的飞跃；形成了防护救生、气动减速、武器推进、制导、导航、航空生理医学等航空关键试验技术；向航天、兵器、航海等拓展延伸，服务多个领域，完成了惯导、飞船登陆舱拉伞、多型导弹、制导炸弹、北斗导航等各类试验，逐步建成面向全国、开放共享的重大科研试验设施，推动了由试验应用型向业务服务型的转变。

（2）航空装备高动态大型离心机

建成的航空装备大型离心机，解决了全尺寸防护救生装备耐受加速度的环境适应性能试验验证、加速度下的整体结构强度试验验证以及个体防护装备、抗荷系统的动态性能试验验证手段问题；其灵活的试件在位调节试验吊舱结构形式，方便地实现了各试验轴向调整，也为离心机集成多环境工况和拓展业务服务提供了条件；该设备的建成填补了国内在大转动惯量、高动态航空装备大型离心机领域的空白。

（3）动态冲击模拟试验系统

在原有加速碰撞式动态冲击试验台的基础上，补充完善了基于液压伺服主动控制的动态冲击模拟试验系统。新的试验系统具有能量高、负载大、波形控制精度高、重复性好、自动化程度高、使用方便快捷等特点；系统能力符合 FAR 25、SAE AS 8049、GB15083、ECE R17、SAE J211 等标准法规中的相关方法和要求。主要用于军民用飞行器及机载设施、汽车安全件领域，模拟碰撞所产生的动力学过程，解决产品在应急着陆、坠撞、撞击等动态载荷作用下，带来的一系列涉及结构完整性、乘员生理损伤及其他安全问题的试验验证。

（4）军用伞装备基础条件

实现了气动炮降落伞综合试验能力的扩展，为各类伞产品的动态性能提供了更好的验证平台；测试指挥、姿态测量、弹道测试以及特性测试等系统解决了离机阶段、开伞动载情况下和在飞行过程中降落伞的影像、摆动情况、飞行轨迹、速度、加速度等参数的测量以及定位搜寻功能，提升了轨迹、姿态的测量、细节实况记录、分析判断能力和试验过程数据获取能力。

（5）试验测试基本条件

已在试验场初步形成了进行防护救生弹射试验、伞塔投放试验和兵器高动态火箭橇试验的完整的遥存一体化测试能力，以及过程全覆盖影像记录、轨迹测试分析的能力。

二、国内外发展对比

（一）航空生理研究创新促进个体防护技术发展

《纽约时报》报道，自从 F-22 服役以来，飞行员总共经历过 21 次无法解释的缺氧现象。发生坠机的损失不仅是飞机本身的数亿美元，还有厂家装备改进和给死者家属赔偿数千万美元，更可怕的是产生的负面影响严重影响飞行员的士气，波及全世界。因此，将"事故隐患"消灭在试验室，意义重大，产生的潜在社会与经济效益难以估量。

航空人体生理试验是确保防护装备研发质量的重要关口，也是保证飞行员空中正常操纵、应急供氧救生安全的盾牌，更是飞机环控与供氧及个体防护设计合理与否的关键环节。科学合理的生理学要求是促进飞机环控和氧气系统技术提升的目标。通过系统的人体生理试验与分析，充分暴露供氧装备系统设计缺陷，这对保证高空飞行安全具有重大意义。机载制氧与供氧生理学研究促进了我国高性能战斗机远程供氧技术进步，其水平与应用范围步入国际前列。我国航空生理试验室创建了模拟机载设备的引气分布、变压吸附的氧气浓缩、肺式供氧呼吸调节至供氧面罩参数测试与评价体系。通过系统剖析与传统氧源的区别，揭示了机载分子筛制氧供与求矛盾呼吸生理参数的变化规律，获取了宝贵的试验数据，暴露了影响供氧安全与效率的设计缺陷。通过航空生理理论分析、改进设计与试验验证，为完善各型飞机机载分子筛制氧系统性能提供了关键的科学依据。

通过模拟试验分析高空飞机座舱迅速减压和应急供氧生理效应，我国航空生理试验室的研究弥补了在实际高空试飞中至今无氧气分压和生理测试数据的缺憾，为评定各型个体防护装备提供了唯一的依据。基于多人同步和异步呼吸动态生理需求，制定了生理试验研究项目规范与方法，这有重要的实用价值。

针对国内外飞机机载制氧系统故障的问题，利用试验平台模拟飞机机载分子筛制氧引气故障现象对飞行员呼吸的影响，试验发现一旦飞机发动机引气压力低于 0.08MPa，呼吸气阻力剧增，由 60mmH$_2$O 增至 300mmH$_2$O 以上；供氧流量骤减，由 44L/min 降至

2～5L/min，出现窒息现象。明确了密闭系统供氧流量和压力下限范围，奠定了机载分子筛制氧飞行员"无忧虑"呼吸的生理理论基础。依据密闭系统供氧流量和压力下限范围，提出了新机机载制氧与供氧系统"三种氧源（分子筛富氧、备用氧和伞氧），三种自动转换（引气压力低、监控器氧分压低限和座舱高度超过生理学阈值，系统自动转换备用氧）和两处流量缓冲（浓缩器储压罐、管腔扩容缓冲），两步供气补偿（调节器防窒息、空气活门补偿）的飞行员无忧虑呼吸备份与补偿"的理念、生理要求和空中降级使用性能考核方法，有效地避免了如F-22飞机机载分子筛制氧故障导致飞行员"窒息"的事故，提升了我军飞行员高空飞行作训、保障和应急供氧安全的防护救生能力（表1），推进了各型歼击机、舰载机、轰炸机、运输机和教练机机载分子筛制氧工程的技术进步，制订了国家和军用标准。有效促进了我国航空氧气装备技术发展，提升了我军远程飞行供氧能力，加大了飞机作战半径，提高了我军高空、海域远程飞行供氧保障水平。从世界各航空发达国家应用机载分子筛制氧技术情况看，机载制氧供氧生理保障的技术水平和推广应用机种的范围位于世界前列（表2）。

表1　与美国F-22猛禽飞机机载制氧事故／件分析比较

国家 项目比较	中国	美国（F-22猛禽）
发生空中缺氧事故／件	无	有，媒体报道F-22有25次
供气不足反应	有	有
采取改进措施	有效	高空飞行多次曾被暂停、停飞
全系统生理试验考核	有	无
停止飞行情况	个别架次调整	曾多次停飞、限飞

表2　世界各国机载分子筛制氧技术应用情况

国家 机种	美国	中国	英国	法国	俄罗斯	日本	印度
歼击机	应用	应用	应用	应用	部分应用	无	无
轰炸机	应用	应用	无	无	无	无	无
歼轰机	应用	应用	无	无	无	无	无
舰载机	应用	应用	应用	无	无	无	无
教练机	应用	应用	—	—	—	应用	
直升机	部分应用	在研	—	—	—		

　　此外，通过大量航空生理实验室和海上人体生理实验，研究提出了飞行员一体化防护

装备及供氧面罩防窒息活门生理要求，为解决战斗机飞行员空中防窒息和水上救生防溺水的难题提供了实验数据。根据实战化训练恶劣条件下飞行员防护救生的要求，着眼高空飞行氧气耗尽、水上救生落水昏迷等实战状况，通过航空生理实验室和海上人体生理试验研究了不同阻力防窒息活门通气特性对人体生理影响，明确了防窒息活门主要技术参数与人体耐受时间的关系，建立了防窒息活门生理评价方法，为提升飞行员高空飞行和水上救生呼吸安全的救生能力提供了航空医学依据。

（二）航空救生与个体防护发展现状

1. 火箭弹射座椅

（1）国外发展现状

国外弹射座椅的主要研究方向是提高在飞机各种不利飞行姿态下的救生性能和对高速气流吹袭的防护能力。通过采用推力向量可控、推力大小可调的火箭、可控推力的弹射筒、数字式飞行控制和先进传感器技术，使弹射座椅具备自适应能力。

为了适应新型战斗机如 F-22 的需求，对 ACES-II 型弹射座椅进行了改型设计，优化了程序控制系统，实现了以连续可变的多种模式控制和自检、容错、弹射数据记录等功能；改进了座椅稳定系统和座椅结构，扩大了乘员使用范围，降低了最低安全高度。随着新一代战斗机性能的提高，美国空军于 2016 年对飞机适航要求进行了重新修订，柯林斯航空公司也根据新标准推出了新一代弹射座椅 ACES 5，这是美国政府批准的唯一一种符合美国空军 MIL-HDBK-516C 标准的新一代弹射座椅（NGES），具有以下特点：头靠高度可自动调节，无须利用系带和充气件就能为乘员提供头颈部防护；被动的四肢约束防护，其被动防护性能卓越；稳定伞系统也有所改进，座椅的高速稳定性得到了优化，从而降低了其弹射后的俯仰运动带来的潜在损伤风险。ACES 5 座椅还采用了已验证的射伞技术和现代化的 ACES 座椅程控器，兼容性强，多态弹射性能卓越，前、后方视界均有所改善，乘员舒适性大大增强，脊柱损伤率降低至 1%。与 ACES II 座椅相比，ACES 5 座椅的安全性有了显著提升，同时成本大幅降低。美国空军已计划采购 ACES 5 弹射座椅作为下一代弹射座椅，并计划将其直接装至 B-2 轰炸机上。该座椅还入选美国空军所有 T-X 项目计划，可能会成为美国第五代战机的主要救生装备。

英国为了适应第四代飞机弹射救生装备的需要，不断开展新技术的开发应用。MK16E 型弹射座椅是所有 F-35 战斗机系列的标准座椅，在安全离地高度极限、生理过载极限、飞行员登机重量和人体乘坐范围之间具有最佳的协调性，完全满足 F-35 战斗机救生系统的要求，飞机在 STOVL 模式下时飞机上的传感器可触发自动弹射。座椅上安装有向飞机数据总线反馈信息的作动机构编码器，座椅根据头盔显示器传送的信息自动调节。座椅安装了自适应式推进系统，该系统专门针对当前的弹射情况（如飞行员的登机质量、弹射速度、飞机的飞行高度）进行工作。FAST 微机程序控制器用于连续感应当前的弹射状态，从而对座椅的弹射姿态进行调节以适应座椅的弹射。由于体重较轻的飞行员在弹射过程中存在颈部损伤的危险，2017 年，对 F-35 的弹射座椅进行了改进，解决了飞行员重量受限的问题。马丁·贝克是第一家对头颈防护装置进行研发和鉴定的公司，早在 2005 年就已开展此项工作，十几年间，为此进行了大量的弹射试验，目前已经在 MK 18 座椅上使用了第三代颈部防护装置。马丁·贝克公司研发出了采用新技术的先进程控器和新型降落伞，用于新型 MK 18 座椅及配装 F-35 闪电 II 联合攻击战斗机（JSF）的 US 16E 弹射座椅，新型程控器不仅优化了降落伞的开伞时间，而且有五种工作模式，程控器通过一组复杂的数学模型、计算和测量来确定降落伞的最佳开伞时间，以确保系统控制的安全性最佳。

俄罗斯星星联合体于 1994 年成功研制的部分具备第四代弹射座椅初步自适应能力特征的 K-36д-3.5 型"三代半"座椅，采用了先进电子程控技术，从飞机总线引入弹射瞬间飞机的高度、真速、表速、动压、下沉率、横滚角、横滚角速度，然后根据预先设定的 50 种模式来决定各执行机构的工作，大大地提高了低空不利姿态下的弹射救生性能。在 2015 年的莫斯科航展上，星星公司首次展出了与苏 -57 相配套的 K-36Д-5 弹射座椅，结合现代飞机的性能，该公司设计五代机的应急离机设备时考虑了如下几点要求：提高极限状态（最大高度、速度和马赫数）和超机动状态下的救生概率；降低最低安全弹射高度，尤其是在俯冲或者倒飞时尤为重要；提高弹射防外伤安全性以及飞行员工作舒适性的要求；扩大飞行员体重指标范围；减轻座椅重量并缩小座椅外形尺寸。另据俄网站 2019 年消息，俄为未来轰炸机研制弹射座椅的工作正处于详细设计阶段。

1）火工动力技术。为提高低空、低速、不利姿态情况下的安全救生性能，需要对弹射离机后的人椅系统姿态实施主动控制。美国在 ACESII 与 ACES5 座椅上采用了 STAPAC 稳定控制系统来进行分离后的俯仰控制，通过机械式摆动喷管方向来控制推力方向。美国正在研制多轴探针姿态控制（MAXPAC）系统，通过改进的俯仰控制以及增加的偏航和横滚控制来减少 ACES 座椅的伤亡，MAXPAC 系统是三轴稳定系统，通过喉栓式矢量控制技术控制四个喷管的推力大小来提供俯仰、偏航和横滚控制。俄罗斯苏 -35 飞机 K-36Д-3.5 座椅的主火箭具有喷管摆动的功能，能根据成员的大、中、小体重对喷管进行三档推力调节。以美国为代表的北约国家和俄罗斯都制定了庞大的贮存寿命预估计划。随着传感器和电子技术的发展，基于微机电传感器（MEMS）的发动机健康监测系统从技术上具备了可行性，利用基于光、声、磁等频谱技术的新型固体推进剂无损检测技术也在持续发展中。

2）救生伞技术。目前国外新一代弹射救生系统救生伞的典型代表是配装 F-35 战机 MK16E 弹射座椅的 IGQ6000 气动锥型救生伞、配装 ACES 5 弹射座椅的 GR7000 型救生伞、配装俄罗斯苏 -57 飞机 K-36д-5 弹射座椅的 лсу-36-5 救生伞等，这些救生伞代表了目前国外弹射座椅配套救生伞的世界先进水平。目前国外所配套使用的各型救生伞重点考虑平原救生，几乎不具备高原救生性能。

3）高超声速临近空间飞行器救生技术。敞开式弹射座椅用于高超声速临近空间飞行器的救生，以美国罗克韦尔国际公司研制的X-15弹射座椅和苏联星星公司研制的K-36RB弹射座椅最为典型。另外，20世纪50～60年代出现的密闭式弹射座椅和分离座舱具有经过改进后用于高超声速临近空间飞行器救生的可能性。

（2）国内外发展对比

受国内基础研究不足等因素制约，我国第四代火箭弹射座椅仍有一些需提高和待解决的问题，如多模态程序控制未进行反馈设计，其多模态的控制并非对所有低空不利姿态都是最佳选择，未达到智能化自适应控制；基于生命危险程度评估和弹射救生控制技术之间的关系、控制规律和动力的推力矢量与人体生理指标的问题研究还不够；高速气流情况下的人椅系统的稳定控制技术、人体头颈部和四肢的防护技术、弹射救生用信号传输和储存、传输时间滞后对弹射救生的影响，长航时带来的疲劳问题的解决等都需要研究。

1）火工动力技术。对比国外矢量推力技术的发展，弹射火箭的推力矢量控制技术的集成化、智能化、小型化的需求愈加迫切，动力系统在矢量推力方案、智能点火系统、自适应控制方法等方面具有较大的差距。我国的寿命预测方法技术相较于国外还有较大差距。目前尚未对救生弹药的寿命预估进行系统的工作，仅按照型号研制要求进行弹药寿命设计工作，对于后续的弹药健康监控及其寿命的预估，没有开展相应的关键性能数据梳理、寿命统计平台的建立和相关关键技术的攻关，与国际领先水平差距十分明显。

2）救生伞技术。我国十分重视高原救生研究。由于救生伞具有着陆速度、开伞过载随高度增加而增大的特性，所以我国第三代弹射座椅救生伞分为平原型和高原型，从第四代弹射座椅开始专门研制了高平原通用救生伞。国内现役平原救生伞主要有配装HTY-5型系列弹射座椅的JSS-15B型救生伞，配装HTY-6/7型系列弹射座椅的JSS-16B型救生伞和配装HTY-8型系列弹射座椅的JSS-18型救生伞，高原救生伞主要有JSS-17B/JSS-17C型救生伞。与国外相比，目前国内救生伞体积偏大，在低空小速度快速开伞性能、操纵性、维修性及数值仿真技术等方面有待进一步提高。

3）高超声速临近空间飞行器救生技术。针对高超声速临近空间飞行器救生技术，国内分别以茧包式弹射座椅和分离座舱为研究对象，均刚开始涉足预研，技术成熟度低。

2. 个体防护

（1）国外发展现状

美军提出第六代战机总体要求，将与飞行员装备技术相关的 Warning and Situational Awareness（警告与态势感知）、Data Fusion（数据融合）、Human System Integration（HSI）（人机系统集成）等16项技术列为关键技术，包括全息波导显示技术、三维立体声技术、眼球转动控制瞄准跟踪技术、飞行姿态触觉告警技术、穿戴式智能元件用于操作控制系统、飞行员集成智能生命保障系统（SAILSS）等技术。

美国航空航天局开展了HPM（human performance modelingproject）项目，建立了飞行

员数字人模型，主要对执行复杂任务、训练有素的飞行员的操纵过程进行仿真建模，基于 ACT-R 认知体系构建了飞行员飞行认知和操作模型，可对机场地面滑行操纵问题和综合视景系统进行工效学监控和研究。

英国 BAE 系统公司正研究"可穿戴式驾驶舱"，使用"眼动追踪""触觉反馈"等技术，去掉了驾驶舱的许多物理部件，代之以通过头盔投射的虚拟显示。飞行员的操作指令可通过眼神或手势发出，从而可使飞行员能够快速访问、评估和处理关键信息，这对应对未来作战至关重要。

美国在高过载、应急供氧、飞行态势感知及飞行疲劳管理基础研究方面走在世界前列，美国空军未来二十年必须重点关注的关键科学与技术领域的构想中（技术地平线计划），提出飞行员生命保障技术的两个关键领域是：一是增加自主性和自主系统的应用；二是提升人员效能，实施主动智能防护。

（2）国内外发展对比

对标国外防护救生技术的发展现状以及国内现役及在研飞行器平台的能力需求，国内防护救生技术仍存在研究不足。

防护功能不够精确和全面。在防护救生技术领域，国内仍然以通用生理卫生学要求作为基本控制目标，不能根据飞行员个体的生理耐限进行差异化的精确控制，存在欠防护与过防护的问题。受当前生理特征感知与预测技术的限制，尚不能对飞行员在复杂环境下的感知能力丧失进行预警和预先防护。

加速度防护、头颈部损伤防护、脊柱损伤防护、心理负荷防护等尚不能满足飞行器平台对防护救生能力的需求。

人机综合能力不足。以飞行员为中心的防护救生系统与飞行器平台仅存在信号与接口的耦合关系，在功能层面上相对独立，缺少系统性的综合。表现在：基于防护救生系统的飞行员态势感知与增强，对危险态势的快速评估以及弹射预警，自动弹射救生，基于飞行员语音、手势、眼动、生物电流等信号的控制等应用尚处于起步研究阶段。

三、我国航空生理与防护救生发展趋势与对策

（一）发展趋势

从飞机的发展趋势以及对航空人体环境生理、防护救生航空人体环境生理、防护救生综合控制的要求来看，航空人体环境生理要求不断提高，防护救生系统的功能在不断完善，性能在逐步提高，应用的范围也在不断扩大。从装备发展来看，发展救生与人工智能集成的智能弹射座椅装备、防护与人工智能集成的飞行员智能穿戴装备是未来防护救生装备发展的主要趋势；从防护救生技术发展来看，发展方向主要是人性化、智能化、综合化和多元化。

未来飞行器超高空天战术变化使航空人体环境生理与防护显得更为重要,超高空、远航程、长时间综合防护是未来发展趋势:①全球战略机载制氧应提高纯级;②供氧调节智能要求应呼吸随意;③个体装备全程防护应防核生化;④落水应急供氧装备应防止窒息等,确保未来飞行员供氧防护装备人性化、智能化与安全性。

1. 人性化

在飞行员个体防护救生装备设计过程当中,力求体现"以人为本"的人性化设计理念,通过对飞行员个体行为习惯、人体生理结构特征、环境防护要求、心理情况和思维方式等开展研究,建立飞行员供氧抗荷个体防护救生装备工效学评估方法和手段,在满足飞行员供氧抗荷个体防护救生设计基本功能和性能的前提下,对飞行员个体防护救生装备进行优化设计,争取尽可能满足心理、生理需求。通过对"人性化"因素的关注,赋予飞行员个体防护救生装备"人性化"的品质,增加飞行员个体防护救生装备人性化设计的要素和人因评价规范,提升部队使用的满意度。

2. 智能化

高度智能化是未来飞行员防护救生系统最重要的发展趋势,不仅仅是自身性能的需要,也是适应航空装备智能化、人机融合、全面提高综合作战效能的需要。高度智能化首先体现在感知能力上,能感知飞行员生理与行为、座舱内外环境和飞机状态等信息;其次,体现在决策能力上,能通过一体化信息融合与综合控制平台,基于自主控制等级与控制逻辑、策略数据库和机器学习,自动推理、演算及预判,制定人机分配、信息推送、感知提示、行动响应等决策;最后,体现在人机交互能力上,能通过视觉、听觉、触觉、语音、手势、眼动追踪、脑机接口等多种认知和交互通道综合与分配,增强飞行员态势感知和全面、精确、快速决策响应能力。

3. 综合化

高度综合化的设计思想贯穿整个飞机的研制过程,从航电综合到机电综合,再到能量综合,综合化程度不断提高。飞机座舱作为有人驾驶飞机的指挥和控制中枢,是整个飞机综合作战效能的集中体现,因此,综合座舱的概念一直得到广泛的重视。

防护救生系统作为综合座舱的重要组成部分,不可能独立于整个高度综合化的潮流之外。以F-35飞机为例,其配套的MK-16E弹射座椅是整个防护救生系统的核心,是起生命保障系统、弹射救生系统、火控系统(头盔显示瞄准系统)等系统综合化的载体,主要体现在对所有的与飞机的接口(包括机械接口、电气接口、各类气路等)进行统一设计和统一管理,将头盔显示瞄准系统的头部跟踪定位装置与座椅的头靠进行一体化综合设计,将头盔的气动外形、颈部防护与座椅的高速气流吹袭防护装置进行一体化综合设计等方面。

不仅如此,欧美已经开始研制基于触觉态势认知系统(TSAS)和虚拟驾驶舱优化技术(VCOP),这两项技术都是在飞行员个体防护系统上增加了新的功能,在提高作战效能的同时，也增加了飞行员的负荷。如果用高度综合化的思想，可以将部分部件安装在座椅上，将可以大大降低飞行员的负荷。由此可见，在未来人机交互高度智能化发展趋势下，防护救生系统必将与更多的飞机系统进行高度综合化的设计。

高度综合化还体现在信息融合方面，即构建防护、救生及人机交互一体化信息融合与综合控制平台，实现任务统一调度、资源合理分配、集中管理、系统维护方便的功能，减轻系统装机重量。

4. 多元化

防护救生技术发展到今天已经从单一的服务航空发展到满足陆、海、空、天多层次领域的需求。功能上从简单的防和护发展到防、护、救有机融合；救生模式从早期的爬出座舱跳伞救生发展到主动弹射、适坠以及迫降撤离等；技术途径上从简单的弹道式抛射发展到密闭式分离座舱、敞开式弹射、火箭牵引等；飞行员装备不仅要在航空恶劣环境下对飞行员进行保护，保障其基本生存能力，还要与武器装备交联，对架构开展模块化、一体化设计，并进行高度集成。总之，防护救生技术已经呈现出了多元化的发展态势，随着人类活动范围的不断扩大，这种多元化在未来将会更加显著。

（二）发展对策

突出航空防护救生领先创新体系建设主线，发挥科技创新主体作用，以行业实体化运行为方向、以信息化能力提升为关键，以人体生理心理防护救生需求为准则，推进数智转型，变革运行体系，创新激励机制，实现产能升级，切实提高"满足防务"能力。

1. 创新驱动，建立航空强国领先创新力

贯彻落实科技兴国，航空防护救生驱动创新要求，坚持领先创新在行业发展全局中的核心地位，形成行业创新体系，开展基础性、前瞻性、探索性技术研发，加速科技成果转化及产业化。

强化预研技术储备。策划一批全面带动技术创新的重大系统级项目，推动人工智能、大数据、物联网、5G、量子等新兴技术在公司产品中的应用研究。深入实施"航空装备自主可控工程"，切实解决"卡脖子"问题。

改进科技项目组织管理方式，鼓励科研人员敢提新理论、开辟新领域、探索新路径，鼓励技术负责人特别是青年人"揭榜挂帅"；围绕领先创新力建设设立"科技创新奖"，重奖在技术突破、市场开拓、降本增效等方面勇于担当、业绩突出人员，进一步加大创新型人才激励力度。

2. 深化融合，构建可持续发展产业体系

显著提升防护救生产业系统整体效能，核心技战术指标达到或接近世界一流，产品谱系及应用领域基本实现对军用市场的全覆盖。

开展产业布局优化调整。以"中心＋基地"为目标，逐步实现供应链整合、产业链融

合和价值链重塑，由防护救生专业研发中心统帅，引领和推动航空制供氧、个体防护救生系统设计、生产和集成创新。

3. 数智转型，全面加强信息化建设

遵照"数智航空"规划体系和机载"核心能力数字化转型"要求，按照行业"顶层规划，分步实施、均衡发展、保持特色、强化基础、承载应用、技术赋能，数据驱动"的原则，全面推动数字化转型。

4. 谋划长远，持续加强基础条件建设

根据"十四五"防护救生专业的需求和发展目标，聚焦防护救生核心主业发展，突出价值创造，对焦存在问题，以任务需求为牵引，在"十四五"固定资产投资指导思想和后续出台的科目、投资政策指引下，结合"十三五"期间固定资产建设项目投资建设的经验，通过多科目、多渠道，开展多型号多任务的研发条件、通用研发条件、关键基础产品等不同科目项目的规划立项和建设，提供研发条件建设方面的资源保障。

5. 不断壮大优秀人才队伍

进一步充实核心主业人才队伍，以创新中心为平台加大人才引进力度，不断提高科技人员比例；充分发挥行业首席技术专家等领军人才的核心统领作用以及科技创新骨干人才的主体作用，完善专家队伍的培养和评聘机制；聚焦型号生产任务，进一步健全完善技能人才工作政策制度；持续推进"三定"工作，优化人员结构。

参考文献

［1］肖华军. 航空供氧防护装备应用生理学［M］. 北京：军事医学科学出版社，2015.

［2］肖华军. 航空应用生理与工程的整合创新［J］. 中华航空航天医学杂志，2017，28（02）：120.

［3］肖华军. 战斗机高空供氧防护系统的研究进展［J］. 中华航空航天医学杂志，2002，13（3）：214-217.

［4］肖华军. 未来战斗机飞行员供氧装备与呼吸生理研究趋势［J］. 中华航空航天医学杂志. 2010，21（4）：305-309.

［5］肖华军，袁修干. 飞行环境综合因素对飞机氧气装备供氧参数的影响［J］. 北京航空航天大学学报，1997，23（5）：586-589.

［6］肖华军，刘晓鹏，丁立，等. 战斗机飞行员机动飞行时呼吸不适反应的调查与研究［J］. 中华航空航天医学杂志，2008；19（3）：181-185.

［7］Xiao Huajun. The physiological requirement on the concentration of aircrafts' oxygen supply equipment［C］// Proceedings of 29th SAFE Annual Symposium. Las Vegas, Nevada：SAFE Association, Nov 5-8, 1991：192.

［8］Xiao Huajun. The physiological requirement on the concentration of aircrafts' oxygen supply equipment［C］// Proceedings of 29th SAFE Annual Symposium.Las Vegas, 1991, Nevada：SAFE Association, 1991：192-194.

［9］Xiao Huajun, Zang Bin, Liu Xiaopeng. The Denitrogenation by Breathing Oxygen-rich Gas to Prevent Altitude Decompression Sickness［J］. Chinies Journal of Applied Physiology, 2012, 28（6）：568-571.

［10］苏炳君. 现代火箭弹射救生技术概论［J］. 航空工业出版社，2014.

［11］苏炳君. 弹射救生技术的回顾与展望［J］. 环球飞行，2013.

［12］苏炳君. 亚高原地区弹射救生控制技术研究［J］. 中国工程科学，2007.

［13］张立辉，耿喜臣，李毅峰，等. 飞行员个体防护服装工效性能研究进展［J］. 中华航空航天医学杂志，2017.

［14］金朝. 男女受试者 +Gz 耐力差异的载人离心机试验研究［J］. 中华航空航天医学杂志，2013.

航空材料技术学科发展报告

一、引言

航空材料是我国国防建设、国民经济建设不可或缺的战略性关键材料，也是世界各国发展高新技术的重点。航空材料泛指用于制造飞机、直升机和发动机等航空产品的材料，主要包括金属材料（高温合金、钛合金、结构钢与不锈钢、铝/镁合金等）、复合材料（树脂基、陶瓷基、金属基等）、非金属材料（橡胶与密封材料、透明玻璃等）、功能材料（隐身材料、隔热材料、减振降噪材料、电子材料等）、涂层材料（抗氧化涂层、热障涂层、封严涂层、耐磨涂层、防腐涂层等），材料牌号多达几千种。其中，航空材料重点产品包括铸造高温合金叶片、粉末盘、钛合金机匣、钛合金锻件、透明件、弹性轴承等半成品和零部件。

航空材料技术是航空工业发展的关键技术，其研发和应用水平反映了一个国家的综合实力和整体科技水平。"一代材料，一代装备"是对航空装备与航空材料相互依存、相互促进紧密关系的真实写照。航空装备具有严酷的使用条件和高可靠的应用需求，因此航空材料具有轻质、耐高温、高强和耐久性的特征。而且，结构设计总是把材料用到"极限"，这就要求航空材料还必须具有"极限"应用的特征。

航空材料与经济社会互促共进、协同发展。《中华人民共和国国民经济和社会发展第十四个五年规划和 2035 年远景目标纲要》中多处与航空材料领域相关，如将高端新材料、航空发动机纳入国家制造业核心竞争力提升的重点领域。航空材料作为新材料的试验田，是实现富国强军的基础，对材料、设计和制备、制造、检测、试验、服务保障技术等多行业的技术进步和经济发展具有很强的辐射带动作用，为人类文明进步和社会可持续发展不断注入新活力。因此，航空材料除了推动武器装备更新换代以外，还牵引国家新材料产业发展。

本报告从学科发展的角度，总结和评述我国航空材料技术发展现状，对照国际先进水平，比较评析国内外发展情况，查找国内的差距和不足，以及对我国航空材料发展的启示，并提出本学科未来一段时间的发展策略建议。基于航空装备需求牵引和航空材料技术推动两个方面，同时考虑与其他专题报告的界面划分，本报告重点从高温合金（含高熔点金属间化合物）、钛合金（含 Ti-Al 系金属间化合物）、铝合金、结构钢和不锈钢、透明件、橡胶密封材料、涂层共七个方面进行分析研究。

二、我国航空材料技术发展现状

随着航空装备的发展，我国航空材料经历了从引进、跟踪仿制、改进改型到自主研制的不同发展阶段，到目前为止，已基本形成了比较完整的航空材料研制、应用研究和批生产能力，成功研制出一批较为先进的材料牌号，制定了一批材料验收、工艺及检测标准，在很多技术领域达到或接近国际先进水平，为航空装备的发展做出了重要贡献。

（一）高温合金

1. 铸造高温合金

铸造高温合金包括等轴晶、定向凝固柱晶和单晶高温合金。

在等轴晶铸造高温合金方面，复杂结构件合金及结构件制备技术取得进展，研制出了 800℃涡轮机匣用 K439B 合金，突破了预旋喷嘴制备技术；细晶叶轮精密铸造技术成熟度进一步提升，细晶叶轮达到国外实物水平；开展了双性能盘精密铸造技术、微晶铸造技术的探索研究。

定向凝固柱晶高温合金（以下简称"定向高温合金"）与等轴晶铸造高温合金相比，由于消除了与主应力轴相垂直的横向晶界，具有良好的中、高温蠕变强度和塑性以及优良的热疲劳性能，在航空发动机上广泛用于涡轮工作叶片和导向叶片。我国定向高温合金已发展到第三代，其中 DZ4、DZ22、DZ125、DZ417G、DZ640M 等第一代合金已在现役航空发动机上成熟应用，第二代 DZ406 合金已应用于先进航空发动机，第三代合金处于实验室研究阶段。

单晶高温合金是在定向高温合金基础上发展而来的，由于消除了晶界，合金的综合性能和承温能力进一步提升，已成为先进航空发动机涡轮叶片的首选材料。我国相继发展了四代单晶高温合金。其中，具有自主知识产权的第二代单晶高温合金 DD6 已在军民用航空发动机上获得广泛应用，DD5、DD432 在航空发动机上也有一定应用；研制出第三代单晶高温合金，其中具有自主知识产权的 DD9 力学性能水平优于或相当于国外同代商用合金，且因其含 Re 量低而具有低成本优势。近年来，进一步提升了第二代单晶高温合金的技术成熟度，研制出了大尺寸第二代单晶高温合金双联涡轮导向叶片，突破了小尺寸第二代单晶高温合金多联涡轮导向叶片制备技术；开展了第三代单晶高温合金应用技术研究，突破了第三代单晶高温合金双层壁超冷涡轮叶片制备技术，正在进行航空发动机试车考核；此外，开展了第四代单晶高温合金的预先研究和第五代单晶高温合金的探索研究。

2. 粉末高温合金

粉末高温合金用于制造航空发动机涡轮盘、封严盘和挡板等热端部件。国内相继发展了四代粉末高温合金。第一代高强型粉末高温合金 FGH95、FGH97 等，使用温度不超过650℃；第二代损伤容限型粉末高温合金 FGH96 等，使用温度为 750℃。第一代和第二代粉末高温合金已获得广泛应用，相对比较成熟。近年来，第二代粉末高温合金的纯净度得到进一步提升，技术成熟度不断提高；第三代高强损伤容限型粉末高温合金 FGH99 等，使用温度可达 800℃，开展了应用技术研究，突破了双性能盘、双辐板盘的制备技术，正在进行双性能盘试车考核；第四代粉末高温合金是在第三代粉末高温合金的基础上，通过成分调整和工艺优化获得更高的工作温度，使用温度可达 850℃，开展了预先研究，环形件在商用发动机中通过了初步考核。

3. 变形高温合金

我国变形高温合金牌号近百种。耐 650℃的 GH4169 合金是我国用量最大的变形高温合金，已突破了三联纯净化熔炼技术、镦拔开坯 + 径锻成形技术，合金的纯净度和组织均匀性得到了显著提升，用于制造航空发动机涡轮盘。近年来，研发了具有更高使用温度的合金材料，包括 700 ~ 750℃用 GH4169D、GH4720Li、GH4730 和 GH4065A 合金，以及750 ~ 800℃用 GH4151 合金。其中，700℃盘件用 GH4169D 合金在多个型号中选用；突破了 700℃以上盘件用 GH4720Li 合金冶炼及大规格棒材开坯锻造技术，并进行了涡轮盘的初步考核验证；突破了 800℃盘件用难变形高温合金 GH4151 冶炼、挤压开坯及盘件锻造成形技术。此外，还开展了变形高温合金返回料再生利用技术研究，研制的环形件已通过了试车考核。

4. 高熔点金属间化合物

为了满足高推重比 / 功重比航空发动机的需求，发展了 Ni-Al 和 Nb-Si 等高熔点金属间化合物。我国已成功研制承温能力可达 1100℃的 Ni_3Al 基金属间化合物材料，其中定向柱晶 IC6 和 IC10 等已大量应用于航空发动机。近年来，研发了承温能力更高的单晶 Ni_3Al 基和 Nb-Si 基金属间化合物，如 1150℃级的 IC9 和 IC21、1200℃级的 IC16 和 IC32、1200 ~ 1250℃的 Nb-Si 材料，IC9 和 IC21 正在进行试车考核。还研制出了具有定向结构的Nb-Si 材料空心涡轮叶片样件。

（二）钛合金（含 Ti-Al 系金属间化合物）

在飞机结构用变形钛合金方面，中强、高强高韧钛合金材料和应用技术已比较成熟，损伤容限型钛合金材料和应用技术也趋于成熟。损伤容限型钛合金 TC4-DT 和 TC21 已成熟应用在先进飞机上，TC4-DT中强损伤容限型钛合金已实现投影面积5.2m^{2}大型锻件的整体化成型，并批量稳定供货。高强高韧TB6钛合金已大量应用于各型直升机旋翼系统和机体结构。1030MPa级TC16钛合金紧固件、1138MPa级TC4钛合金紧固件以及1300MPa级超高强TB8钛合金紧固件已装机应用。具有我国自主知识产权的1350MPa级超高强韧钛合金已完成材料研制，即将进行装机考核与装机试用；正在进行1500MPa级超高强中韧钛合金的材料研制与中小规格制件应用研究。此外，还开展了高性能低成本钛合金技术研究，并大力发展短流程加工和返回料再利用等钛合金低成本化技术。

在航空发动机用变形钛合金方面，我国航空发动机用500℃及以下的高温钛合金牌号众多，已成熟应用于航空发动机的风扇及压气机叶片、轮盘、机匣、燃烧室筒体等结构件。随着我国钛合金研发水平的提升，近年来，研发了500℃以上的系列高温钛合金材料，例如，550℃的TA32钛合金，600℃的TA29和TA33钛合金，650℃的Ti65钛合金，TA32钛合金筒体及Ti60（TA33）整体叶盘已应用于先进航空发动机。钛合金整体叶盘技术成为先进航空发动机研制的关键材料技术，对TC17、Ti60钛合金整体叶盘开展了大量的应用研究和考核验证试验。为应对钛火隐患，我国开展了500℃（TB12）、550℃（TF550）两个耐温级别的阻燃钛合金研究，TB12钛合金机匣通过了强度试验考核，同时在持续开展阻燃性能评价和防钛火技术研究。

在飞机和发动机结构用铸造钛合金方面，开发出了中强、高强、高温等不同系列先进铸造钛合金。典型的中强度钛合金ZTC4、ZTC4ELI、ZTA15的比强度高、抗腐蚀能力强、断裂韧性优于锻件，具有良好的综合性能，可在300～500℃以下长时使用，同时具有优异的铸造性能和焊接性能，可实现1500mm以上大型薄壁复杂异形结构件的整体成形，主要用于飞机机体框梁结构、发动机承力结构等复杂关键/重要承力结构件，可满足飞机长寿命高可靠性的要求。目前ZTC4材料性能数据较为全面，已实现大量应用，技术成熟度达到7～8级，典型应用部位包括飞机受油管、百叶窗、曲柄以及发动机机匣等。ZTC4ELI和ZTA15技术成熟度为6～7级，飞机后机身关键承力构件采用了ZTC4ELI精铸件，机翼支臂、挂点支座采用了ZTA15精铸件。航空发动机用铸造钛合金目前80%以上采用ZTC4和ZTA15钛合金，主要应用于发动机壳体、机匣、安装座等构件。高强度铸造钛合金有ZTC18、ZTC21，其抗拉强度可达1100MPa以上，技术成熟度只有3～4级，可用于飞机机体高承力部位。Ti-6242合金技术成熟度为5～6级，主要用于发动机压气机部位，经固溶时效后，抗拉强度可达到1000MPa。目前针对大尺寸钛合金铸件的使用需求，开发了大尺寸钛合金铸锭制备技术，以及铸锭VAR、VIM等多联熔炼技术，进一步提升铸锭的成分均匀性。

我国还开展了特种功能钛合金的研制。发展了用于弹簧和紧固件的高强度钛合金，其中，突破了TB9钛合金熔炼、冷热工艺与组织性能控制、零件精密制造等关键技术，材料性能指标达到了国外同类合金技术水平，制备的高性能弹簧已通过装机考核。研制了具有自主知识产权的超弹性高强钛合金，冷热加工性能优良，实现了高强度与高回弹的有机调和，柔韧性好，抵抗塑性变形能力强，已用于制备超弹性结构功能一体化制件。此外，针对飞机、发动机管路需求，近年来，还开展了 21MPa、28MPa 管路压力的管材及无扩口连接技术研究。

随着研发水平的提升，航空发动机用高温钛合金内涵不断丰富，除传统的固溶强化型高温钛合金以外，还包含 Ti-Al 系金属间化合物以及 SiC 纤维增强钛基复合材料，使航空发动机用钛合金的使用温度由 350～600℃拓展提升至 650℃以上，新型 TiAl 合金有望在850℃使用。近几年，Ti-Al 系金属间化合物技术快速发展。变形 Ti-Al 系金属间化合物方面，在先进航空发动机需求牵引下，Ti_3Al 合金和 Ti_2AlNb 合金大规格铸锭、棒材、环 / 盘锻件制备技术，以及 TiAl 合金叶片制备技术均取得突破性进展，Ti_3Al 合金静子内环进行了装机试验，Ti_2AlNb 合金机匣和整体叶盘、TiAl 合金叶片通过了强度试验考核。Ti-Al 系金属间化合物精铸成形技术也快速发展，TiAl 合金旋流器通过了气动考核试验；Ti_2AlNb合金机匣、TiAl 扩压器和排气框架、定向凝固 TiAl 合金叶片等已取得突破性进展。此外，已部分突破纤维增强 600℃以下钛基（如 TC17、TA19、Ti60）复合材料制备技术，正在开展试验件考核验证，纤维增强 TiAl、Ti_3Al、Ti_2AlNb 基复合材料处于研制阶段。

（三）铝合金

近年来，我国在超高强铝合金、耐热铸造铝合金、铝锂合金的研制与应用方面取得了较好进展。

我国航空变形铝合金已发展至第四代，主干航空武器装备所需的第三代铝合金材料制备技术已达到国际先进水平，第四代铝合金材料制备关键技术已突破，并得到应用。超高强度铝合金研制取得进展，600MPa 级超高强铝合金已形成主干材料牌号，7A55 和 7B50已用于机身框、梁、接头、桁条、壁板等，还完成了 700MPa～750MPa 级铝合金典型件制备；750MPa、800MPa 级铝合金已完成预先研究。研制出中强耐损伤铝合金 2E12 薄板，突破薄板制备关键技术并实际应用，2024HDT 耐损伤中厚板正处于应用研究阶段。此外，中厚规格和超厚规格铝合金板材的使用宽度和厚度规格，以及 7A85 等铝合金自由锻件规格进一步增大。

在铸造铝合金方面，通过纯净化和改善合金组织，传统铸造铝合金（如 ZL114A、ZL101A、ZL105A 等）的强度提高 20MPa～30MPa，延伸率提高一倍以上。我国航空发动机使用了多个牌号的耐热铝合金，如 Al-Cu 系耐热合金 ZL208，主要用于航空发动机的机匣等部位。随着航空发动机服役温度的提升，完成了耐 200℃、300℃铸造铝合金材料初步研制。

铝锂合金具有高比强度和比模量等特征，可划分为三代。5A90 等第二代铝锂合金已用于飞机壁板、垂尾、长桁等多个部位；第三代铝锂合金最显著的特点是低各向异性、可焊，同时各方面性能相对更均衡，已经突破多项关键技术，2A97、2297、2099 等第三代铝锂合金已在航空装备中成功应用。我国铝锂合金的研究和应用主要集中于变形铝锂合金，铸造铝锂合金及其液态成形技术的开发还处于起步阶段。

（四）结构钢与不锈钢

航空结构钢与不锈钢主要应用于重要承力件，如起落架、轴、齿轮、轴承、机翼梁、承力螺栓、接头等。航空结构钢与不锈钢研究重点主要为超高强度钢和齿轮轴承钢。近年来，采用了先进熔炼工艺和提纯原材料，钢的纯净度显著提高，并且发展了一些强度更高、韧性更好的新钢种。

超高强度钢应用于飞机起落架等重要承力件。我国研制了 40CrNi2Si2MoVA（相当于300M）、16Co14Ni10Cr2MoE（相当于 AF1410）、23Co14Ni12Cr3Mo（相当于 AerMet100）、00Ni18Co8Mo5TiAl（相当于 C250）、0Cr13Ni8Mo2Al（相当于 PH13-8Mo）等牌号，并在型号上获得应用。其中，40CrNi2Si2MoVA 起落架可实现起落架与飞机机体同寿命。近年来，我国在型号中研制和应用了更大规格的超高强度钢零部件，并开始研制更高强度级别的超高强度结构钢。超高强度不锈钢是在不锈钢基础上发展起来的具有抗腐蚀性能的超高强度钢，近年来，开展了 1900MPa 级超高强度不锈钢的预先研究，并开始在先进直升机上应用。

我国齿轮轴承钢已发展了三代。第一代齿轮钢 10CrNi3Mo（相当美国 9310）、第二代齿轮钢 16Cr3NiWMoVNb（相当苏联 BKC-5）、第二代轴承钢 8Cr4Mo4V（相当美国 M50）和 13Cr4Mo4Ni4V（相当美国 M50NiL），已经应用于航空齿轮和轴承。近年来，我国发展了第三代齿轮轴承钢，研制出高强不锈齿轮轴承钢 15Cr14Co12Mo5Ni2WA（近似美国 CSS-42L），并试制了航空发动机齿轮；为进一步提高传动构件的承载能力和使用寿命，我国还研制了超强耐热轴承钢 CH2000，表层达到超高硬度 65 ~ 69HRC，心部达到超高强度高韧性，使用温度可达到 450℃。

（五）透明材料

航空透明材料主要用于航空器风挡、座舱盖、观察窗和灯罩等部位，是一种重要的结构功能一体化材料。航空透明材料可分为有机透明材料和无机透明材料，有机透明材料主要包括航空有机玻璃（聚甲基丙烯酸甲酯，PMMA）、聚碳酸酯、热塑性聚氨酯中间层和部分功能透明导电薄膜、防飞溅层等材料；无机透明材料主要是无机玻璃。

航空有机玻璃主要有浇铸有机玻璃和定向拉伸有机玻璃，其中，定向拉伸有机玻璃的室温抗应力－溶剂银纹性、冲击强度以及断裂韧度比浇铸有机玻璃显著提高，是飞机座舱透明件最重要的透明材料之一。歼击机、教练机等多采用单层航空有机玻璃制造座舱透明件。我国近年来主要针对现有牌号研制大尺寸大厚度板材，以满足新型号歼击机透明件的使用需求。

聚碳酸酯（PC）具有很好的光学性能，较高的比刚度、比强度，冲击强度是有机玻璃的2倍以上，冲击韧性在所有透明材料中最高，热变形温度可达138℃以上，但耐环境性能和耐磨性不如有机玻璃，在高马赫数飞机透明件上具有良好的应用前景。近十几年来，我国开展了航空级聚碳酸酯的研制，现已研制出国产原材料，基本突破粒料的稳定合成、板材挤出以及透明件注射成型等关键技术，但工程化应用考核验证尚不充分，未实现装机应用。

无机玻璃在直升机、运输机和大型客机风挡等领域被广泛应用。无机玻璃是典型的脆性材料，一般通过物理钢化或化学强化的方法改善其抗微裂纹扩展性能。随着航空透明件向轻量化、高强度、复杂曲率等方向发展，普通物理钢化钠钙玻璃逐渐被化学强化特种玻璃取代。我国已研制出特种铝硅酸盐玻璃，强化后表面应力可达900MPa，力学性能优良，在硬度、弯曲强度和抗划伤等方面表现尤为突出，并开展了大量应用研究工作，已基本实现了高铝硅酸盐玻璃的自主保障。在航空透明件领域，无机玻璃一般不单独应用，要通过与其他透明材料、中间层材料复合，获得更好的结构强度和破碎后的安全性能。

针对我国新型舰载战斗机座舱盖的高抗鸟撞性能、穿盖救生功能以及减重等要求，近年来开展了整体定向有机玻璃加风挡区复合聚碳酸酯层的复合结构透明件技术研究。该结构既保留了定向有机玻璃良好的力学性能和耐环境性能等优点，又能够有效提高风挡区的抗冲击性能，对于提升透明件综合性能并实现减重有重要意义。

由于先进航空器对于透明件还提出了功能性要求，如雷达隐身、电加温、电磁屏蔽、红外隐身、耐磨等，功能薄膜成为透明件的重要组成部分。近年来，我国在低电阻、高透光度、长寿命功能薄膜和外表面隐身薄膜方面开展了大量研究工作，已实现多种先进薄膜的工程化应用。

（六）橡胶密封材料

航空橡胶与密封材料种类丰富、形式多样，主要包括各类密封件、衬垫、传动件和绝缘件等橡胶型材以及耐高温耐介质密封剂材料，主要用于飞机、直升机和发动机的液压、燃油、滑油、空气等系统中，实现介质密封、气动整形、阻尼减振、电磁屏蔽、防火隔热等多种功能。

在航空橡胶材料领域，我国丁腈、乙丙等通用橡胶、氟醚、氟硅等耐介质橡胶、高阻尼硅橡胶、高承载天然橡胶等已在航空装备中获得应用，部分材料性能与国际先进水平相当，基本满足了相关航空装备对高性能橡胶密封材料的技术需求。近年来，在耐高温、长寿命、功能型特种橡胶材料方面取得了较大进步。在含氟橡胶方面，耐300℃的氟醚橡胶在航空发动机型号高温区域的介质密封部位实现应用。基于国产氟醚生胶完成了−30℃级耐高低温氟醚橡胶研制，并在运输机液压、燃油系统的密封件、油管等部位成功应用。在功能型橡胶方面，国产高导电橡胶在多个歼击机、预警机、直升机型号舱门、口盖密封等部位实现应用。

在航空密封剂领域，国产材料产品类别不断完善，可满足飞机制造和维修过程中对长装配期、低温快速修补等特殊工艺要求，耐高低温、耐介质、防腐蚀、导电、快速修补等密封剂可满足国产先进飞机的结构和功能密封需求，材料性能水平和密度与国外产品相当。另外，部分国产密封剂产品通过了民用飞机适航认证，可替代国外同类产品用于C919等国产民用飞机上。近年来，陆续开发了耐300℃氟硅密封剂、耐油导电密封剂、超低密度结构密封剂等新型航空密封剂，进一步缩小了与国外同类产品的差距，为提升我国飞机制造工艺水平奠定了材料基础。

（七）涂层

基于实际需要，航空装备中使用了多种涂层，起到隔热、抗氧化、封严、耐磨、防腐等作用。

1. 热障涂层和抗氧化涂层

国内在航空发动机中大量使用热障涂层和抗氧化涂层（抗氧化涂层主要包括 MCrAlY 涂层和铝化物涂层等），并开展新型热障涂层和抗氧化涂层的研制。

国内航空发动机广泛应用的热障涂层陶瓷面层为氧化钇部分稳定的氧化锆（YSZ），近年来，涡轮叶片电子束物理气相沉积 YSZ 热障涂层又通过了多个新型号发动机的试车考核验证，并在部分型号上实现了批产交付。针对高批重比航空发动机的研制需求，近年来，国内开展了多元稀土氧化物掺杂氧化锆、稀土锆酸盐（如 LaZrO 和 GdZrO）等新型热障涂层研究，实现1500℃长时相结构稳定，其中以 LaZrCeO/YSZ 为代表的双陶瓷新型热障涂层已通过了发动机试车考核。此外，探索研究了具备抑制辐射传热、耐海洋环境腐蚀和感温等功能的新型热障涂层，初步开展了气相沉积涂层成分偏析、熔盐侵蚀机理、失效分析等基础机理研究，验证了涂层材料体系和工艺的可行性。

国内 MCrAlY 涂层实现了1100℃环境中长时服役，形成了 HY1、HY3、HY5 等牌号系列，实现了在发动机涡轮叶片上的批量应用。近年来，采用 MCrAlY+NiAl 结构复合、MCrAlY 多元掺杂改性等方案，在1150℃下获得了优异的抗高温氧化性能；开展了能够满足1150~1200℃使用温度要求的新型抗氧化涂层的探索和预先研究；为在1200℃下获得较低的氧化速率，开始在抗氧化涂层设计中引入"高熵"的概念。

航空发动机用化学气相沉积（CVD）铝化物涂层取得较快发展。国内主要以单一铝化物涂层为主，其 CVD 沉积工艺相对较为成熟，叶片榫齿防漏渗等技术也取得相应研究进展，应用于多个型号涡轮叶片内外表面的高温防护。近年来，也加快了改性铝化物涂层的研制工作，涂层体系主要包括 AlSi、CoAl、PtAl，以及 AlTi、REAl，其中，AlSi 和 CoAl 涂层体系已在燃机叶片防护上获得工程化应用，PtAl 涂层不仅用于涡轮叶片高温抗氧化涂层，而且广泛用于热障涂层的金属粘结层。

2. 封严涂层和耐磨涂层

航空发动机从风扇到涡轮部位，均采用了适用于不同温度段的封严涂层，以控制发动机转子与静子间的间隙，是提高发动机效率的重要手段之一。近年来，我国进一步突破了铝硅／氮化硼、镍／石墨、镍铬铝／氮化硼、钴镍铬铝钇／聚苯酯涂层原材料（即复合粉末）的制备技术，实现了国产粉末的工程应用；服役温度1100℃以下的封严涂层进一步发展，初步形成了涵盖不同温度段需要的材料体系；研制了使用温度可达1100℃以上的氧化锆／聚苯酯陶瓷基高温封严涂层材料，并针对单晶结构件开始应用验证；开展了陶瓷基复合材料用可磨耗封严涂层的实验室研究，如开发的钡锶铝硅／聚苯酯封严涂层与碳化硅纤维增强碳化硅复合材料具有更好的匹配性，使用温度可达1200℃以上；开发了铝青铜／聚苯酯封严涂层，加工后表面粗糙度优于Ra1.6μm，对航空发动机的气动性能影响更小。

耐磨涂层按照成分可大致分为碳化物涂层、氮化物涂层、氧化物涂层和合金涂层。近年来，超音速火焰喷涂碳化物涂层突破了疲劳性能控制技术，在飞机、直升机上钢制零件和钛合金零件获得了更多应用，如飞机起落架、襟翼滑轨、螺栓等，逐渐代替了电镀硬铬；爆炸喷涂碳化物涂层则实现了在铝合金、铜合金零件上的装机应用；钛合金叶片叶尖复合镀氮化物涂层、叶身TiAlVN涂层进一步发展，有望有效提高钛合金叶片的使用寿命；针对TiAl叶片榫头成功开发了NiCoCrAlY/hBN抗微动磨损涂层，550℃下的微动磨损率较TiAl合金降低了90%以上，为TiAl叶片的工程应用提供了支撑；在树脂基复合材料表面实现了碳化钨、碳化铬等耐磨涂层的制备，具有广阔的应用前景。

3. 镀覆层

我国航空领域使用的镀覆层技术种类众多，功能需求繁杂，主要包括电镀层、化学镀层、化学转化膜、电化学转化膜等，起到防护、绝缘、隔热、抗氧化、耐磨、导电、装饰等作用，应用十分广泛，涉及几乎所有材料类型和发动机，包括多种金属、非金属等零部件。近年来，随着我国航空领域的迅速发展，以及服役环境从传统的内陆环境逐渐向海洋、极寒、荒漠、高原等极端环境的转变，镀覆层性能显著提升，镀覆技术正逐步从传统高污染技术向绿色环保新技术转变，主要体现在无氰、代镉、代六价铬等技术方向。一大批新型环保高效镀覆层技术得到推广和应用，包括真空离子镀铝、无机盐铝涂层、无氰电镀、三价铬化学氧化、环保阳极氧化、溶胶凝胶、微弧氧化、电镀锌镍合金、颗粒增强复合电镀等。其中，突破了真空离子镀铝高绕镀性与温度控制等关键技术，逐步实现复杂零部件的离子镀铝。镀覆技术的实施也逐渐从传统人工模式向自动化、智能化方向发展。

4. 有机涂层

航空用有机涂层主要对飞行器起到腐蚀防护、特殊功能和外观装饰等作用，近年来，我国航空有机涂层技术发展迅速，主要表现为：①环保型防腐涂层取得阶段性技术进展并陆续装机应用，施工固体份在50%～60%左右的非铬高固体份涂层在舰载机和大型军用运输机上装机应用，其中环氧类防腐底漆和聚氨酯类面漆均已全面突破高施工固体份低施工黏度工程化制备技术；VOC 含量 120g/L 左右的水性底漆和面漆也已实现在大型运输机舱内的装机应用。②针对海洋服役环境，关键防腐涂层按底材细分发展，在舰载机上首次针对被涂覆底材的种类，实现了铝合金、钢、复合材料等三种不同底材专用防腐底漆的研制和工程化应用。③关键功能涂层的技术水平接近或达到国际先进水平，为航空装备特种部位在苛刻腐蚀环境中的防腐性能的整体提升做出了显著贡献。新一代功能 / 防腐一体化涂层在新型装备上得到应用，如针对舰载机、客机机翼前缘部位涂层易脱落的现象，采用底漆面漆整体增韧技术研制了高耐冲刷高效防腐涂层系统。采用特种树脂体系制备了新一代海陆两用抗静电抗雨蚀涂层系统。④新型装备典型部件用特种涂层的更新换代已进入技术攻关关键阶段，基于复合材料和金属基材油箱的耐防冰剂型油箱底漆，将有力保障航空装备在极端环境下的服役安全性。⑤推出了一系列飞机热端部件和发动机用耐温 700℃ 及以下的多功能高温防腐涂层，兼顾了耐温、耐油、耐流体腐蚀介质以及耐热 / 耐盐雾腐蚀双因素多周期腐蚀循环等多种功能，填补了国内空白。700℃ 及以下的各类耐高温涂层现已基本可以做到按功能要求进行多功能设计和制备。⑥建立了有机涂层适航符合性验证程序，符合适航要求的蒙皮防腐涂层、客舱水基涂层和抗静电涂层已开始在 C919 和 ARJ21 上得到应用。

三、国内外发展比较

欧美航空强国极为重视材料在航空装备发展中的突出地位，大力推进航空材料技术发展。目前，波音 / 空客等飞机制造企业和普惠 / 通用电气 / 罗罗等航空发动机制造企业都建立了较为完备的、具有自主知识产权的航空材料技术体系，材料具有系列化程度和技术成熟度高、品种规格齐全、数据积累丰富等特点，而且在合理采标的基础上构建了实用性强的航空材料标准体系。根据航空装备发展需求，这些企业继承与创新并举，新一代航空装备用先进材料的技术储备充足，有力地支撑了航空装备的研制生产。

我国是全球拥有较为完整的航空材料体系和研制生产能力的少数几个国家之一，突破了航空材料系列关键技术，已建成具有一定规模的航空材料研究与生产基地。在我国航空材料技术和产业不断发展的同时，由于顶层规划和统筹安排不够，材料研制和应用研究投入不足且较为分散等原因，与国外相比还存在一定差距，主要表现在：①航空材料体系化发展水平不够，主干材料体系不健全，"一材多用"材料少，限制了每种材料牌号的生产规模；②部分关键航空材料尤其是航空发动机材料的应用研究不足，尤其缺乏"元件—模拟件—典型件"的积木式考核验证，给部件、整机研制带来风险；③先进航空装备发展所需的部分关键材料技术储备不足，个别材料难以完全满足型号需求，一些材料技术成熟度不高，缺少成本优势。

（一）高温合金

1. 铸造高温合金

在等轴晶高温合金方面，虽然参考国外牌号研制了系列合金，但在合金及结构件精密铸造技术方面应用研究不足，试验考核不充分。与国外相比，微晶铸造、定向／细晶双性能整体叶盘铸造、热控凝固等新技术距离应用还有较大技术差距。

国外定向合金已发展到第四代，第一代、二代定向合金已在多种先进航空发动机上使用，并早已进入批量生产阶段。我国第一代、二代定向合金虽然在航空发动机上成熟应用，但是在考核验证方面与国外还存在差距。我国第三代定向合金处于实验室探索阶段，也落后于国外。

国外单晶高温合金发展至第四代，正在研制第五代合金；第二代单晶已广泛应用于军民航空发动机上；第三代单晶 CMSX-10、Rene.N6 已研制成功并通过试车考核；第四代单晶 EPM-102 已列为涡轮叶片候选合金。我国研制成功的具有自主知识产权的第一代、第二代、第三代和第四代单晶合金，性能水平优于或相当于欧美对应代次的合金，并具有成本低的优势。与国外相比，第二代和第三代单晶高温合金应用研究不足、试验考核不充分，第五代单晶高温合金仍处于探索阶段，在单晶涡轮叶片应用方面还存在差距。

2. 粉末高温合金

欧美发达国家先后研制出四代粉末高温合金，第一、二、三代合金在军、民用航空发动机中得到了应用。我国也相应发展了四代粉末高温合金，已研制出的第一、二代合金性能与国外基本相当，其盘件虽已进入批产阶段，但存在成本偏高等问题；第三、四代合金研制落后于国外，第三代合金及双性能盘、双辐板盘技术成熟度需进一步提高，第四代合金的研制时间尚短。此外，国外已成熟应用的粉末涡轮盘超塑性变形与超级冷却等技术在国内仍处于起步研究阶段。

3. 变形高温合金

国外变形高温合金早已形成"一材多用"的局面，如美国 IN718 合金获得十分广泛的应用，而我国变形高温合金牌号繁多、性能数据不完备、应用研究和考核验证不足。国外已应用了承温能力达 850℃的涡轮盘用变形高温合金，我国虽然研制出了 700～750℃以及 750～800℃用合金，且 700℃盘件用 GH4169D 合金在多个型号中选用，但应用较多的仍是承温能力 650℃的合金，具有更高承温能力的高品质变形高温合金材料及产品制造技术尚需进一步完善，国产变形高温合金棒材及制件还存在成分偏析大、缺少成本优势等问题。

4. 高熔点金属间化合物

国外系统研究并工程化应用了 Ni_3Al 基金属间化合物；我国 Ni_3Al 基金属间化合物材料的承温能力与国外基本相当，仍需加强工程化应用。在 Nb-Si 金属间化合物方面，国外尚未建立超高温精密铸造技术体系，而是采用粉末注射成型的方法研制出了涡轮叶片样件；我国 Nb-Si 金属间化合物的综合性能与国外先进水平基本相当，突破了超高温精密铸造技术，研制出具有定向结构的 Nb-Si 空心涡轮叶片样件。

（二）钛合金（含 Ti-Al 系金属间化合物）

我国飞机结构用变形钛合金材料性能、应用水平与国外差距不大，甚至在局部领域领先。例如，国外已应用的高强度钛合金强度等级主要在 1100MPa ~ 1250MPa 之间，断裂韧性 K_{IC} 指标主要在 45MPa·m$^{1/2}$ ~ 60MPa·m$^{1/2}$ 之间，更高强度的钛合金一般只用于 Φ10mm 以下丝材紧固件、弹簧等小尺寸产品中。而我国自主研发了 1350MPa 级超高强韧钛合金，有望用于更大截面尺寸的零部件，在该领域走在了世界前列。与国外主要差距在于返回料的添加应用、锻件尺寸精度控制和质量一致性控制、提高零件服役寿命的钛合金表面完整性加工等方面。在航空发动机用变形钛合金方面，我国 500℃ 以下高温钛合金虽然相对成熟，但同一温度段多种牌号并存，各个牌号用量较少，考核验证不充分。国外 600℃ 高温钛合金已成熟应用，而我国 550℃ 以上高温钛合金技术成熟度较低。

在飞机机体和航空发动机用铸造钛合金方面，欧美企业已形成材料验收、工艺规范和检测评价方法的全套标准体系。虽然我国熔模精密铸造技术已达到国际先进水平，但与世界先进水平相比，我国在飞机机体和航空发动机用铸造钛合金应用方面仍存在一些问题和差距，主要表现在：①在 ZTC4、ZTC4ELI、ZTA15 等常规铸造钛合金应用挖潜方面落后于国外。②对铸件铸造、补焊修复与组织性能关系的研究较少。铸件各部位组织均匀性控制能力较差，疲劳性能分散性大，部分技术标准对铸件晶粒尺寸未做量化考核要求或者要求不够明确具体等。③我国未实现钛合金回收再利用，未建立返回料的再利用机制，缺乏返回料分类和回收利用方面的管理和标准体系，合金使用成本高。

特种功能钛合金也与国外存在差距。我国弹簧、紧固件用盘圆丝材研制起步晚，高端配套设备不足。欧美飞机和发动机管材主要采用钛合金及无扩口连接技术，已用在 21MPa、28MPa、35MPa 的液压管路系统中，而我国仅开展了 21MPa、28MPa 管路压力等级的钛合金管材及无扩口连接技术研究，且管材和无扩口连接技术研究分离，不利于解决系统性问题，也未形成系列化规格，无法大面积使用。

国外对 Ti-Al 系合金、钛基复合材料开展了大量考核验证，TiAl 合金叶片及钛基复合材料连接件已获得实际应用。以 Ti-Al 系金属间化合物为例，国外 Ti-Al 系金属间化合物合金已在先进航空发动机中获得实际应用，如 TiAl 合金低压涡轮叶片已实现商业化应用，对 Ti2AlNb 机匣、TiAl 扩压器等构件也进行了大量考核验证。而我国 Ti-Al 系金属间化合物、钛基复合材料技术成熟度较低。

（三）铝合金

我国在变形铝合金方面与国外较为接近，但在铸造铝合金、铝锂合金、铝基复合材料方面与国外存在一定差距。

我国变形铝合金材料性能及应用技术已达到国际先进水平，其中，自主研制的第四代航空变形铝合金性能、应用技术均达到国际先进水平，与国外同类材料性能相当。高强耐蚀铝合金、耐热合金与国外报道的性能相当。国外在铝合金整体壁板成形技术方面有明显优势，其时效成形、整体挤压成形的机翼壁板已获得成功应用，我国的整体壁板成形技术成熟度较低。国外对复合增强铸造铝合金的前沿研究开展较早，强度最高已达600MPa，耐热合金承温能力已接近400℃，我国材料性能仍有一些差距。

国外具有合理的铝锂合金体系，以及完备的小试→中试→工业化生产设备，并发展了第四代铝锂合金。我国仅具备小型铝锂合金真空熔炼试验线，大型铝锂合金铸锭冶金质量控制及制备能力不足，且低成本应用技术落后；第四代铝锂合金还需开展系统研究。

国外航空用铝基复合材料已形成材料系列，2×××系（2009/SiC/15p）、6×××系（6092/SiC/17.5p）粉末冶金铝基复合材料在飞机、直升机和航空发动机上获得批量应用，且完成了耐热温度达300℃的铝基复合材料的研制，进入考核验证阶段。我国铝基复合材料尚未实现系列化，仅耐热温度不超过150℃的2×××系铝基复合材料开始在直升机上应用，工程化应用经验相对较少，而耐热温度达300℃的铝基复合材料还处于探索研究阶段。

（四）结构钢与不锈钢

国外继AerMet100钢之后，又发展了综合性能更好的M54、GE1014等超高强度钢，M54钢已成功用于飞机起落架，GE1014钢也已成功用于航空发动机的风扇轴和低压涡轮轴，国内近似牌号研制处于起步阶段，缺乏系统研究。我国近期探索研究的2400MPa级超高强度钢、1900MPa级超高强度马氏体时效不锈钢、低密度高强度钢仍停留在实验室研究阶段，尚未开展应用研究，该方面未见国外近期的公开报道。

国内外航空齿轮轴承钢均经历了三代发展历程。我国现有的齿轮轴承钢自主牌号少，冶金质量和批次稳定性有待进一步提高，应用研究不足，基础数据缺乏，应用水平偏低；第三代高强不锈齿轮轴承钢成熟度相对较低。近年来自主研制了性能更优的新型齿轮轴承钢，现处于预研阶段。

（五）透明材料

国外定向有机玻璃仍是歼击机、教练机上最重要的透明材料之一，成熟应用于多个型号；部分战斗机有高抗鸟撞、长时间超音速巡航的要求，聚碳酸酯在座舱透明件中已得到应用；欧美国家在铝硅酸盐玻璃的成分设计和化学强化技术等方面申请了近百项专利，直升机和运输机等风挡透明件绝大部分采用化学强化的铝硅酸盐玻璃；定向有机玻璃－聚碳酸酯复合结构风挡已在美国多型舰载歼击机上应用，其优越的抗鸟撞性能和光学性能已得到验证，厚度约 17mm 的复合结构风挡的抗鸟撞能力能够达到近 1000km/h；透明件多功能薄膜技术得到快速发展和应用；新型透明防弹陶瓷材料在美国战略直升机上得到应用。相比之下，我国航空有机玻璃材料、多功能薄膜的研制和应用技术水平与国外基本持平，而聚碳酸酯、有机玻璃－聚碳酸酯复合结构以及铝硅酸盐玻璃、透明防弹陶瓷等材料研制和透明件制造技术研究起步较晚，部分材料性能指标落后于国际先进水平，制造工艺也不成熟，批次稳定性欠佳，考核验证不充分。

（六）橡胶密封材料

与国外先进水平相比，国内橡胶密封材料的部分关键生胶原材料严重依赖进口。例如，国内迄今尚未系统安排航空发动机用耐高温型全氟橡胶生胶的工程化研制，关键生胶原材料完全依赖进口。此外，国内一些新材料在航空装备中应用滞后，部分材料系列化水平和性能与国外仍有差距。例如，在液压系统使用的耐低温氟醚橡胶材料方面，国外推出了 TR10 达到 –55℃的新型耐低温氟醚橡胶产品并快速向航空等领域推广应用，而目前国内只能量产 –30℃级（TR10）氟醚橡胶材料，刚开始研制 –40℃级（TR10）氟醚橡胶材料；在电磁防护用导电橡胶方面，国外基本形成了以导电体系、电阻率、屏蔽效能等关键性能指标为标志的系列化产品，虽然在一些新研飞机、直升机型号的需求牵引下，国产导电橡胶材料取得了一定进步，初步获得应用，但国产导电橡胶在导电性能以及材料系列化上与国外先进水平仍有一定差距。

国内航空装备橡胶密封材料的选材设计理念也滞后于国外。以航空发动机滑油系统高温部位的橡胶密封为例，国外考虑到发动机停止工作后，滑油循环停止流动造成的局部热量累积，已经广泛使用耐温等级更高的全氟橡胶材料（最高耐温 300℃以上），而国内仍以应用较为成熟的氟橡胶为主（最高耐温 250℃），仅在近年的一些新研型号中，开始尝试应用耐温等级更高的全氟橡胶材料。

在航空密封剂材料领域，尽管国内在通用密封材料方面与国外同类材料水平相当，但在新一代聚硫代醚密封材料方面落后于国外，主要表现在液体聚硫代醚生胶分子设计和工程化制备能力不足、硫化控制技术研究起步较晚、产品系列化程度有待提高等方面，急需的快速修补、高抗压等密封材料产品成熟度较低，同时高性能聚硫代醚密封剂工程应用工艺参数数据积累不足。

（七）涂层

1. 热障涂层和抗氧化涂层

我国电子束物理气相沉积 YSZ 热障涂层技术达到国际先进水平，等离子喷涂热障涂层技术也取得显著进步。在新型热障涂层的材料体系、制备工艺、材料性能评价方法等方面取得了部分阶段性成果，例如，以 LaZrCeO/YSZ 为代表的双陶瓷新型热障涂层技术达到了国际先进水平。但是与国外相比，我国新型热障涂层有关机理研究不充分，例如，先进航空发动机将采用三代单晶，但是尚未系统研究相应的热障涂层工艺优化、结构与性能关系；而且新型热障涂层的可靠性和稳定性还有待进一步提高，相关技术体系不健全。

我国满足 1100℃长时防护要求的 MCrAlY 涂层已经批量应用，与国外没有明显技术差距。在满足 1150℃及其以上使用温度要求的新型抗氧化涂层方面，国外已积累一定工程经验，虽然我国开展了预先研究，技术基本达到国际先进水平，但尚处于涂层材料设计优化、制备工艺探索、失效机理研究等研究阶段，亟待开展应用考核。

与国外相比，我国航空用 CVD 铝化物涂层研制起步较晚，涂层体系还以单一铝化物涂层为主，虽然已实现应用，但在主相结构稳定性控制、晶界控制等方面还有一定差距。我国航空用 CVD 改性铝化物涂层虽然取得一定成绩，如 AlSi 和 CoAl 涂层技术达到国际先进水平且获得工程应用，但仍然存在涂层工艺不稳定、缺乏系统考核验证、性能数据积累不足等问题。

2. 封严涂层和耐磨涂层

国外封严涂层应用已基本成熟，铝基、铜基、镍基和陶瓷基封严涂层原材料体系较完备，使用温度覆盖了 1200℃以下的所有温度段，并且对制备工艺 – 涂层性能 – 服役效果的相关性掌握透彻，可利用同一种材料通过工艺调控获得不同的使用性能，更高温度下的封严涂层材料、涂层结构和涂层工艺成为目前的研究热点。与国外相比，我国涂层材料体系尚不齐全；针对某一种封严涂层材料，也缺乏对工艺与性能相关性的系统研究，尚不能通过工艺调控得到期望的不同的涂层性能，涂层使用范围较为局限；1100℃以下使用的封严涂层质量稳定性仍需提高，数据积累不足；使用温度 1100～1200℃的封严涂层技术成熟度较低、应用验证不足，易出现损伤叶片、涂层掉块等问题；针对陶瓷基复合材料用封严涂层的研究较少。

国外耐磨涂层技术成熟度较高，在飞机、直升机及各型航空发动机中大量应用且性能稳定。与国外相比，国产热喷涂耐磨涂层粉末质量和稳定性较差；国内涂层质量稳定性还存在一定差距；耐磨涂层的综合性能不足，耐蚀性、承载能力较差，摩擦系数较高，涂层材料和制备工艺还需深入优化；钛合金叶片叶尖和叶身的耐磨涂层工艺稳定性还有待提高。

3. 镀覆层

我国航空用镀覆层技术取得显著进步，在镀覆层种类、镀层性能方面与国外没有明显差距，但是在多功能复合型镀覆层、智能镀覆层等方面落后于国外。此外，国外环保型镀覆层技术开发较早，已取得不少成果和实际应用，而我国在工程应用中仍较多采用传统工艺，环保替代技术仅在个别领域有一定突破。

4. 有机涂层

国外航空有机涂层环保化程度较高，施工固体份在 60% 以上的防腐涂层、VOC 在 120g/L 以下的水性涂料已得到广泛应用，施工固体份在 80% 以上的超高固体份涂料以及零 VOC 无溶剂涂料也有相关研究的报道。相比之下，我国航空有机涂层的环保化程度低于国外同类产品：普遍使用的防腐涂层施工固体份低于国外；水性防腐防护涂料仅在少数飞机舱内使用；一些航空用特种功能涂料的水性化研究也开展较少，尤其是在发动机用环保型高温涂料方面，国外生产了使用温度高达 1000℃ 的水性高温涂料，而国内该领域技术储备不足。此外，功能/防腐一体化涂层的修补和重涂等配套工艺性研究未系统开展。轻质防腐涂层的研制仍有待加强。民机用防腐涂层以及功能/防腐一体化涂层的研制、选材和适航符合性验证工作需要持续推进。

四、我国航空材料技术发展趋势与对策

航空装备向高性能、长寿命、高可靠、多用途、经济性、绿色化等方向发展，对航空材料提出更高的要求，航空材料将进一步呈现出高性能化、多功能化、复合化、低维化、智能化、低成本、可维修等新的发展态势。

基于军民用航空装备对材料的需求，以及先进航空材料技术对航空装备发展的推动作用，未来一段时间（重点是未来五年）航空材料技术的主要发展方向包括：①承温能力更高的金属和非金属材料；②轻质高强材料，尤其是复合材料、钛合金、铝合金、结构钢和不锈钢等；③耐蚀性好的金属材料和环境适应性强的非金属材料；④透明材料、橡胶与密封材料、涂层等功能材料；⑤先进制备技术、环保型制备技术；⑥双层壁超冷涡轮叶片、双性能盘和双辐板盘等新型复杂结构件；⑦低成本合金和低成本制备技术。

基于我国航空装备的需求和航空材料研制现状，建议从国家层面加强统筹规划，按体系规范材料选用、研制、生产、验收、使用等各环节，并逐步完善航空主干材料体系，大力推进"一材多用"；加大扶持和支持力度，按需设立航空材料研究专项；强化材料研制全过程和应用研究全过程，推动航空材料"积木式"考核验证，推进航空材料技术体系建设。此外，建议推动航空材料产业各个环节的良好衔接，促进上下游企业深入合作和有序竞争，完善从基础研究、技术研发到成果转化的创新链条，促进资源优化配置和开放共享，确保航空材料产业高质量发展。

（一）高温合金

①加快高温合金主干材料体系建设，实现材料有序发展，规范材料选用，推进"一材多用"；②继续开展先进高温合金材料研制，如先进单晶/粉末高温合金、高品质/低成本变形高温合金、金属间化合物、难熔高熵合金及其制件制备技术研究；③加强双层壁超

冷涡轮叶片、双性能盘和双辐板盘等新型复杂结构件的应用研究，提高技术成熟度；④推进考核验证，促进材料广泛成熟应用。

（二）钛合金（含 Ti-Al 系金属间化合物）

①按照材料研制与应用研究两个全过程的要求，加强航空发动机用高温钛合金、Ti-Al 系合金、SiCf/Ti 复合材料主干材料研究，提升材料技术成熟度。②针对新一代航空发动机急需，开展 TC25G、Ti60 合金整体叶盘，Ti_3Al 合金内环及机匣，Ti_2AlNb 合金机匣、筒体及整体叶盘，TiAl 合金叶片等关键材料与应用技术的技术攻关，优化主导制备工艺，提升锻件组织均匀性和性能稳定性。③加快 Ti_2AlNb 合金整体机匣和 TiAl 合金机匣、扩压器、旋流器、低压涡轮叶片等精铸技术应用攻关；开展 Ti-Al 系合金精铸件应用技术研究，推动合金工程化应用；开展中温中强 Ti6242 合金研究，提高航空发动机铸件工作温度。④针对先进飞机结构件对更优异的抗疲劳、抗冲击、损伤容限等的需求，自主研发综合性能优于通用型 TC4 钛合金的新合金或改良 TC4 钛合金。⑤提高 1100MPa、1300MPa 高强度铸造钛合金（如 ZTC27、TB8）材料技术成熟度，推动其在飞机机体上的应用。⑥开展 ZTC4 和 ZTA15 钛合金外加电磁场熔炼技术研究，提高合金成分均匀性；开展铸造钛合金组织性能均匀性控制技术研究，减小铸造钛合金组织、性能分散性。⑦加快特种功能钛合金的试验验证与考核，提升材料技术成熟度，并针对管路系统压力提高需要，开展 35MPa 及以上压力下使用的高强度钛合金研究。⑧逐步发展航空用钛合金的全流程低成本控制技术，如返回料的回收利用、短流程加工、增材制造、精密模锻、精密铸造和超塑成形扩散连接等。

（三）铝合金

①开展具有更高强度、更好耐蚀性、更高承温能力等优点的先进铝合金及铝锂合金的研制，如深入开发抗拉强度为 400MPa 的高强高韧铸造铝合金、耐热温度 300℃ 以上的高强铸造铝合金、第三代铝锂合金；②进一步发展大型构件成形、精密铸造成型等技术，并改善生产制备技术及装备水平，提升产品冶金质量及铝锂合金大铸锭生产能力；③发展低成本制备技术，重点发展大规格复杂构件模锻技术、整体壁板精密挤压成形技术、回收利用技术；④推动粉末冶金铝基复合材料的系列化发展，逐步建立材料性能数据库，加强工程化条件建设和降低成本，推动耐温能力 150℃ 的铝基复合材料的工程化应用，研制耐热温度达 300℃ 的铝基复合材料，开展新一代纳米相增强铝基复合材料的研究。

（四）结构钢与不锈钢

航空结构钢与不锈钢的发展趋势包括高强度、高韧性、耐温、低密度、良好的环境适应性等。①进一步提高超高强度钢的强度级别、增强强韧性匹配、提高耐蚀性，重点研制抗拉强度 2100MPa ~ 2400MPa 级及以上的超高强度钢和抗拉强度 1900MPa 级及以上的超高强度不锈钢；②建立齿轮轴承钢主干材料体系，为满足重载高速齿轮和轴承的使用需求，重点发展 1900MPa 级、2000MPa 级超强耐热齿轮轴承钢，提高钢的强韧性、耐热耐蚀性和表层硬化性能；③发展低密度高强度钢和低密度超高强度钢（密度 ≤ 6.5 ~ 6.8g/cm^3），满足航空装备减重需要。

（五）透明材料

加强透明材料系列化与专业体系建设，通过高性能透明材料研究、新结构设计、制造工艺改进以及表面功能化技术水平提升，实现透明件轻量化、结构与功能一体化、高环境适应性、高服役可靠性等更高的目标，以适应未来航空装备的应用需求。我国航空透明材料与透明件的重点发展方向是：①聚碳酸酯透明件的注射成型制造与考核验证；②铝硅酸盐玻璃复合结构风挡的设计、制造与验证考核；③定向有机玻璃－聚碳酸酯复合结构透明件的成形、边缘连接技术与应用验证；④透明件多功能长寿命薄膜技术，如实现隐身、电加温、电磁屏蔽等功能；⑤其他新型透明材料的系列化研究与应用，如特种中间层材料、防飞溅层材料、弹性防护涂层、透明防弹装甲、边缘胶接材料等。

（六）橡胶密封材料

橡胶与密封材料将进一步向着耐高低温、耐介质、低密度、长寿命等方向发展，同时更多地考虑工艺适应性、电磁防护、防火、抗疲劳等功能集成化技术。橡胶与密封材料重点发展方向为：①开展含氟橡胶分子结构设计及工程化合成技术研究，例如300℃级全氟橡胶等国产生胶的研究、–40℃级（TR10）氟醚橡胶研制、室温硫化液体全氟聚醚橡胶制备等，推进耐高温含氟橡胶密封材料在航空发动机高温区域耐介质密封等部位的应用；②以装备需求为牵引，夯实特殊功能型橡胶密封材料研究基础，在防雷击、导电、电磁屏蔽、导热等方面进一步挖掘相关技术，推动功能性橡胶密封材料性能提升和系列化发展；③进一步完善民机用橡胶密封剂体系，加强适航符合性技术研究，深入挖掘材料适航符合性验证技术；④促进全产业链协同发展，提高材料研制与生产效率，提高产品批次稳定性。

（七）热障涂层和抗氧化涂层

①加强常规 YSZ 热障涂层和新型热障涂层的涂层去除再涂覆、粗糙度控制、抗 CMAS 附着、涂层涂覆／叶片制孔一体化技术研究；②进一步开展抑制辐射传热、耐海洋环境腐蚀、感温、稀土高熵陶瓷等新型热障涂层研究；③加强 MCrAlY 多元改性、NiAl 稀土掺杂、双层结构复合涂层等新型抗氧化涂层的研究，并突破涂层制备技术，加强型号应用研究；④提升 CVD 铝化物涂层工艺稳定性，重点突破 REAl 涂层体系、多元铝化物涂层体系，进一步开展型号适应性研究与应用考核。

（八）封严涂层和耐磨涂层

①完善封严涂层材料种类，健全封严涂层材料体系。②系统开展制备工艺－涂层性能－服役效果的相关性研究，提高封严涂层质量稳定性，完善数据积累。③加快使用温度1100℃~1200℃的封严涂层应用验证，迭代优化涂层性能；针对1300℃以上的超高温封严涂层开展预先研究，加强技术储备；开展陶瓷基复合材料用封严涂层的研究。④提高热喷涂耐磨涂层用粉末材料的质量和稳定性，开展高端粉末材料的研制，提高自主保障能力。⑤提高耐磨涂层质量稳定性，完善数据积累；加快钛合金叶片表面多元氮化物涂层的工程应用和迭代，提高技术成熟度；开展具有低摩擦系数、高耐蚀性和高承载能力的长寿命耐磨涂层研制和应用验证，提高耐磨涂层综合性能。

（九）镀覆层

①开展环保型镀覆工艺的研究和推广应用，全面突破无氰镀锌、镀镉、镀铜和高耐蚀镀银等无氰电镀系列技术；开展离子液体电镀铝及铝合金涂层技术等代镉环保防护表面处理技术研究；开展代六价铬环保表面处理技术研究，重点突破无铬化学氧化技术。②针对先进航空装备的发展需要，开展多功能复合型镀层、智能涂层等的研制，如立方氮化硼增强叶尖复合耐磨涂层技术、微纳米增强复合耐磨涂层技术等新型涂层。③推动镀覆工艺向自动化、数字化和智能化方向发展。

（十）有机涂层

航空有机涂层将向着环保化、高性能化、长寿命、多功能集成化等方向发展。①开展对抗海洋环境的防腐性能更加卓越的长效防腐涂层的研制。②持续推进航空有机涂层的环保化发展，开展施工固体份在60%以上的非铬防腐防护涂层的技术攻关；加强对环保型功能／防腐一体化涂层研制与应用研究；加快水性涂料研制并推动其工程化应用。③加快航空发动机需要的综合性能要求高的特种功能／防腐一体化涂层的研制，尤其是长期耐温700℃到1000℃的高温有机无机杂化涂层的研制。④加强轻质、易清洁防腐面涂层前沿探索和基础研究，尤其是轻质减重低面密度防腐防护有机涂层的技术攻关。⑤加强各类特种功能涂层的易修补易重涂等配套工艺性研究。⑥开展部分关键防腐涂层用国产原材料的研制与验证工作，提高自主保障能力。⑦持续推进民机用防腐涂层以及功能／防腐一体化涂层的研制、选材和适航符合性验证工作，推动国产有机涂层的使用。

五、结语

航空材料具有严酷的使用条件和高可靠的应用需求，研制难度大，必须要走完材料研制和应用研究两个全过程，才能够在航空装备上成熟应用。经过几十年的发展，我国航空材料技术已取得长足进步，成为全球拥有较为完整的研制生产能力的少数几个国家之一，但整体上与国外先进水平还存在一定差距。

未来仍需立足国内航空材料技术发展现状，聚焦先进航空装备的需求以及技术推动作用，对标国际先进水平，通过严格遵循材料研制和应用研究的客观规律，持续推动航空主干材料体系建设，加快突破航空材料关键技术，有效推动航空材料产业各个环节的良好衔接，促进航空材料技术的快速进步和航空材料产业的健康高质量发展。

参考文献

［1］ 中国科学院. 2019 高技术发展报告［M］. 北京：科学出版社，2020

［2］ 严鸣皋，吴学仁，朱知寿. 航空材料技术的发展现状与展望［J］. 航空制造技术，2013，12：19-25.

［3］ 李晓红. 一代材料一代飞机：谈航空材料与飞机、发动机的互动发展史［J］. 国际航空，2010（8）：66-70.

［4］ 陈亚莉，赵群力. 航空材料技术发展展望［J］. 国际航空，2016（10）：41-43.

［5］ 李凤梅，韩雅芳. 中国航空材料现状、问题与对策［J］. 新材料产业，2010（11）：32-35.

［6］ 张健，王莉，王栋，等. 镍基单晶高温合金的研发进展［J］. 金属学报，2019，55（9）：1077-1094.

［7］ 李嘉荣，刘世忠，史振学，等. 第三代单晶高温合金 DD9［J］. 钢铁研究学报，2011：23（增刊2）：337.

［8］ 张国庆，张义文，郑亮，等. 航空发动机用粉末高温合金及制备技术研究进展［J］. 金属学报，2019，55（9）：1133-1144.

［9］ Powell A，Bain K，Wessman A，et al. Advanced supersolvus nickel powder disk alloy DOE：Chemistry，properties，phase formations and thermal stability［A］. Proceedings of the 13th Intenational Symposium of Superalloys［C］. Warrendal，PA：TMS，2016：189.

［10］ 张勇，李鑫旭，韦康，等. 三联熔炼 GH4169 合金大规格铸锭与棒材元素偏析行为［J］. 金属学报，2020，56（8）：1123-1132.

［11］ 宫声凯，尚勇，张继，等. 我国典型金属间化合物基高温结构材料的研究进展与应用［J］. 金属学报，2019，55（9）：1067-1076.

［12］ 蔡建明，弭光宝，高帆，等. 航空发动机用先进高温钛合金材料技术研究与发展［J］. 材料工程，2016，44（8）：1-10.

［13］ 张卫山，刘吉平，刘晓波，等. 阻燃钛合金的研究及进展［C］. 中国阻燃学术年会. 杭州，2015：58-62.

［14］ 黄浩，王敏涓，李虎，等. 连续 SiC 纤维增强钛基复合材料研制［J］. 航空制造技术，2018，61（14）：26-36.

［15］ 王建国，王祝堂. 航空航天变形铝合金的进展［J］. 轻合金加工技术，2013，41（8）：1-6.

［16］ 孙德勤，陈慧君，文青草，等. 耐热铝合金的发展与应用［J］. 有色金属科学与工程，2018，9（3）：65-69.

［17］ 李飘，姚卫星. 铝锂合金材料发展及综合性能评述［J］. 航空工程进展，2019，10（1）：12-20.

［18］ 应俊龙，巢昺轩，蒋克全. 超高强度钢的发展及展望［J］. 新技术新工艺，2018（12）：1-4.

［19］刘洪秀，于兴福，魏英华，等. 航空轴承钢的发展及热处理技术［J］. 航空制造技术，2020，63（1）：94-101.

［20］张晓雯，吴南，张旋，等. 透明聚碳酸酯材料疲劳断裂行为［J］. 材料工程，2017，45（11）：30-35.

［21］姜良宝，厉蕾，张官理，等. 化学强化铝硅酸盐玻璃研究进展［J］. 材料工程，2014，10：106-112.

［22］杨振环，杨家义，孔建. 全氟醚橡胶及其制品的应用［C］//2010第三届特种橡胶与制品市场技术研讨会论文集. 苏州，2010：137-144.

［23］彭睿，常振东，孙莉莉. 航空发动机新型热障涂层研究进展［J］. 航空工程进展，2020，11（3）：308-315.

［24］鲍泽斌，蒋成洋，朱圣龙，等. 高温防护金属涂层的发展及活性元素效应［J］. 航空材料学报，2018，38（2）：21-31.

［25］张俊红，鲁鑫，何振鹏，等. 航空发动机可磨耗封严涂层技术研究及性能评价［J］. 材料工程，2016，44（4）：94-109.

［26］付颖，张艳，包星宇，等. 钛合金表面耐磨涂层研究进展［J］. 中国腐蚀与防护学报，2018，38（2）：117-123.

航空制造技术学科发展报告

一、引言

航空制造技术是面向航空产品制造过程的制造机理、加工方法和工艺装备的综合性科学技术。随着科学技术的发展，航空制造技术已集机械、电子、光学、信息、材料、生物科学和管理学为一体，形成了一种多学科交叉、技术密集体系，它集聚了制造业的先进技术，成为工业领域先进制造技术的代表和国家工业实力的象征。

航空产品作为载人空中运输工具和空中作战平台，具有速度、机动性、寿命、可靠性、安全性、舒适性、经济性等多类功能和性能要求，航空制造技术对提高航空产品性能、减轻结构重量、延长使用寿命、缩短研制周期、降低成本、提高可靠性起着关键性的作用。从莱特兄弟制造的第一架飞机问世以来，航空产品结构材料从木、布结构经历了铝、钢结构演变成现在的铝、钛、钢、复合材料结构，零件逐步采用整体化结构设计思想，航空制造技术也一直围绕金属结构制造、复合材料结构制造而不断地演变和发展。

根据我国航空制造技术体系及其发展现状，综合分析国外现代飞机及其发动机采用的先进制造技术，划分为金属整体结构制造技术、复合材料整体结构制造技术、先进焊接技术、飞机装配技术和数字化制造技术等领域，重点围绕 2015—2020 年间航空制造技术学科演进进程和趋势，展示近年来航空制造技术学科发展状态及成果。

二、我国航空制造技术发展现状

（一）金属整体结构制造技术

金属整体结构是现代航空产品广泛采用形式，减少了零件之间的连接部位，使得结构性能提升并实现结构减重。为提升航空产品结构效率，金属整体结构尺寸趋于大型化，结

158

构集成度越来越高，不仅增加了零部件结构的复杂性，也使其加工与成形难度增大，复杂及大型金属整体结构的制造技术成为支撑现代航空产品研制和生产的核心技术，其主要技术方法涉及数控加工、金属塑性成形、增材制造以及以电加工、束流加工为代表的特种加工等。

1. 数控加工技术

数控加工技术是航空结构件最主要的制造手段。现代航空结构件大量采用新技术、新结构、新材料，呈现出以下特点：结构大型化，大量减少结构件零件数量和装配焊接工序，并有效减轻整机重量，提高零件强度和可靠性；外形复杂化，飞机整体结构采用复杂薄壁加筋翼身融合设计，航空发动机冷端大量使用薄壁宽弦弯扭掠叶型的整体叶盘结构；材料多元化，高强度材料（高强铝合金、高强钛合金、超高强度钢等）和低密度轻质材料（碳纤维复合材料、铝基碳化硅、蜂窝等）成为航空结构件的两大类主要材料，单晶材料、金属间化合物和陶瓷基复合材料开始取代传统的高温合金以提高航空发动机热端温度；制造精密化，对结构件形位公差、尺寸公差都提出了更高的要求，如飞机结构件腹板最高精度达到 ±0.1mm，比前一代飞机提高一倍以上，航空发动机压气机叶片轮廓度要求提高至 ±0.03mm，基本达到了数控加工的精度极限。

高速加工技术已广泛应用于大型铝合金整体结构件中，切削线速度可达 1000m/min 以上、材料去除率高达 $1×10^7 mm^3/min$，可稳定加工出 1±0.01mm 的腹板结构；钛合金叶片加工主轴转速可达 8000 ~ 12000rpm。新工艺方法开始出现在难加工材料的数控加工中，使用超声振动铣削、磨削加工的陶瓷基复合材料构件表面粗糙度明显改善；复材构件超声振动制孔技术已开始验证应用，制孔质量大幅提升，无分层、撕裂、毛刺等缺陷；基于测量 – 调整 – 补偿闭环的自适应加工技术开始应用于近净成形零件，实现了航空发动机精锻叶片、宽弦空心风扇叶片、线性摩擦焊整体叶盘的高精度加工。先进刀具结构和材料不断改进，插铣、快进给铣刀的应用提高了钛合金框梁结构件的加工效率；碎齿刃、双螺旋刃铣刀大量应用于碳纤维复合材料结构件轮廓加工，能够很好地抑制分层、翻边、拉丝、毛刺等加工缺陷；在超声振动的辅助下，直刃尖刀和无齿圆片刀已应用于芳纶蜂窝芯的高效加工中，基本可实现无粉尘加工；辅助工艺软件逐步应用于工艺设计，目前航空制造企业已基本实现了数字化工艺设计，根据自身特点构建了 CAD/CAPP/CAM 集成式工艺系统和工艺数据库 / 知识库；工艺仿真正从传统的几何仿真向物理仿真过渡，在航空关重件的工艺设计中进行动力学仿真、加工变形仿真可有效抑制颤振、控制变形，提高了关重件的加工合格率。

2. 金属塑性成形技术

金属塑性成形技术是以金属板材、型材、管材、带材、箔材等为对象，利用金属材料在一定载荷条件下具有的塑性变形特点，实现形状和组织性能改变从而成形制件的工艺方法，被广泛应用于飞机和发动机金属零件制造。

近年来，为适应航空构件的高性能技术需求，金属塑性成形技术研究重点多集中于整体化、轻量化甚至大型化构件的技术研究。其中，超塑成形 / 扩散连接技术利用板材在高温环境下的塑性变形，形成具有复杂外形的薄壁壳体桁架结构，用以取代传统的锻造 + 机加、铸造 + 机加工艺，并成功应用于机身口盖、防火墙、发动机叶片、飞行器舵面 / 翼面等结构，有效实现结构减重（单件减重收益 10% 以上）且构件的外形精度与成形质量更优。利用超塑成形 / 扩散连接 / 焊接（包括电子束焊接、激光焊接、搅拌摩擦焊接等）集成技术创新，突破了原材料板幅和成形设备平台尺寸限制，为飞机大型 / 超大型轻量化整体结构的研制提供了全新的解决方案。采用喷丸成形制造带筋整体壁板，用于代替传统的铆接组合式壁板，成功应用于飞机机翼结构，有效实现结构减重，且构件具有更好的强度与刚度，同时提高了构件的气动表面质量及密封可靠性，该技术的突破使我国喷丸成形技术跃居世界领先水平。采用旋压成形技术实现了最大直径 2400mm、最大高度 2500mm 铝合金回转体构件的整体制造，代替原有的滚弯拼焊工艺，有效提高了构件的成形精度和结构完整性，标志着我国具备了大型薄壁回转体构件的整体制造能力。采用双壁间隙组合管代替传统单层管路系统用于飞机燃油管路系统，有效解决单层燃油管可靠性低、易发生管件破裂接头漏油等技术难题。

3. 增材制造技术

增材制造技术源于"离散 – 堆积"成形原理，基于结构 3D 设计模型进行离散、逐层的成形路径及策略设计，利用各种束流源逐层熔化粉末或丝材，实现由模型到实体结构的再现性直接制造。已将在焊接制造成熟应用的低成本方法引入增材制造，如等离子弧焊、电弧焊等熔焊方法，搅拌摩擦焊、线性摩擦焊等固相焊接方法，以及等离子喷涂、冷喷涂等涂层技术，增材制造发展更加方向突出广义增材制造，应用材料从金属拓展至金属基复合材料、陶瓷以及碳纤维复合材料等。金属增材制造主要分两类，一是基于送丝、送粉增材制造，适用大尺度结构于近净成形制造，或零件修复与再制造；二是基于铺粉的选区熔化精密增材制造，适用复杂构形零件净成形制造，如点阵结构零件制造。我国增材制造技术应用也在不断发展，从增材材料、增材装备研发，到结构和产品的增材制造，现已形成一定规模的产业链，在航空领域，金属增材制造在飞机、发动机、导弹等飞行器轻质、高性能、多功能零部件得到验证，对满足航空结构 – 功能一体化复杂构件的 3D 设计模型验证、快速响应研制以及低成本生产起到推动作用。飞机进排气格栅和发动机喷油嘴激光选区熔化增材制造技术、大型整体钛合金主承力结构件激光直接沉积增材制造技术、飞机框梁结构电子束熔丝增材制造技术等技术研究已取得突破性进展，研制出某型号飞机 TA15 钛合金前起落架整体支撑框、C919 接头窗框、大型运输机滑轮架等金属零部件，实现了航空装备上装机应用。中国航发商发已完成增材制造微型涡喷发动机制造。制造院开发了国内首台 60kV/8kW 定枪 EBF3 设备及专用电子束熔丝增材制造分层处理软件。

随着航空、航天、核工业等武器装备的极端载荷工况极端化及性能指标不断提升，主动冷却、燃料输送和结构轻质化等功能组件更多地采用复杂内流道、多曲面相贯或点阵夹芯等复杂金属整体结构，现有减材制造技术很难实现其制造，增材制造技术具有更广泛的应用前景。面临的关键是解决工程应用实施问题，一方面是增材制造工艺自身发展，多激光选区熔化增材制造技术、电子束/激光同轴熔丝增材制造技术、基于高能束的复合能场增材制造技术等新一代增材制造技术快速发展，将逐步应用于飞机接头、框梁、起落架和发动机机匣、叶片、复杂管路等复杂整体结构研制及生产；二是低成本的电弧增材、冷喷涂增材、摩擦焊增材等技术也在发展提升，为航空结构低成本增材制造提供选择；三是面向增材制造全流程设计与制造的整体化、集成化制造，发展增材制造的数字化、智能化技术。

4. 特种加工

与传统的切削加工不同，特种加工是利用电能、热能、光能、声能、化学能等能量或其与机械能的组合以实现材料加工，特别适合于难加工材料构件、型面形状复杂零件、尺寸微小零件，以及薄壁弱刚性零件等材料去除加工，其中电加工、激光加工已成为航空制造领域中的关键技术，支撑着整体薄壁结构、大尺寸整体复杂结构、群孔结构等重要零部件的制造。

电解加工技术是基于电化学阳极溶解原理，利用成型阴极将工件加工成型的方法，已形成精密振动电解加工、照相电解加工、电化学铣削加工等多种工艺。其中，精密振动电解加工技术实现极小间隙（小于 0.01mm）下的定域加工，提高了航空发动机整体叶盘、叶片等零件电解加工精度。照相电解加工可加工任意复杂构型孔，最小孔径为 Φ0.3mm，已应用于发动机多空层板大面积薄壁群孔结构、表面复杂形状的燃烧室薄壁机匣的加工。电液束加工技术是通过毛细管电极中持续液束流输出实现金属工件制孔加工的工艺方法，小孔加工无再铸层、无微裂纹、无热影响区，小孔可加工的最小直径为 0.25mm，深径比可达 100：1，可解决航空发动机涡轮叶片等零件的高品质制孔需求。电火花加工技术是利用工具电极与工件间脉冲性火花放电的电熔蚀实现材料去除加工，在难加工材料及复杂结构加工方面，电火花加工优势较大，广泛应用于航空发动机整流叶片、燃烧室火焰筒、高、低压涡轮导向/工作叶片、多联导向叶片、涡轮外环、I 级导向器叶片、整流支板组合件，以及飞机进气道防护格栅等成形或制孔；薄壁类弹性支座、弹性环、涡轮叶片等零件的电火花线切割加工；发动机燃烧室衬套、套筒、滑块，以及飞机起落架回转摇臂等电火花表面合金化加工。

激光去除加工涉及激光切割、激光打孔、激光打标，以及近期快速发展的激光清洗。激光切割相比传统机械加工具有非接触加工、效率高、柔性好的特点，目前已在我国多型飞机样板加工中得到较广泛应用，切割速度通常大于 3m/min；激光三维切割技术已用于飞机机身钛合金壁板的外轮廓切边，切口表面几乎无再铸层与热影响区，无须机械修磨即可直接用于焊接。激光打标近年已发展应用于划线，如在航空零件化铣胶膜上进行化铣图案划线，克服了手工划线效率低、精度不稳定的缺点。相比飞机制造，激光加工技术更多应用于发动机制造，我国航空发动机从进气道到尾喷管有上百种零件已采用激光切割或制孔，例如，扇形叶型板、隔热屏；毫秒（10-3s）脉冲激光加工气膜冷却孔技术早已在燃烧室零件与导向叶片等热端部件中广泛应用；近期在燃烧室零件已实现先制备热障涂层后制孔，已掌握在涂层表面涂覆防飞溅涂料避免激光制孔过程飞溅物污染粘敷涂层，应用多点冲击方式实现"跑道型"异型孔加工。由于具有热影响极小，甚至可以实现孔壁无再铸层的优势，以皮秒（10^{-12}s）、飞秒（10^{-15}s）激光为代表的超快激光加工小孔技术已实现在国内新研制的发动机叶片气膜孔加工应用验证。纳秒（10^{-9}s）激光与超快激光加工技术在机载电子设备上已得到初步应用，包括在雷达罩金属膜表面进行选频图案刻型。

5. 表面工程技术

航空制造技术发展面向的是提高飞机寿命、可靠性，满足飞机结构功能性要求，飞机结构不仅需求良好的抗疲劳性、耐磨损、耐腐蚀，而且需求实现飞机隐身、零部件热防护等特殊功能，这使得表面工程技术成为航空制造技术发展的关键技术之一，并已在我国航空发动机及飞机制造领域得到较为广泛应用。在航空发动机制造方面，涡轮外环封严涂层热喷涂技术的发展，已建立了服役温度400~1200℃的封严涂层系列；利用热喷涂和电子束物理气相沉积（EBPVD）两种技术实现了热障涂层制备，提升了发动机进口耐温能力。在飞机结构制造方面，激光冲击强化在提高飞机钛合金、铝合金框梁结构抗疲劳性方面起到重要作用，疲劳寿命至少提高3倍以上，大幅度提高了此类结构件的可靠性和安全性。飞机襟翼滑轨、转轴梁及旋翼轴等高速、高承载部件实现了耐磨防护涂层应用，磨损率下降50%以上，耐磨寿命得到成倍提高，其热喷涂及PVD沉积技术制备工艺也日益成熟，保证了苛刻环境下飞机零部件的性能和长效使用。表面防腐技术因海洋环境服役而提出了更多的需求，轻质铝合金结构件的耐磨耐蚀阳极氧化技术已经相对成熟，铬酸、硫酸和硬质阳极氧化都已经成熟应用，环保无铬阳极氧化技术和替代硬质阳极氧化技术的微弧氧化技术正在研究之中；结构钢构件镀锌、镀镉、超高强钢镀镉钛等技术也较为成熟，已在多个型号使用，无氰电镀也取得一定进展，低氢脆锌镍合金电镀等绿色电镀工艺也正在开展应用研究；面向抗海洋环境腐蚀的防腐涂料研制，已可应用于陆地及海洋各型飞机蒙皮及机体结构。

近年来，国内复合表面工艺、绿色表面技术在航空领域应用上也取得突破性进展，如：激光冲击强化与热喷涂铜镍铟涂层复合工艺已应用于飞机钛合金运动部件抗微动磨损；等离子体喷涂与磁控溅射复合工艺制备高温雷达与红外兼容隐身涂层已应用于发动机部件；超音速火焰喷涂WC涂层替代镀硬铬已成功应用于飞机起落架和飞机襟翼滑轨。

6. 焊接技术

以高效高精为特征的电子束焊接、激光焊接、线性摩擦焊和搅拌摩擦焊等先进焊接技术是实现飞机和发动机整体化、轻量化制造的重要解决途径。伴随着航空新材料新结构的应用，数字化智能化装备技术的发展，先进焊接技术的工艺基础研究和高端装备研制也在不断拓展，飞机和发动机典型焊接结构工程化应用关键技术获得突破，已在多种型号制造中得到应用。

（1）电子束焊接

利用高能量密度的电子束流为热源，在真空环境实施熔化焊接的方法，有利于获得优质且深宽比大的焊接接头，国内已突破180mm厚度钛合金结构焊接。近年，面向飞机和发动机结构的高强钛合金、高温钛合金、钛铝金属间化合物、新型高温合金以及异种金属开展了工艺基础研究，基于束流控制技术开发了电子束偏摆扫描焊接、脉冲电子束焊接、多点束源复合作用控制电子束焊接等新工艺，显著提升了焊接工艺稳定性和可靠性，结合电子束技术和检测技术获得了束流作用轨迹控制技术和过程在线质量检测技术，促进焊接装备高端发展，部分研究成果已应用于飞机和发动机生产中。对于飞机结构，电子束焊接已应用于钛合金承力框梁、高强钢滑轨、机尾罩、口盖、起落架、拦阻钩、电磁阀组件等结构的焊接。对于发动机，已应用于盘、转子、机匣组件以及过渡轴管、轴颈、衬套、短管等结构。

（2）激光焊接

利用聚焦调控的高能量密度激光束为热源的熔化焊接方法。随着激光技术的发展，激光焊接已可通过能量域、时间域、空间域多维调节实现所需模式的焊接，大大提高了焊缝深宽比调节和焊接结构变形控制的能力，提升了焊接过程稳定性和焊接接头的质量可靠性。目前飞机和发动机结构激光焊接以高亮度大功率光纤激光焊接为主导，多模激光、单模激光、复合模式激光的激光焊接应用研究成为热点，以满足不同材料、不同结构的焊接需求。激光焊接具有与信息技术和数控技术更易于融合的特征，智能化激光焊接是近期工程应用的发展方向，对于航空结构，基于机器人的激光填丝焊接技术、双光束激光焊接技术、激光–电弧复合焊接技术得到进一步应用和优化，不仅在发动机转接段、飞机腹鳍结构、飞机壁板结构、缝翼滑轨套筒等结构形成了批量制造，并拓展应用于进气道、排气道、尾喷管等复杂结构。

（3）线性摩擦焊

线性摩擦焊是一种固相焊接方法，利用接触工件间往复直线运动的产生摩擦热，使焊接区的温度分布、变形达到一定程度，再施加顶锻压力实现连接。线性摩擦焊可进行同种或异种材料的连接，在整体叶盘的制造及修复方面具有广泛的应用前景。2008年至今，我国针对航空用典型钛合金线性摩擦焊焊接过程温度场分布、金属塑性流动行为、焊接机理及接头组织演变进行了深入的研究，并依据航空发动机整体叶盘的需求，开展了多种钛合金组合的线性摩擦焊及焊后热处理工艺优化，突破了同种／异种钛合金线性摩擦焊接头质量控制技术，打通了线性摩擦焊制造整体叶盘的工艺路线，研制的叶盘通过了相关的试验考核。线性摩擦焊技术已进一步推广到飞机十字吊挂、尾梁、C形框、座椅导轨、弹射梁等飞机构件的制造。在线性摩擦焊设备方面，目前的设备振动回零精度达到了国际先进水平。此外，还开展了航空构件用新型高温合金、单晶材料、金属间化合物的线性摩擦焊工艺研究。

（4）搅拌摩擦焊

搅拌摩擦焊是 1991 年的英国焊接研究所发明专利技术，通过搅拌头与被焊金属材料的摩擦搅拌产生热能，使金属塑化并形成固相连接，适用于铝合金、镁合金、钛合金等轻质合金和钢材的焊接。我国的搅拌摩擦焊技术始于航空工业制造，近十年在工艺应用、基础研究、装备研发方面蓬勃发展，已形成一定规模的专利技术群和高质量的研制产业链，在回填搅拌摩擦点焊、静轴肩搅拌摩擦焊、角接搅拌摩擦焊等方面都有了很大的突破。回填式搅拌摩擦点焊完成了工程样机设计制造，并针对舱门、蒙皮等飞机薄壁结构开发了系列尺寸焊点的点焊工艺技术，实现了 7mm、9mm 焊点的焊接，以及高强铝合金匙孔和裂纹的修复，同时又发展出摩擦塞补焊新技术，以及恒压控制 1t 的重载机器人，拓展了静轴肩搅拌摩擦焊的应用领域。搅拌摩擦角接焊实现了飞机蒙皮加强筋焊接，此外大厚度搅拌摩擦技术实现了铝合金 80mm 厚板单面焊、150mm 厚板双面。

（5）真空钎焊

高推重比发动机、高速飞行器的耐高温结构、轻量化整体结构、功能结构等需要耐高温、高强度钎焊技术，使得真空钎焊成为航空新材料、新结构的钎焊应用研究的热点。对于金属间化合物、单晶高温合金、氧化物弥散强化合金等新型高温材料，基于多相复合强化理论机理开发了新型镍基钎料、钴基钎料、钛基钎料，钎焊接头室温抗拉强度可达到基体强度的 80%，1000℃抗拉强度提高到基体的 70%，单晶导向叶片、IC10 低压涡轮导向叶片钎焊结构已应用于新型发动机，GH2756 合金多孔层板火焰筒钎焊结构、尾喷管调节片通过试验考核。对于钛合金、变形高温合金、氮化物弥散强化合金薄壁结构，基于多相复合强化、高熵强化开发强韧型钛基钎料、镍基钎料、钴基钎料、高熵钎料，钎焊制造的钛合金蜂窝壁板结构用于飞机腹部口盖、后机身侧壁板、副翼、襟翼等，钎焊的钛合金多层微通道换热器用于机载设备，钎焊的 GH99 合金蜂窝壁板结构用于方向舵，钎焊的 GH4169 合金、NS163 合金毛细管预冷换热器通过试验器模拟工况试验考核。对于陶瓷及其复合材料的耐高温、高强度钎焊，开发了镍基、钴基、钛基、银基等多类型活性钎料，钎焊 SiCf/SiC 复合材料与 MX246A 合金舵翼前缘支撑板、Cf/SiC 复合材料与 TC4 钛合金推力室通过试验验证。

（6）扩散焊

航空轻量化整体结构、耐高温结构、承力结构等方面应用快速发展，结合钎焊和扩散焊优点的过渡液相（Transient Liquid Phase，简称 TLP）扩散焊、外加物理场（电场、磁场）促进扩散焊等新方法不断涌现。针对发动机热端部件用单晶、定向凝固合金、氧化物弥散强化合金等新材料，研究了多种镍基、钴基中间层材料和 TLP 扩散焊工艺。采用高熵合金强化中间层可有效克服晶体取向差对单晶 TLP 扩散焊接头组织性能的影响，实现了单晶导向叶片的焊接，TLP 扩散焊还实现了多孔层板火焰筒、内椎体、隔热屏、尾喷管构件焊接。钛合金、变形高温合金空心结构扩散焊工艺研究实现了进气机匣空心支板、空心舵翼、空心离心叶轮焊接，采用 Ni 中间层实现 GH4169 高温合金空心支板焊接并通过部件强度试验考核。针对高温变形难度大的新型高温合金、难熔金属研究了放电等离子扩散焊，获得单晶 / 粉末高温合金、钛铝化合物、钼合金、钼合金 / 钨铼合金、钛合金等快速焊接技术。

（二）复合材料整体结构制造技术

复合材料质量轻、比模量和比强度高、可设计性及耐腐蚀性强、工艺性能良好，经过几十年的实践证明，复合材料比金属更适应大型整体结构的制造，备受飞机和航空发动机设计师的青睐，在国内外得到了广泛应用。

经过几十年的发展，国内飞机树脂基复合材料用量迅速提高，AG600 大型水上飞机中的复合材料用量接近全机结构重量的 30% 左右，大型客机 C919 飞机复合材料用量占 15% 左右，正在研制中的双排座大型客机 C929 飞机复合材料用量接近 50%，与国外最新型大型客机 B787 和 A380 的复合材料用量基本相当。国内大部分无人机主体结构 100% 为复合材料，同时，由于相比金属材料重量轻、电性能好、可设计性强等显著优势，国内复合材料整体结构近年来大量应用在飞机的功能结构领域，除传统的雷达罩、天线罩之外，在功能性结构和飞机内饰等方面得到了广泛应用。

在制造技术方面，大、中型结构件开始采用自动铺丝和自动铺带技术，大量采用预浸带、层片自动裁剪、激光辅助定位 / 手工铺层和热压罐固化等工艺技术，技术成熟度较高。AG600 水上飞机的垂尾、副翼大型复合材料结构件，以及中型飞机的机翼、尾翼、进气道、消音衬垫等大型整体主承力复合材料结构件采用了共固化、胶接等整体成形技术，鸭翼、梁、舱门和航空发动机的叶片、格栅等整体结构采用了液体成形技术（包括 RTM、RFI、VARI 等）制造。目前，我国航空业复合材料制造技术朝着低成本、数字化和智能化的方向快速发展，与世界先进水平的差距逐步缩小。

在复合材料制造设备方面，我国已拥有超过 30m 长的热压罐设备，可满足飞机机翼等特大型复合材料结构的成型需要。通过引进和自主研发，航空工业主要复合材料厂家广泛采用世界先进的自动铺丝、铺带和蜂窝加工设备，为我国航空装备的发展打下了坚实的基础。

（三）飞机自动化装配技术

现代航空零部件结构趋向于大型化、整体化设计，带来了装配基准、连接区域、工艺补偿方式的变化，以零部件柔性定位、协调制孔、精确对接为典型代表的机械化自动化数字化装配技术成为支撑现代飞机装配的核心基础。

飞机自动化装配是指从组合件、盒段件及部件对合装配工艺采用自动化、数字化技术,实现飞机装配全过程自动化,装配过程是以数字化柔性工装为定位平台,以先进数控钻铆系统为自动连接设备,以数字化测量装置为在线检测工具,在数控装配程序驱动下,在集成的数字化柔性装配系统上完成的飞机产品的自动化装配。数字化柔性装配是自动化装配发展的新方向。

数字化柔性装配技术涉及柔性装配工艺设计、数字化/自动化装配单元两个主要技术领域。数字化柔性装配工艺设计技术是实现优质高效装配的重要技术保障,面向数字化柔性装配的结构设计技术已获得广泛应用,开展了基于关键特性的容差分配、数字化柔性装配工艺规划与仿真技术研究,初步形成了满足柔性装配过程需求的工艺方法及设计准则,提高了数字化柔性装配工艺水平。数字化/自动化装配单元技术是推动数字化柔性装配技术发展的关键因素,是实施数字化柔性装配的重要载体。开发了可重构柔性定位工装、多自由度并联定位工装等柔性定位单元;以机器人为基础建立铣切单元,实现装配过程中壁板精确修配;研制振动制孔单元,以改善制孔表面质量;研究螺旋轨迹制孔技术并开发螺旋轨迹制孔单元,利用其运动特性实现了一种刀具制多种孔径的孔;针对不同装配对象的结构特点和制孔需求,研制了可附着在产品表面的爬行机器人制孔、柔性导轨制孔、环形轨道制孔等单元;针对长寿命连接需求,研制出便携式低电压电脉冲铆接单元;研制了小型干涉连接单元,用于改善复合材料结构的连接质量;利用双机器人协同作业的优势,开发了双机器人协同连接单元;结合多种检测技术,研制了装配质量双目视觉在线检测单元、复杂狭窄内腔多余物识别及装配质量检测单元,扩展数字化检测技术应用范围,提升检测水平,保障装配质量;采用复杂装配系统先进集成控制技术、基于数字孪生的装配管控等数字化管理技术,融合多功能数字化柔性装配单元的多种自动制孔系统、双机器人协同钻铆系统等陆续应用于飞机研制生产,推动了数字化柔性装配技术持续发展。

(四)数字化智能化制造技术

数字化制造是指由计算机介入或控制的各个尺度下产品加工制造过程,数字化制造技术是计算机技术、信息技术、网络技术、计算机辅助设计/制造(CAD/CAM)技术等的综合应用技术。数字化制造技术的应用改变了产品设计、制造、试验、管理的模式、流程、方式、方法和手段。在数字化制造过程中,数字量的信息贯穿从产品设计到最终产品的全过程,并实现信息的双向流通。在以云计算、大数据、区块链、人工智能、新一代网络及通信技术等数字新技术为代表的全球新一轮科技革命和产业变革背景下,数字化制造技术与网络化、智能化技术紧密融合,增强了数字化设计、制造、运行、维护等不同阶段的智能处理能力,形成了全新的智能制造技术体系,在优化的数字化工艺导引、智能化的实时感知与分析决策、快捷的数字化执行系统驱动以及高性能数字化智能化装备支持下,制造系统灵活、准确、高效率地运转，呈现出"动态感知、实时分析、自主决策、精准执行"的智能运行模式。航空工业数字化智能化体系是以多专业领域、全生命周期、跨产业集群为特征的高技术产业的典型代表，是数字化智能化应用程度最深、范围最广、协作最密切的高端产业。

近年来，国内航空制造业在飞机的科研生产、研制保障中同步提升数字化技术能力，全面推进采用基于数字化模型方法和并行协同工作模式，初步形成以数字化并行设计、试验仿真、制造、管理为主线，以数字化协同平台为支撑的数字化研制体系。

1. 实现全三维数字化定义，构建几何数字样机

采用以基于模型的产品数字化定义技术，实现各专业协调以飞机数字样机作为统一几何数据源，数字量传递取代模拟量传递的目标，实现从二维设计向全三维设计的跃升。

2. 构建跨地域、跨专业的设计制造并行协同工作模式

新产品研制中普遍采用 MBD（基于模型的定义）的研制模式，实现以数字化并行设计、试验仿真、制造、管理为主线，以各类数据库、标准规范为基础，以数字化协同平台为支撑的数字化研制体系框架。

以数字量传递为核心，构建数字化制造体系。主机厂已普遍采用三维工艺设计系统，通过数字量传递直接驱动各类数字化生产线进行零部件制造和产品装备，实现模线样板标准样件协调向数字量协调的转变。

3. 探索并推进建设一批数字化生产线和智能制造新模式

探索物联网、赛博－物理系统（CPS）、边缘计算等技术在航空制造领域的应用途径，规划航空工业智能制造整体架构以推进航空工业数字化智能化转型升级；应用数字化工艺设计、仿真手段和数字化制造设备，建成一批结构件数控加工、数字化钣金成型、数字化复合材料构件制造、数字化焊接、数字化装配等数字化生产线；开展数字线/数字孪生在航空制造领域应用研究，以飞机数控加工零件为对象，开展全过程全要素的工艺模型定义研究，设计加工参数采集和自动处理规则，形成基于制造数据的在线加工分析和决策基本技术方案；结合智能制造专项计划，建成了直升机旋翼系统制造智能车间、飞机座舱盖风挡智能装备生产线、飞机大型复杂结构件数字化车间、高性能车用锂电池及电源系统智能生产线、支线飞机协同开发与云制造试点示范等智能制造示范环境。

三、航空制造技术国内外比较分析

（一）国外航空制造技术的主要进展

1. 金属整体结构制造技术

（1）数控加工技术

国外数控加工技术呈现出高速化、复合化和智能化的发展趋势。在高速加工方面，高

速大扭矩电主轴大量应用在数控机床中，工程应用的主轴转速从前期的 20000rpm 左右提升至 40000rpm 左右，机床驱动轴开始使用直线电机和力矩电机，以匹配超高主轴转速，提高运动精度，其加速度可达 1g 以上、定位精度可控制在 6μm 以下。超声振动加工装置与机床相结合，实现了硬脆材料、蜂窝芯等结构件的高质量高效率加工；集成增材制造的数控加工中心已实现商业化，具备复杂零件的高效精密加工和航空发动机叶片修复的能力；利用机器人柔性高、运动灵活的特点，机器人磨削技术在航空发动机叶片中得到应用，加工对象包含精锻叶片前后缘去量加工、大型风扇叶片和整体叶盘叶片抛光加工等。

智能化已涵盖工艺设计、机床工装和加工过程等数控加工的各个方面。Simenes 公司将 UG 软件升级为建虚拟环境（工艺设计环境）与现实环境（实际加工环境）的无缝平台，以实现 CAM-CNC 集成，大幅提升 NC 程序编制的效率和质量；Liechti 公司开发了整体叶盘数控加工技术，综合应用机床运动精度检测和补偿、工艺系统动力学分析和工艺参数优化、刀具轨迹规划和刀具轨迹运动学优化技术，实现了整体叶盘的高精度高效率加工；在加工薄壁结构件、大型复材结构件及蒙皮类零件中采用数控多点自动调节、真空吸附或机械夹头的柔性夹具，实现对不同形状的大型结构件在机床上的柔性、快速定位和装夹；自适应控制系统逐步集成机床中，不仅可通过机床主轴监控（刀具平衡检测、冲突检测、轴承检测等）及刀具监控（破损检测、磨损检测等）实现刀具、机床的过载保护，而且可通过加工过程中的数据采集及系统自动判断进行实时速度调控，从而实现稳定负载的高效加工。

（2）金属塑性成形技术

国外航空装备正在向高速化、远程化发展，其相应的制造技术发展重点体现于新型耐高温材料轻量化制造技术、轻质材料先进制造技术、复杂功能结构制造技术及数字化制造技术。其中，美国采用 Ti3Al 合金用于导弹舵翼面，其短时使用温度可达 1000℃。铝锂合金等轻质合金用量增多，C-17 在研制中采用了大量 2090 铝锂合金代替 2024 铝合金实现结构减重；空客 A220 系列（原庞巴迪 C 系列）采用 2198 和 2196 铝锂合金分别用于机身蒙皮与长桁的制造，全机铝锂合金用量占到飞机材料使用总量的 23%。美国波音公司为提高零件的降噪功能，试制了五层板和七层板的 SPF/DB 结构；NASA 兰利中心在 UEET 计划中开发了钛合金、高温合金三维点阵结构，应用对象是超音速尾喷管静态组件，包括主动操纵面板、尾喷管挡板、侧面板结构等；美国将作动器嵌入出口导流叶片结构和风扇叶片，以达到降低结构振动应力的效果；欧洲 Clean Sky 项目发布了风扇叶片嵌入式监控技术的资助计划，重点关注功能结构的集成制造技术；瑞士 AutoForm 等公司开发的 OneStep 模块应用于工艺数字化设计，对复杂钣金件的成形性作出预评价的周期小于 15min；波音公司在蒙皮拉形工艺中采用数字化工艺设计技术，蒙皮零件制造成本降低了 30%~50%，同时提高了成形质量；波音公司对成形的蒙皮进行基于柔性支撑工装的光学非接触测量，形成了快速准确检测大型弱刚性零件的能力。

（3）增材制造技术

增材制造技术在国际上已从概念提出发展成为促进颠覆技术的先进制造技术，并将"增材思维"植入从产品设计、制造、评估、维护的全流程环节的意识之中，提高企业创新竞争力。国际 ISO、ASMA 等组织针对增材制造技术制定了发展路线和规范标准体系化规划，以支撑和推动增材制造技术的应用与推广。美国 GE 公司是全球增材技术领导者，已利用增材制造技术生产海军舰船、飞机和其他重要武器的更换零件，进而创建现有部件的"数字双胞胎"平台，使替代品能够按需增材制造。

（4）特种加工

国外在航空制造中广泛采用电解加工技术解决发动机机匣、叶片、飞机起落架等整体复杂结构件的加工难题，有专门的加工生产线。其技术策略是进行电解粗加工，提高整体结构件的生产效率，小余量预留进行精密数控加工。美国 Teleflex Aerospace 公司为 GE、R·R 和 PW 等提供发动机机匣加工制造，德国 Köppern 和 Leistritz 公司承接 R·R、MTU 及 AVIO 等发动机机匣、整体叶盘等构件加工制造。与五坐标数控铣削加工方法相比，电加工的叶片叶型厚度公差 +0.1mm，型面公差 +0.1mm，加工时间减少了 50% ~ 85%。德国 EMAG 公司通过购买俄罗斯的振动电化学加工专利，已经具备成熟的振动进给精密电化学加工设备技术，采用大理石床身保证了设备的高精度，已将脉冲振动精密电解加工技术应用于镍基整体叶盘，其在短路保护技术、精密过滤等技术上具备了世界领先水平。国外照相电解加工的保护光刻胶分辨率很高，加工出的最小图形 0.03mm，表面粗糙度 Ra ≤ 0.8μm，加工精度达 ±0.015mm，已在薄壁零件上加工群孔、群槽。发动机叶片设计更多的采用了高温合金、钛合金、单晶合金材料，结构上设计有复杂的冷却通道，美国 GE 公司采用玻璃管电极电液束加工技术实现涡轮工作叶片气膜冷却孔的加工，采用金属型管 STEM 电解加工技术实现导向叶片气冷孔、尾缘孔等深径比小孔加工。英国 Winbro 技术集团公司研制的四轴电液束加工机床 CD-4 配有集成酸液系统和闭环流量控制系统，具有电极破损实时检测功能。英国 ELE 先进技术公司采用金属型管 STEM 排孔加工技术加工坚硬、耐蚀材料上的深孔，包括涡轮叶片和喷嘴导向叶片上的圆小孔、机翼后缘孔、气膜冷却孔和紊流冷却孔等。德国 MTU 发动机公司采用金属型管 STEM 技术加工涡轮叶片的气膜冷却孔。与其他制孔技术相比，该技术的主要优势是可加工的深径比大，表面质量完好。国外电火花成型加工技术发展成熟，法国幻影 2000 战斗机的 M53 发动机鱼鳞板内侧、日本先进材料航空发动机（AMG）燃烧室的衬里、喷嘴、叶盘等热端复合材料部件均采用电火花成型加工技术制造。在微细电火花线切割加工方面，Fanuc 公司的 Robocut Alpha2OiA 型电火花线切割机用采用直径为 100μm 的电极丝加工齿轮泵，泵外径为 2.5mm，齿轮间隙误差为 0.35 ~ 0.50μm，表面粗糙度达到 Ra0.15μm。电火花制孔在发动机燃烧室火焰筒气膜孔、输油孔、传感器导入孔等孔结构加工领域应用非常广泛，日本提出了通过电极自身加工出的微小孔来加工电极的方法，提高了电极的加工效率，并可加工异型孔所需的电极。

国外激光加工已广泛用于飞机、发动机不锈钢、镍基合金、钛合金、铝合金等成形零件的制孔、切割和修边等。毫秒脉冲激光在发动机燃烧室零件、导向叶片气膜孔加工中仍普遍应用，包括在上述零件上先制备热障涂层后加工气膜孔，技术改进包括采用更短作用时间的纳秒激光在带热障涂层的零件上先低热损伤加工异型气膜孔扩散段，再采用毫秒激光或电火花组合方式加工更深的圆柱形孔。国外也尝试采用超快激光高质量加工涡轮叶片气膜孔，但未见实际应用的公开报道。随着树脂基复材（CFRP）与陶瓷基复材（CMC）在飞机、发动机应用比例迅速增加，国外开发了具有低热损伤特性的水导激光（通常采用可见绿光的纳秒激光与高压微水束耦合）加工技术用于复材构件加工，目前已在CMC涡轮叶片外环等制造中实际应用，用于代替机械切边、开孔、表面铣削，不但无刀具磨损、无粉尘、无污染，而且效率高、具有更高的表面质量。另外，国外早已将激光清洗技术用于飞机维护、维修，例如用于金属表面除漆，去除复合材料的雷达罩基体表面的功能涂料。随着商品化超快激光器功率不断增加，以及激光高速扫描与多光束加工技术的不断进步，在飞机、发动机表面制备减阻、防结冰等仿生功能微结构的激光技术正日益接近工程应用水平。

（5）表面工程技术

发达国家从涂层原材料、表面改性及涂层模拟仿真设计、制备工艺、检测评估及表面处理设备方面全方位开展研发，从而保障了航空苛刻环境下飞机零部件表面处理的质量、性能和功能长效性，表面工程技术应用发展已成体系。在飞机发动机制造方面，激光冲击强化技术应用已系列化，F101、F110、F119和F135等发动机75%的整体叶盘进行了激光冲击强化，提高疲劳寿命10~20倍；美国GE、加拿大ATI及德国MTU等公司合作，通过压气机叶片抗冲刷涂层模拟仿真设计、工艺调控、元件及试件测试分析、零件装机考核评估系统化研究，研发出10~20μm的抗冲刷涂层，抗冲蚀能力提高10倍以上、耐腐蚀能力提高7倍以上，已应用于鱼鹰V-22发动机和C130T56发动机，并已推广应用到各型号直升机及大型运输机发动机。美国的热障涂层技术位于世界领先水平，在F414、RB 211-535、T56-A、CF6-86C和PW4000系列等多型号发动机上得到应用，并研发出能在1500℃下使用的多元稀土稳定氧化锆涂层。陶瓷基复材热障涂层防护技术是国际研究新方向，Sulzer Plasma Technik公司研制的陶瓷基可磨耗封严涂层的最高使用温度已达1300℃，实现了可磨耗涂层与基体间界面冶金结合，涂层寿命2000小时以上。NASA近年来对SiC_f/SiC燃烧室衬套、高压涡轮导向叶片、尾喷管进行了应用研究，技术成熟度已经达到7级水平以上；开发的含有BSAS成分的EBC涂层已经通过了发动机的试车考核，最高使用温度可达1250℃，带EBC涂层的SiC_f/SiC燃烧室衬套服役寿命达14000小时以上。在飞机结构制造方面，美国已将以硼硫酸阳极化和无铬化学氧化为代表的环境友好型表面处理技术，成功应用于 F-22 飞机铝合金构件和波音系列飞机铝合金构件；空客公司拥有酒石酸阳极氧化专利技术，用于空客系列飞机生产。在高强钢表面处理技术方面，为了避免环境不友好，消除电镀工艺产生的"氢脆"隐患，美国开发了离子镀铝、无水电镀铝等铝涂层防腐蚀技术，无水电镀铝技术已经用于 F-35 起落架表面防护；欧美发达国家已形成规模大、研发能力强世界顶级防腐涂料研发公司，如：美国 PPG、Sherwin-williams、RPM、AXALTA，以及荷兰 Akzonobel、日本 Nippon paint、德国 BASF 等，这些企业生产的涂料稳定性和耐候性强，军民用占有率极高；美国的隐身涂层技术不断发展完善，始终保持着世界领先地位，已形成多种体系隐身涂层，并应用于不同型号，如 B-2 飞机应用了抑制行波为主的较宽频段隐身涂层，F-22 飞机采用了雷达 / 红外兼容隐身涂层，F-35 飞机采用了耐海洋环境隐身涂层体系；美国 MIC 公司开发了车载移动式激光冲击强化装备和工艺，已应用在 F-22 战斗机的钛合金框承力耳片，并在 2017 年推广应用至 F-35B 战斗机的铝合金翼身整体框，2019 年推广应用至 F-35C 战斗机的钛合金整体框；美国 F22 飞机大约 22% 的零件采用了 PVD 镀膜，Goodrich 公司利用高功率脉冲磁控溅射（HIPIMS），在直升机发动机传动轴花键的表面沉积了一层 $2\mu m$ 左右的掺碳化钨类金刚石润滑薄膜，使用寿命提高 4 倍以上；美国重视超高音速飞行器表面热防护技术研发，在 X-43A 飞行器鼻锥尖前缘应用了 $SiC_{CVR}/SiC_{CVD}/HfC$ 多层防护涂层，针对 X51A 飞行器，NASA 采用等离子喷涂技术在 SiC_f/SiC CMC 基体上研发了分别以稀土氧化物稳定 H_2O_2、锆酸盐和铝酸盐类陶瓷为表层的超高温 TEBCs 体系，可应用于 $1650℃$ 高温环境，是极具潜力的超高温热防护涂层材料。

（6）先进焊接技术

① 电子束焊接。国外电子束焊接技术的发展主要依赖几家著名机构及其政府的投入，如德国 SST 和 PRO-BEAM 公司、英国剑桥 CVE 公司、英国 TWI 焊接研究所、法国的 TECHMETA 公司、乌克兰巴顿研究所等。近十年，为了提高电子束焊接的质量和稳定性，拓展电子束焊接应用的范围，国际上更为关注电子束流品质的影响和电子枪系统的研究、束流产生和扫描运动调控方法的研究，因而出现了局部真空电子束焊接技术、冷阴极电子束焊接技术。为了实现电子束智能化焊接，一方面重视电子束束流与材料作用机理的试验研究和数值仿真研究，以及焊接接头组织性能和焊接结构变形的模拟研究，目前已建立电子束焊接工艺数字化设计的软件工具体系。另一方面是过程检测及自适应控制技术的研究，尤其是电子背散射、熔池温度和流场的检测已取得初步的研究成果，并由此衍生出小孔闭合电子束全熔透深熔焊（无飞溅）、低相变温度材料的填丝焊等新技术。据相关资料，电子束焊接在新型战机翼梁、盒段、支架、拦阻钩及 Trent 900 发动机机匣组件、AlStom GT13 型燃机机匣、燃气涡轮发动机法兰结构上得到了应用。

② 激光焊接。随着激光技术和激光器工业化发展，激光焊接近五年再次成为欧美航空结构焊接的研究热点，将铝锂合金激光焊接技术列为未来二十年的研究计划，在

Turboprop90pax 减重项目中开展了 2198 铝锂合金激光焊接技术研究，欧盟框架项目 ECO-01-060 中进一步强化铝锂合金激光焊接工艺优化相关基础研究，英国将钛合金激光焊接纳入政府投资计划。双光束激光焊接蒙皮 – 长桁结构仍然是欧美关注的对象，不仅涉及壁板的对接和单侧角接，还涉及异种金属焊接，强化机器人激光焊接技术在飞机壁板制造中的应用，而且围绕机器人激光焊接开展了智能化焊接系统的研制，尤其是激光焊接过程在线检测和焊缝跟踪控制技术，ServoRobot 公司开发了高分辨率激光视觉传感器 QUANTA 和高性能的 DGIGI-LASI 焊接测量控制系统，blackbird 公司开发出 OTC 激光焊接检测技术，将焊前、焊接、焊后同步检测引入激光焊接装备，以提高激光焊接质量。

③ 线性摩擦焊。在 20 世纪 80 年代后期，MTU 公司与罗罗公司合作，将线性摩擦焊用于欧洲战斗机 Typhoon 发动机 3 级低压压气机整体叶盘的制造并取得成功，目前已经提供了 100 多个线性摩擦焊焊接的整体叶盘。美国 F-22"猛禽"战斗机采用的普惠公司研制的 F119 发动机，其风扇和压气机 1～2 级均采用罗罗公司研制的线性摩擦焊整体叶盘结构。美国 F-35"闪电"Ⅱ战斗机采用的普惠公司研制的 F135 发动机，该发动机的升力风扇以及一、二级风扇是罗罗公司提供的线性摩擦焊连接的整体叶盘。通用电气公司研发的 F136 发动机的 3 级叶片全部采用罗罗公司生产的线性摩擦焊整体叶盘，同时也在探索在未来航空发动机的制造和修复中采用线性摩擦焊。线性摩擦焊整体叶盘在民机方面也有应用，日本开展的一项小型民机飞机发动机的研究计划中，其高压压气机整体叶盘采用了线性摩擦焊制造。美国波音 787 客机的发动机也采用了线性摩擦焊整体叶盘结构。在设备研制方面，美国 MTI、法国 ACB、英国 Thomson 等公司均进行了线性摩擦焊设备研制，其中法国 ACB 的设备已经用于罗罗公司整体叶盘的焊接，英国 Thomson 公司研发了最大焊接力为 100t 的设备。

④ 搅拌摩擦焊。波音、空客、洛克希德·马丁等先进的航空制造企业长期与 TWI 合作，开展航空用铝合金、钛合金搅拌摩擦焊基础理论、工程技术和综合评价技术研究，极大推动地了搅拌摩擦焊技术的进步和在飞机结构制造中的应用，已开发出 6mm 厚钛合金静轴肩搅拌摩擦焊接和角接焊缝静轴肩焊接新工艺，利用数值仿真再现了这种基于搅拌针和轴肩差速运动实现焊缝成型过程机制。波音公司采用搅拌摩擦焊技术成功实现了 C17 和 C130 大型军用运输机货舱地板的焊接；空客公司在 A320 客机中央翼盒、A340 机翼承力墙、A350 飞机机身蒙皮等结构中应用了搅拌摩擦焊技术；美国月蚀公司采用搅拌摩擦焊技术代替了商务飞机 70% 的铆钉连接，节约成本 60%，生产效率可提高 6 倍；Spirit AeroSystems 公司采用 FSW 技术为波音 747 货机生产机头护栏梁，每套 5 根护栏梁可减轻 14.4 磅的重量。

⑤ 钎焊。国外通过优化钎料成分、控制钎焊热循环，解决钛合金、不锈钢、高温合金薄壁结构钎焊脆性问题，获得高强度钎焊技术，已应用于 SR-71 机翼蒙皮、F-22 发动机舱门、X-38 舵翼面，以及在 B777 发动机短舱核心机罩、A320、A330、A380 发动机短舱排气系统的消音蜂窝结构；在美国 X-33、日本希望号、荷兰与俄罗斯等国合作研制的

航天再入试验飞行器中采用了金属蜂窝热防护结构。陶瓷及陶瓷基复合材料钎焊，国外研究认为接头残余应力主要与焊接温度、接头界面结构、反应层厚度、界面物相组成以及基体材料的力学性能有关，钎料中添加 Cr、Mo、Fe 等固溶强化元素可提高接头耐高温性能，已实现 Cf/SiC 复合材料空天飞机 X−37B 的外壳体、鼻锥和垂尾方向舵制造，以及 SiC_f/SiC 材料的 M53、M88 发动机的密封片 / 调节片和内锥体制造。

⑥ 扩散焊。苏联、美国较早开展扩散焊技术研究，制造的钛合金空心口盖、空心风扇叶片、空心支板、空心舵翼、双合金片、多层微通道换热器、摩擦副结构等在飞机、发动机、导弹上广泛应用。普惠公司最早提出过渡液相（TLP）扩散焊，针对镍基单晶、定向凝固高温合金等设计了专用镍基中间层，实现镍基单晶 TLP 扩散焊接头单晶化，获得较高抗拉强度和持久性能，制造了单晶对开叶片试验件。近十年，国外学者开展了脉冲大电流辅助扩散焊新方法，在新型高温材料、石墨、陶瓷等材料快速扩散焊方面显示出特别优势，尚未形成脉冲大电流促进扩散焊专用设备。

2. 复合材料整体结构制造技术

国外飞机复合材料用量和使用范围在逐步加大，几乎可以确定的是，机翼、翼盒、尾部结构甚至机身都将使用树脂基复合材料。F22、F35、A400M、A380、A350、B787 等新型军民用飞机的树脂基复合材料用量得到了大幅度提升，B787、A350、A380 等民用飞机复合材料用量达到 50% 以上。世界军机树脂基复合材料用量占全机结构重量的 20% ~ 50%。主要应用复合材料的部位包括整流罩、平尾、垂尾、机翼、中机身等。在复合材料整体结构制造技术方面，B777X 引人瞩目。它的机翼是航空航天工业史上最大的碳纤维复合材料，翼展达 71.8 米，机翼复合材料蒙皮采用热压罐固化工艺。GE 公司采用液体成型技术生产发动机风扇叶片。国外复合材料整体结构制造技术广泛采用先进的自动化制造技术（自动铺带、丝束铺放等）和低成本制造技术（液体成型、拉挤成型以及快速成型技术等）。树脂基复合材料制造技术在国外发展的趋势主要为以下几点：

（1）坚持加强未来技术储备

以航空航天工业为代表的高端复合材料整体结构制造业，依然是技术推动型产业，波音、空客和其他零部件制造商都在加大新技术方面的投入，以期占领未来高端复合材料整体结构制造技术制高点，抢占世界复合材料市场。

（2）以液体成型为代表的低成本制造技术在复合材料整体结构中的应用面初步扩大

空客公司牵头的"明日之翼"（WOT）项目旨在评估利用非热压罐工艺（OOD）制造机翼结构（包括机翼蒙皮、纵梁、翼梁、翼肋等）的成本和技术可行性。高效率、高质量、低成本的制造技术必然是复合材料制造业的发展趋势。

（3）热固性与热塑性复合材料在复合材料整体结构领域展开竞争

在航空航天领域，已经证明了热固性具有广泛可靠的成功应用经验，目前在广泛地开展热塑性复合材料研究，从目前的研究成果来看，部件总成本降低 10% 以上，不过还需进一步提高技术成熟度，才会应用在航空大型构件中。但可以预见，在今后复合材料领域，热固性与热塑性复合材料必然展开激烈竞争。

3. 飞机自动化装配技术

自动化装配技术中的数字化柔性装配技术近年来快速发展，大量数字化柔性装配装备用于飞机研制生产。Gemcor、EI、Brotje、ATI、Comau 等公司研制了基于工业机器人平台的多种机器人制孔 / 钻铆系统，BC 公司研制了基于专用机械臂的器人制孔系统。洛克希德·马丁公司和 Hexagon 公司研制并联机器人制孔系统 XMini，用于 F-35 壁板制孔，A330neo、A350 等飞机装配线中也采用了 XMini。AMRC 与 KUKA 公司合作开发利用增强现实辅助装夹的机器人锪孔系统，用于 F-35 制孔。波音公司与 KUKA 公司合作开发了机身自动直立建造系统（FAUB），用于组装 B777 飞机机身，利用两组机器人协同工作，分别实现机身段上、下两部分的制孔铆接。EI 公司开发的 Quadbots 多机器人协同装配系统，可完成钻孔、锪孔、检测孔质量、涂覆密封剂和安装紧固件等工作，将装配效率提升 30%。Fraunhofer IPT 开发了模块化、自适应、可移动机器人铣削系统，用于 A320 垂尾整体壁板加工。Mtorres 公司研制了爬行机器人制孔系统，EI 公司研制了柔性导轨制孔系统，用于机身、机翼壁板制孔。BAE 公司在"台风"战斗机装配中采用协作机器人，Saab 公司利用协作机器人辅助翼肋安装。空客公司利用双臂拟人机器人 HIRO 执行 A380 方向舵梁的人机协作装配，实施抓取、插入和预装铆钉等铆接任务，使人机协作更具人工智能，并扩展应用于 A350 平尾翼盒装配线。多种数字化柔性装配系统实现了通用化、系列化，并逐步向智能化方向发展，大幅度提升飞机装配质量和效率，降低了生产成本。部件脉动装配线的应用逐渐增多，例如，B787 复合材料结构的水平尾翼和垂直尾翼的脉动生产线、A350 的复合材料机身蒙皮壁板的脉动生产线，BAE 公司也建立了空客系列飞机机翼的装配线。采用数字化柔性装配系统及装配生产线，实现了组合件、部件、全机的数字化、柔性化装配，广泛地应用于 F-22、B787、A350、C100 等飞机的装配，提升了飞机制造水平。

4. 数字化、智能化制造技术

工业发达国家率先研究并应用数字化技术，国外航空企业走过了从单纯数字化的三维设计到虚拟装配、并行工程等技术，直至全面实施设计、制造和保障全生命周期和全产业链协同的全过程，极大增强航空产品的全球竞争能力。近年来，工业发达国家大力推进航空领域的数字化、智能化制造技术研究与应用，模型驱动、数字孪生、VR/AR、智能工厂等新技术得到了广泛应用。

美国空军提出数字线 / 数字孪生概念，利用先进的建模和仿真工具，从材料、设计、工艺、制造到使用维护的全部环节，以统一的模型为核心集成并驱动的装备设计、制造和服役过程的数据流；同时为每一个装备系统建立一个数字孪生模型，对装备系统当前或未来具备的能力进行动态、实时评估，实现从运维到设计的反馈。空客在 A400M 飞机部装线对环境、产品和制造系统建立全面的数字孪生建模，以此实现制造领域单一的数据源，可对设计的"理论值"和加工的"实测值"进行直接比较和分析，并对所涉及的生产工序进行模拟，包括装配、机器人焊、锻铸和车铣刨磨等。他们将数字孪生作为价值网络协作的基础，将逐步扩充到厂际、供应链上下游之间乃至全球范围的协作企业。

波音、空客、洛克希德·马丁和诺斯罗普·格鲁曼等航空制造业巨头都拥有不止一个 VR 实验室。例如，洛克希德·马丁首先将 VR 技术用于 F-22 和 F-35 项目，仅沉浸式工程就为 F-35 项目节省超 1 亿美元，投资回报率达 15 倍，在太空项目生产上每年节省1000 万美元。空客 A400M 的机身布线采用了空客开发的"月亮"（以装配为导向授权增强现实）系统，使用来自工业数字样机（iDMU）的 3D 信息生成装配指令，以智能平板为界面指导工人进行布线操作，大大提升了首次安装速度和精准度。2015 年 6 月，空客 A330客舱团队开始使用一种基于谷歌眼镜的 AR 可穿戴产品，能够帮助操作人员降低装配客舱座椅的复杂度，节省完成任务的时间。

国外航空领域智能工厂得到广泛实施，如波音的"全自动机身制造厂"、空客的"未来工厂"、GE 的"卓越工厂"等。波音的"机身全自动化制造工厂"项目，强调全部制造设备的柔性化、集中调度和自主运行，提出了无工装工厂和可移动生产线的概念。空客通过建设智能工厂，推进模块化设计、协作机器人、增强现实、智能装配、增材制造等技术的工业化应用，实现了工厂高度智能化，空客利用智能机器人建成 7 条装配生产线，实现以人为本的人机协作和智能自动化。GE 推出"卓越工厂"建设模式，通过数字化设计、分析、生产等实现研制和生产管控的智能化，建设高度柔性生产模式，在同一厂房内，用相同或类似的生产线制造航空发动机、燃气轮机等不同产品，该模式运行后，预计可将工厂内突发停工期缩短 10% 以上，库存率降低 20%，不同产品转产效率提升 20%。洛克希德·马丁公司位于美国加利福尼亚州帕姆代尔的美空军 42 号厂区 401 号厂房，专门从事F-35 战斗机中机身的装配工作，被称作"集成装配线"。该装配线是由诺斯罗普·格鲁曼公司独创或首创的技术支持的最先进的设备，将机器人技术、自主系统、虚拟 3D 和预测自动化技术集成到中段机身装配系统中，从而使得整个装配过程大幅缩短，达到诺斯罗普·格鲁曼宣称的"每 36 个小时即可交付一架"的速度。

德国西门子推出基于云的开放式物联网（IoT）操作系统 MindSphere，使各行业能够轻松、快速、经济地将机器和物理基础设施与数字世界联系起来。利用所连接智能设备、企业系统和多源数据，可以分析实时运行数据，进而优化运行流程，提高资源效率和生产力，降低运营和维护成本。

（二）航空制造技术国内外差距

1. 金属整体结构制造技术
（1）数控加工技术
数控加工技术的主要差距体现在高端数控加工装备、辅助工艺软件、工艺知识的综合应用等方面。目前，我国航空制造企业高端数控加工装备基本被国外垄断，DST、Ingersoll、M.Torres 等公司的大型高速加工中心大量应用于飞机大型整体结构件加工，Starrag、Liechti 公司的五轴联动专机则占据了航空发动机叶片加工市场，电主轴、数控系统、伺服电机、光栅尺等机床关键基础元器件加工基本全部使用 Cytec、Siemens、Heidenhain 等公司的产品。引进的高端数控加工装备在功能和精度上受到诸多限制，难以发挥其潜力。高端 CAD/CAM 软件全部掌握在国外厂商手中。工艺知识的综合应用的差距主要体现在两方面：一方面，工艺数据库 / 知识库的积累和应用尚未形成规模，存在数据不全、知识碎片、信息不通等问题，难以通过数据或知识的累进提升数控加工水平；另一方面，对新结构、新材料的加工工艺掌握不足，在刀具技术应用、工艺参数使用、装夹定位方式优化、加工策略选择等方面的基础性研究和支撑工具不足。

（2）金属塑性成形技术

国内航空金属塑性成形技术已取得了较大进步，但仍存在一定不足，主要体现在如下几方面。耐高温新材料复杂结构制造技术储备不足：高温钛合金、钛铝金属间化合物等材料以优异的高温力学特性，在高速武器装备上具有显著的应用前景，但其塑性加工性能较差，相关的精确制造技术关键尚未突破。新型轻质材料距广泛工程化应用尚存在一定距离：虽然 2060、2A97 等新型铝锂合金已成功应用于 C919 等飞机中机身研制，但工艺方法仍采用传统的铆接结构，复杂曲率外形的构件精确成型及焊接带筋、空心夹层等整体轻量化结构制造技术仍存在部分关键技术尚未解决，影响其工程化应用进程。复杂功能结构创新制造技术能力较弱：为了适应未来使用环境的复杂性，结构功能一体化已经成为一种发展趋势，热防护结构、吸声结构、安全防护结构等复杂轻量化功能结构精确制造技术尚不成熟，制约着国内航空装备的性能提升。复杂工艺的数字化制造技术储备不足：随着飞机性能结构的需求提升，其零部件外形结构日趋复杂，尤其是三维复杂曲面构件日渐增多，传统工艺方法在工艺设计、数字量传递等方面渐显不足，进而影响制造精度与制造效率。

（3）增材制造技术

金属增材制造装备集成水平与国外相当，但激光器、电子枪以及光路系统等核心部件严重依赖进口。航空金属增材制造应用水平与国外相当，但国外近几年在技术发展路线图、行业交叉创新、新材料及新结构开发、工艺知识库、规范标准制定等方面领先于国内。金属增材制造的 CAD、CAM、CAE 等工业软件与国外相比存在较大的差距，面向增材制造的设计、新材料新结构、性能评估等数字孪生不足严重制约了我国航空增材制造技术的推广应用。另外，国外已布局实施基于增材制造的绿色、智能工厂等新型生产方式，国内增材装备逐渐实现自动化、模块化，网络化以及智能化仍处于规划布局阶段。

（4）特种加工

与欧美国家相比，国内对于电解加工的重视程度、研究水平有很大差距。电解加工中最前沿的精密振动电解加工的加工精度已达到微米级，设备已实现专用化和工程化，而国内的相关研究刚刚起步。脉冲电流已被证实可提高加工精度，但中大规模（如万安培级）的窄脉冲电源技术还有待发展，国内电解加工脉冲电源在输出品质与容量方面与国外差距较大。与英、德、美、俄等技术先进国家相比，我国目前电液束加工直径范围、小孔深径比、小孔加工精度已接近世界先进水平，在电极结构上也形成了自己的特点，但在设备技术以及多孔成组加工工艺技术上尚有差距。国外成组加工实现了多孔多工位工程化应用，而我国只能在特定的位置下实现，需要加强电极互换和加工稳定性控制研究以解决多孔多工位应用问题。电火花高精度加工目前基本依赖进口设备。目前电加工的主要问题在于，一是在关键工艺技术上较为落后，对工艺流程及加工参数的优化的研究不足；二是未形成工艺技术标准以及系统的质量规范，需要在优化工艺的基础上，制定完善的技术标准以及质量规范，才能保证电加工技术的应用水平；三是加工装备技术落后：如国外电液束加工可实现加工过程中电极状态、加工穿透的自动监控，而国内尚无可靠的方法。国内目前多采用多轴高速电火花小孔设备及工艺进行群孔加工，但存在再铸层厚度大（超过0.05mm）、微裂纹严重、加工精度低、加工效率差、自动化程度低等一系列问题，已经不能满足群孔高效精密加工的需求，需要改进现有的高速制孔设备及工艺，并且发展新型的以电火花成型加工技术为基础的群孔加工技术。

激光加工航空发动机热端部件气膜孔国内尽管已得到较广泛应用，但多轴数控 5 轴联动的动光式毫秒脉冲激光加工小孔设备仍然需要全套引进，配套的大脉冲能量毫秒激光器，国内仍然不能提供可靠、稳定的成熟产品，国内基于进口激光器研发的该类设备在数控性能、在线自适应定位、"飞行"方式加工小孔等方面差距巨大；国内在超快激光加工叶片气膜孔的工艺水平、应用验证方面已达到国际先进水平，但配套的高性能超快激光器仍需要从国外引进。水导激光加工与在飞机、发动机表面激光制备减阻、防结冰等仿生功能微结构技术，国内还处于科研开发与试验室验证阶段；激光清洗技术在航空制造领域中应用基本空白。

（5）表面工程技术

与国外相比，我国表面工程技术无论在基础研究和还是应用研究上都存在较大差距，国外已成长出一批顶级综合性大公司，并已形成了较完整的技术体系，在多种航空零部件上得到应用，而国内这一领域的研究过于分散，缺乏系统性，小型公司和研究机构较多，航空领域的应用还需加强推动，国内外差距具体表现在：① 基础研究缺乏对表面工程技术基础理论、机理和规律深入系统的研究，不能全面掌握缺陷机制和影响产品质量的因素，工艺仿真未达到实用化，精确性有待提高，表面加工工艺的质量评价和模拟工况的性能评估技术亟待发展；② 已有的表面加工工艺尚需进一步优化改进，新工艺技术体系尚不健全，未形成完整科学的表面加工技术系统，不能满足新型号的技术要求，需要创新发展；③ 高端表面工程制造装备，尤其是核心部件严重依赖进口，国产装备技术水平仍需大幅度提高，技术发展受制于关键装备，目前国产设备普遍存在：参数反馈系统少、控制精度低、束源品质和电源稳定性差、涂层质量和工艺不稳定等问题。

（6）先进焊接技术

1）电子束焊接。国外在钛铝金属间化合物及高温钛合金等新型发动机高温结构电子束焊接技术，以及超高强钢、新型高强铝合金、钛合金和记忆合金等结构激光焊接技术方面研究较成熟，主要集中在难熔易裂材料焊接技术研究；还进行了电子枪及其束源品质、过程监控、偏转扫描、数控系统等控制技术优化研究，提升了操作精度与焊接可控性，系统装置及监控技术研究较成熟；结合流体力学、温度场、应力场等有限元数值计算分析以及装配拘束技术研究，优化了电子束焊接技术，降低了气孔裂纹缺陷、变形，提高焊接质量和尺寸精度，同时接头性能测试评估体系较为完善，综合预测验证分析技术手段研究较成熟。为了提高空间裕度和适应大型结构整体化制造需求，开展了全位置焊接技术、低真空／局部真空焊接技术，已经实现了初步工程应用。国内虽然电子束焊接技术在航空领域飞机和发动机常规材料和典型结构制造，基本达到了国外技术水平。但主要差距如下：随着航空制造技术的发展，综合考虑结构组件工作环境、条件越来越苛刻，高温、腐蚀等性能需要进行全面的补充和完善。在复杂结构的焊接应力变形控制仍存在差距，特别是在密集焊缝结构、多焊缝三维结构的焊接制造方面仍存尺寸精度控制难题，需要进行焊接方法优化、有限元模拟验证、热处理工艺调控等综合研究。在钛铝金属间化合物及高温钛合金等新材料研究方面，仍处于焊接基础性研究阶段，仍存在焊接裂纹缺陷调控、焊接工艺稳定性控制、接头性能调控等难题，制约新型发动机组件应用以及高超声速飞机耐热结构制造。在异种材料焊接以及异种型材连接方面，国内电子束焊接技术研究不充分，缺乏异种接头组织与力学性能均衡调控方法，工艺及质量稳定性也有待提升，尚未开展工程应用研究。随着结构大型化、整体化、高质量、高精度制造需求提高，在电子束焊接系统装置、新技术研究方面仍落于国外，如低真空／局部真空电子束焊接技术、束流品质调控系统、基于测量反馈的热输入能量控制技术等研究。

2）激光焊接。国外激光焊接技术在新型高强铝合金、高温合金焊接、异种材料焊接、记忆合金等方面的研究比较成熟，如欧洲空客已将激光焊接和双光束激光焊接应用于A318、A380和A340系列飞机壁板类结构焊接，美国GE公司也已成功完成了发动机导向叶片组件的激光焊接。国内虽然已对铝合金带筋壁板、高温合金等激光焊接开展相关研究，但相关结构件尚未在飞机型号中应用。在焊接变形预测准确性、激光焊接标准体系及数据库平台建设和使用方面，与国外仍有较大差距。目前国外激光焊接装备成套方案较为领先的德国通快公司及美国IPG公司，在世界范围内市场占有率较大，国产激光焊接装备与国外装备在激光器稳定性、智能化、运动机构定位精度等方面仍存在较大差距。国产高功率激光器的稳定性、光束质量、整机集成化设计等存在明显的不足，一些关键性技术如高功率泵浦技术、非线性抑制技术、光束质量控制技术等亟待攻克；激光智能焊接的实现与视觉（传感）装置密切相关，也是实现焊接装备智能化的重要组成部分，目前广泛应用的视觉（传感）多为进口，如焊缝跟踪用 SERVO ROBOT、META 等，国内企业也正在加速该类型产品的研制，但在精度及稳定性方面有明显不足；焊接机器人在定位精度、运行稳定性、自动化智能化方面亟待提高等。

3）线性摩擦焊。在基础研究方面，国外在焊接工艺、组织分析、性能测试及残余应力测试方面均开展了大量研究，国内针对焊接工艺、组织及性能测试也开展了大量研究并积累了大量数据，但是受残余应力测试基础的影响，在残余应力测试方面与国外还有一定差距；应用方面，国外线性摩擦焊已成熟应用于发动机空心叶片、实心叶片整体叶盘的制造并实现了批产，国内已经走通了线性摩擦焊空心叶盘和实心叶片叶盘的研制路线，并通过了相关的考核，但尚未实现工程化批产；在设备焊接精度控制方面，国内外水平相当，国外基本实现无余的叶片与叶盘的焊接，并实现了应用，国内针对焊前无余量叶片进行焊接验证，还未投入应用。

4）搅拌摩擦焊。在基础研究领域，国内尚未实现钛合金对接平板静轴肩焊接及角接。在飞机机身结构应用研究上，国内除了地板已实现工程化应用，其余部件仍停留在典型样件制备及分析；国产焊接机器人载重极限为 500kg，重载机器人主要靠进口 KUKA、ABB 等公司；焊接过程中数据的实时采集、动态传输、孪生分析、反馈执行等程控装置及操作系统同样依赖于进口，在软、硬件以及系统整合方面差距较大，尚未满足针对航空产品的极端服役条件下对焊接件优异且稳定的质量要求。

5）钎焊。国外航空新材料、新结构钎焊技术的技术水平、技术成熟度高于国内，尤其是复杂结构钎焊自动化、精密化方面的差距较大；在陶瓷–金属复合结构、功能结构的钎焊方面差距也较大，如对蜂窝壁板结构，国外采用蜂窝芯自动拼焊、钎料自动点焊、气囊柔性加压等制造技术，制造流程自动化程度高、质量稳定性好。近十年国内钎焊技术有很大发展，在单晶与定向合金叶片、蜂窝壁板结构与多层冷却结构的大面积钎焊实现工程应用，尤其是钛合金、高温合金、金属间化合物、镍基单晶等材料的高强度钎焊有长足发展，与国外水平相当。

6）扩散焊。国外开展固相扩散焊、过渡液相（TLP）扩散焊的研究起步早，建立了焊接过程的动力学模型，技术成熟度高，在航空装备中的应用广泛，固相扩散焊、过渡液相（TLP）扩散焊的构件在飞机、发动机、导弹等方面经过长时间应用考核。国内固相扩散焊、过渡液相（TLP）扩散焊的技术进步较快，扩散焊的空心口盖、空心支板、空心舵翼、空心离心叶轮和过渡液相（TLP）扩散焊的导向叶片、多孔层板火焰筒与尾喷管等经过试验考核，实现装机应用。但国内在固相扩散焊、过渡液相（TLP）扩散焊的自动化程度及专用设备方面与国外差距较大。在外加物理场促进扩散焊方面，国内外近乎同步开展放电等离子扩散焊技术研究，研究了单晶–粉末高温合金、单晶–单晶、石墨–金属、陶瓷–不锈钢、钛合金等的界面组织性能，但没有形成获得公认的电场促进塑性变形、元素快速扩散、组织演变等过程机理，没有形成工程化的专用焊接设备。

2. 复合材料整体结构制造技术

国外树脂基复合材料大型整体结构制造自动铺带、自动铺丝等自动化加工技术在飞机上得到广泛应用，如机翼、机身、垂尾壁板等，技术成熟度较高。国内复合材料大型整体结构制造自动化水平较低，仍停留在以手工为主的研制生产模式，基于数字化的低成本制造技术等方面还存在较大差距；自动化技术虽然在个别复合材料结构上得到了应用，如航空工业复材公司利用自动铺带和自动铺丝技术研制成功民用飞机大型机身壁板整体结构，航空工业制造院采用自动加人工辅助铺叠技术研制成功某航空发动机进气道，但技术成熟度处于较低水平。特别是一些复杂结构，国外普遍采用自动加少量人工辅助铺叠技术，而国内全部采用人工铺叠，生产效率和质量稳定性差距较大。

另外，国外树脂基复合材料大型整体结构大量采用零余量制造，节约了大量生产时间和工装成本，并给后续装配工序节省了大量时间。在国内，由于金属配件质量稳定性差，树脂基复合材料大型整体结构基本采用带余量制造，导致生产成本明显增加。

国内尚未建立完备的复合材料整体结构制造技术指标体系、行业标准体系、检测体系及数据库，导致复合材料整体结构制造技术在研发阶段重复性工作较多，增加了研制周期和成本。复合材料整体结构针对民机适航审定工程技术积累不足，其标准体系文件难以满足适航审定工作的要求，质量管理体系不能完全控制产品的验证/鉴定活动。

3. 飞机自动化装配技术

飞机自动化装配技术已在国外组合件装配、部段装配和大部件对接中广泛应用，大量采用了成熟的数字化柔性装配技术及稳定可靠的数字化柔性装配装备，保障了飞机的装配质量和效率。国内尚未突破低损伤制孔、难加工材料复杂结构制孔连接、应力均衡化装配等方面的关键技术，缺乏实用性强的柔性装配工艺知识库。在大型飞机机身弱刚度对接区等典型结构的锪窝深度精度控制能力弱，还不能充分满足飞机装配质量需求。先进机器人装配技术研究和应用滞后，对机器人制孔、铆接技术进行的研究局限在单站位、单功能应用；配套开发的末端执行器性能还需提高，在小型化、轻量化方面的研究需要加强，缺乏机器人装配标准和规范。国产的数字化柔性装配装备的核心部件性能还存在差距，部分配套软件的性能还需提高，需进一步融合设备性能和工艺技术，尚未形成系统化的应用能力。自主研制的数字化柔性装配系统集成度不高，试验验证不充分，技术成熟度需要一步提升，可靠性待验证，尚未全面建成实用的工作平台。部分关键数字化柔性装配装备没有实现自主可控，采购、应用成本高，运营、维护、升级的难度大，存在核心部件禁运、产品技术参数泄露等风险，急需实现国产替代。

4. 数字化智能化制造技术

与国外数字化智能化制造技术的发展应用情况相比较，国内的差距主要体现在以下几个方面：

系统工程思想尚未从全生命周期、全产业链的角度实现贯通和覆盖，系统工程 V 模型开发模式着重于产品实物设计过程和制造阶段，在详细设计的前端和装备交付的后端均能力缺失。基于模型的系统工程应用不深入，在主机 / 配套单位之间应用不均衡，存在各阶段、各领域应用颗粒度划分不科学、不规范，应用过于复杂，没有良好剪裁的情况。

在产品数字化定义方面，全息数字化模型，如全数字样机主要关注的是几何模型，尚未建立良好的功能和性能样机；数字孪生处于探索研究阶段，关键技术和工业软件均未获得突破。MBD 技术应用主体在设计模型阶段，设计和制造之间缺乏良好贯通。集团间、主机与成品单位间的数字化协同存在断点；在工程仿真方面，专业仿真能力亟待补强，综合仿真能力严重不足，系统和整机级综合仿真环境缺失，数字仿真和物理试验缺乏协调，尚缺乏实现仿真驱动的设计制造新模式技术支持环境。

在智能制造方面，集团级供应链协同和管理缺乏统一工作平台和网络通路，难以支持装备均衡生产和及时交付，成为数字化、智能化环境最突出短板之一。AR/VR/MR（增强现实 / 虚拟现实 / 混合现实）技术应用尚在探索研究中，工程化应用环境尚不具备。尤其在工艺物理仿真、制造过程实时监控和动态优化方面，缺乏自主可控的软件工具和网络平台。另外，数字孪生技术、知识图谱技术以及人工智能等新一代信息技术在航空制造业尚缺乏工程应用，还需要进一步开展相关技术及其应用方法的研究。

在制造装备和产线自动化软件系统方面，工业控制能力薄弱，软件升级维护困难，大量采用第三方的专用控制器，既难以实现工艺算法和软件的自主迭代升级，也影响了制造装备软件的统一架构设计，距离"软件定义机器"的目标还比较远。

四、我国航空制造技术发展对策

（一）金属整体结构制造技术

现代航空产品为改善结构效率、性能、安全性和舒适性等，不断采用新材料、新结构，航空结构件整体化、结构功能一体化是总体发展趋势，制造系统也呈现出机械化、自动化、数字化、智能化紧密融合的形态，航空制造技术也必须适应材料、结构变化，不断发展、提升，从而满足航空产品低成本、高质量的制造需求。

1. 数控加工技术

应从顶层制定数控加工共性技术发展和实施规划，重点开展飞机大型整体结构件高效加工技术、航空发动机复杂曲面结构件高精度加工技术、数控加工过程测量 – 调整闭环自适应加工技术、工艺数据 / 知识库构建和应用技术等研究。在技术研究的同时，应大力发展国产高端数控加工装备及其关键元器件、辅助工艺软件等，提高国产装备和软件在航空结构件中的使用率。应加强数控加工工艺标准的研究和制定，对已成熟的工艺技术形成标准化并加以推广应用。应提高数控装备的智能化水平，构建具备自学习能力的单台设备智能单元、具备自主决策能力的数控加工生产线，大幅提升航空制造企业数控加工能力，满足飞机和航空发动机结构件生产的需求。

2. 金属塑性成形技术

进一步深化轻质、耐高温等新材料及新型功能结构塑性成形技术的应用基础研究，包括：轻质铝锂合金焊接整体结构精确成形、TNW700/Ti65/Ti55/Ti60/ Ti$_2$AlNb/Ti$_3$Al 等耐高温材料超塑成形 / 扩散连接、内部带筋回转体结构旋压成形、空间点阵功能结构近净成形、泡沫金属功能结构制备与成形、金属基复合材料功能结构制备与成形等；构建超塑成形 / 扩散连接、喷丸成形、管路成形及连接、旋压成形等复杂构件塑性成形全流程数字化制造技术体系，提升产品制造精度与制造效率。加大金属塑性成形专用设备的开发力度，突破塑性成形装备控制系统设计制造技术难题，推进塑性成形设备数字化与智能化进程。

3. 增材制造技术

增材制造正在改变产品的制造方式，但其更大的影响是对于产品设计本身的变革，如产品重量减轻、资源高效利用、促进产品传热性等功能设计思想的再现、提高产品整体性和可靠性、实现产品个性化的完美定制，将成为航空航天核心制造技术。然而面临的问题是如何将增材制造无缝整合到生产线中，与自动化、模块化、网络化以及智能化融合发展的问题。基于增材制造的产品生产线或未来工厂将是航空复杂产品的重要绿色生产模式。针对增材制造技术的快速发展及应用，建议制定航空增材制造技术的发展路线路图，联合国内高校培养面向增材制造设计、制造、评估等跨学科跨专业的研究团队，构建面向增材制造的数字孪生平台，加快面向航空应用的增材制造专用装备以及新材料新结构等关键技术攻关，建立航空增材制造相关规范标准，搭建基于增材制造的智能化工厂，重点支撑多激光选区熔化、高能束同轴熔丝、高能束复合能场等新一代增材制造技术开发及应用探索。

4. 特种加工

在电加工方面，电解加工技术首先面向现有整体叶盘、整体机匣等大型复杂整体结构，进一步提高加工效率与精度，突破等余量预加工、进排气边缘成形等关键技术，提高制造成熟度；其次面向金属间化合物材料、金属基复合材料等航空新材料，以及微结构等复杂结构设计开展精密电解加工技术研究，探索变频控制电解加工、流体电解磨加工、高速电解铣削等新工艺。电液束加工技术重点针对具有复杂表面及内腔的叶片结构，开展毛细玻璃管电极和金属型管电极研究，突破狭小空间损伤保护难的问题，实现整体铸造多联叶片干涉孔加工。电火花加工技术则面向高强度高硬度复合材料、空间复杂形状结构、微细结构等新材料、新结构开展加工工艺研究，实现新型绝缘陶瓷基复合材料零件、SiC$_f$/SiC 复材零件的电火花成形和制孔加工。电加工技术的应用还需注重装备的自动化、数字化和智能化的发展，提升国内电加工装备水平和工艺可靠性，一方面基于电解加工表面完整性评估工艺可靠性，形成工艺性能数据库，支撑装备发展；二是基于工艺需求的装备发展，如带涂层叶片复合能场电液束制孔、多工位电液束高效加工、大面积异型群孔复合电加工技术等。

在激光加工方面，应加大对激光器的研发投入，结合航空领域激光加工应用需求，实现高性能毫秒、纳秒、皮秒、飞秒激光器自主可控；提高多轴数控激光加工设备的智能化控制水平，重点改进或增加在线自适应定位、在线监控与反馈控制、"飞行"加工功能；针对航空复合材料构件低成本、更高效制造需求，重点研发水导激光加工技术；加强激光清洗技术在航空领域应用基础研究，尽快实用化；尽快实现整形、激光分束、超高速扫描等技术在激光制备减阻、防结冰等表面功能结构与电磁选频等阵列图形结构中应用，大幅提升激光制备空间大面积密集微小尺寸结构的效率与尺寸一致性。

5. 表面工程技术

应制定航空表面工程技术体系化发展规划，加强基础研究，尤其是涂层原材料研发、表面改性及涂层仿真模拟设计能力，形成从原材料、表面处理设计、制备工艺到检测评估一体化发展格局，构建我国航空表面工程技术体系；针对日益苛刻的航空服役环境，加强大型构件现场表面改性和涂层制备，以及内孔、内腔防护技术研究，发展高境沙漠、高原、海洋及高温苛刻环境涂层防护工艺研究，丰富工艺数据库，提升我国航空大型构件、内腔构件及苛刻服役环境下零部件的防护能力，发展复合表面工程技术，包括耐磨、耐蚀、抗氧化、抗疲劳等传统防护复合技术、传统防护型涂层与特种功能涂层复合技术，以及特种复合功能涂层技术，加强表面工程技术的创新能力，提高我国航空零部件的综合防护和战场生存能力；加大高端表面工程设备的开发力度，重点推进核心部件的国产化进程，大幅提高我国国产设备的自动化水平和工艺稳定性，满足现役及下一代飞机、发动机零件研发和批生产的要求。

6. 先进焊接技术

（1）电子束焊及激光焊

以电子束焊接和激光焊接为代表的先进高能束流焊接技术，应充分发挥高能束可在时域、频域及空间域实现能量多维调控的特性开发新工艺新装备，为新一代飞机及发动机研制需求的新材料新结构制造提供技术支撑，并面向产品制造开展集成化焊前焊后复合工艺，以建立可靠的产品制造技术，如与激光清洗、超声冲击强化、激光冲击强化、感应加热和涂层喷涂等技术的集成复合。电子束焊接方面，基于高品质电子束流开发束流偏摆和束流聚焦调控技术，建立"多束流"/多束斑电子束焊接技术，实现焊接热输入可控的高质量焊接。激光焊接方面，基于高亮度激光开发激光束源组合、束流能量空间调控技术，建立束流偏摆、束流模式调控等焊接新工艺，解决激光焊接质量问题。电子束焊接和激光焊接应面向高温、高强轻质材料结构、异种材料焊接需求开展工艺基础研究，基于流场、温度场、应力场等多物理场的数值模拟仿真，发展工艺数字化和智能化技术，与高端装备技术、传感技术、信息化技术融合，提升焊接智能化的应用。电子束焊接和激光焊接应面向带加强筋的复杂截面盒段结构，进/排气道、尾喷管复杂高温构件和机身壁板等整体化轻量化功能化制造需求，在材料焊接性、焊接质量控制与性能调控等方面加大研发力度，满足型号需求，并推动型号发展，同时强化现有装备和工艺技术的智能化转型提升，强化焊接变形预测准确性、焊接标准体系及数据库平台建设，以满足航空装备制造高水平发展的需求。此外，受国际形势影响，电子束焊接和激光焊接设备自主化迫在眉睫，加快自主研制满足航空装备需求的核心部件，如大功率激光器、高压电子枪以及自动化数字化焊接的相关软件等，对实现航空装备稳定可靠制造意义重大。

（2）线性摩擦焊

在材料及工艺研究方面，针对航空发动机用新型航空材料如 TiAl、Ti2AlNb、DD6 单晶、粉末合金等开展线性摩擦焊工艺研究，优化材料的焊接工艺，积累性能数据，为设计提供基础技术；针对新型结构叶盘开展焊接截面优化研究，形成一套针对叶盘焊接截面设计的模型；针对发动机及飞机构件开展相关的线性摩擦焊修复技术研究，走通构件线性摩擦焊修复的技术路线。在产品研究方面，整体叶盘已经走通钛合金包括同种和异种钛合金整体叶盘的线性摩擦焊制造，后续重点开展流程优化研究，通过采用焊前无余量叶片、提高装配和焊接过程自动化水平、优化叶盘的加工工艺等提高叶盘的焊接效率，缩短线性摩擦焊整体叶盘的制造周期并降低制造成本，实现线性摩擦焊整体叶盘的工程化应用。同时，进一步推进线性摩擦焊技术在飞机构件、弹体制造及民用产品等领域拓展应用。在设备和夹具方面，重点开展焊接夹具装配自动化、装配精度优化控制、设备控制性能等研究，以满足高精度、无 / 小余量快速制造需求，形成系列化的线性摩擦焊设备，支撑线性摩擦焊技术发展和应用。

（3）搅拌摩擦焊

搅拌摩擦焊技术发展的瓶颈问题主要在于基础性研究深度不够、对中高端设备系统性力学要求把握不准、高端专用工艺研发力量薄弱等方面。基础性研究方面，还需深入探讨焊接过程能量产生、传输与转换机理，钛合金等高熔点金属焊接的搅拌工具设计缺少理论性支撑，以试验为主。技术应用方面，面向制造突破长周期疲劳性能调控技术、对 – 搭接异形焊缝的缺陷抑制及性能调控技术，推动飞机蒙皮、桁架及框梁的焊接制造和修复。装备制造方面，需关注小型便携式搅拌摩擦焊机，以实现大型结构件现场焊接与修复等。整合研究资源，加强基础研究，提升"产学研"相结合的发展模式，建立拥有从设备研制、工艺开发、来料加工到人才培训等整体解决方案的高科技公司，迈向高层次的工程化和工业化应用。

（4）钎焊

随着航空装备朝耐高温、轻量化、结构 – 功能一体化发展，钎焊技术在多材料复合结构、空心薄壁轻量化结构、结构 – 功能一体化结构中的应用越来越多，在有的结构制造中，钎焊是必不可少的唯一方法，钎焊技术在未来航空工业中的应用会越来越广泛。根据航空装备的发展趋势，在基础技术方面，重点开展基于焊接结构完整性高强度、抗疲劳、抗腐蚀钎焊；在工程应用方面，开展陶瓷/金属热防护结构、空心薄壁轻量化结构、结构-功能一体化结构、先进预冷结构、热管理高效换热结构等方面钎焊研究；在产品制造中加强钎焊自动化、精密化研究。国内应加强复杂结构钎焊自动化与精密化技术研究，提高产品质量稳定性、一致性；加强大面积钎焊结构件结构完整性研究，提高技术成熟度和可靠性；基于结构完整性开展高强度钎焊技术研究，将钎焊技术向大型结构件、次承力构件推广应用。

（5）扩散焊

因扩散焊具有焊接强度高、使用温度高的特点，扩散焊技术主要用于多孔层板冷却结构、多层微通道换热结构、空心舱翼、支板、风扇叶片等空心结构，双合金整体叶盘、叶环等整体结构制造。扩散焊技术焊接承力构件、次承力结构时，更关注构件全面力学性能与焊接结构完整性的研究。鉴于外加物理场对材料和扩散焊工艺性的显著改善作用，需加强外加物理场作用于焊接过程改善工艺性的机理研究，促进专用扩散焊设备研制与焊接工艺的精准控制；加强扩散焊技术全面性研究和扩散焊承力结构、次承力结构焊接结构完整性研究，建立相关焊接数据库，为可靠性应用提供技术基础。

（二）复合材料整体结构制造技术

国内新一代飞机复合材料用量将大幅度提升，大型整体复合材料结构将成为飞机结构应用和发展的趋势，预计到 2035 年我国军机复材构件需求量相比 2021 年增加 10 倍左右，民机复材构件需求量相对 2021 年产值规模增加数百倍，复合材料井喷式的发展态势，必然要求复合材料整体结构制造技术朝高效、低成本、高质量的方向发展。面对提高复合材料整体结构制造技术的迫切需求，应采取以下相应的对策。

加强复合材料构件制造技术预先研究。 形成一批重大自主创新成果，实现从跟踪发展到自主创新研制历史性跨越，真正和充分发挥航空工业复合材料制造技术引领的作用，占领国内复合材料制造技术制高点，大幅缩小与世界先进水平的差距。

加强低成本复合材料制造技术应用研究。 低成本复合材料整体结构制造技术是世界复合材料制造技术的发展趋势，也是各类飞机需求方的迫切要求。从国内现状看，要大幅降低复合材料制造技术成本，需设计、材料和制造方的通力协作方能实现。

相比世界先进水平，复合材料构件制造自动化和数字化生产技术还有较大差距。 面对复合材料构件需求的不断加大，需大力加强复合材料数字化、自动化生产技术研究。开展复合材料智能化制造试点，打造自动化、数字化生产示范线，完成面向自动化、智能化制造的复合材料结构件生产线，大幅提升复合材料构件生产和交付能力。

加强热塑性复合材料制造技术研究。 目前航空领域热固性复合材料制造技术取得一定进展并在国内处于领先地位，但热塑性复合材料制造技术处于初期研究应用阶段，从世界复合材料发展的趋势来看，由于成本优势，热塑性复合材料在非承力和次承力构件中有广泛应用前景，需加大热塑性复合材料制造技术的投入和研究，才能在复合材料领域立于不败之地。

（三）飞机自动化装配技术

面对国内军用飞机的更新换代以及民用客机大量订单的需求和对装配质量的更高要求，应立足于我国飞机数字化装配技术的发展现状和未来演变趋势，针对飞机的高质量、低成本、快速研制和生产需求，做好飞机数字化柔性装配技术发展规划，着力弥补飞机装配过程中的质量、效率、成本和自主可控等短板弱项。研究弱刚度复杂构件装配力学性能分析、虚实融合的装配协调与外形控制、弱刚度薄壁组合结构的几何精度与装配应力的协同控制、异质叠层结构振动制孔工艺参数优化、复合材料结构装配损伤多阶段多尺度控制、难加工材料叠层结构自动化精确装配、面向低损装配过程的瞬态工艺参数预测及连续控制等技术，突破装配过程中难加工材料连接质量一致性及损伤控制、复杂非对称工作空间内双机器人协同钻铆控制、复合材料构件装配位姿 / 形状 / 力自适应调控等关键技术，解决飞机装配过程中的制孔连接质量不稳定、装配应力不均衡、装配变形难以消除、装配效率低等问题。探索人机协同的装配操作、质量检验和数据采集技术，形成边看、边干、边检、边记的工作模式。初步形成支撑飞机数字化柔性装配发展的技术体系，加强数字化柔性装配技术应用研究，全面掌握数字化柔性装配工艺，构建实用性强的数字化柔性装配工艺知识库，实现知识驱动的数字化柔性装配工艺设计，研发急需的数字化柔性装配装备，装备与核心功能部件实现应用验证，核心工艺装备自主可控能力得到显著提升。逐步实现核心工艺与专用装备完全自主可控，增强新型号飞机研制中的新技术储备，提高飞机装配质量，加快飞机研制生产速度，大幅度提升我国飞机装配技术水平。

（四）数字化、智能化制造技术

航空制造业数字化、网络化、智能化环境已从飞机研制生产的配套条件转变为基础性条件，现代飞机只有依赖数字化、智能化设计验证制造手段才能获得高性能的产品。高性能计算、大数据等技术高速发展，成为航空数字化制造能力转型升级的新动力。要充分认识到航空行业数字化转型的紧迫性、独特性和艰巨性，改变目前全生命周期工程应用不完整，产业链网络化协同能力不足，缺乏完整服务保障数字化体系的局面。加大云计算、工业互联网、大数据和人工智能等新技术在航空领域应用力度，理清数字化、智能化转型路线，填平数字鸿沟，实现航空产品生命周期的全局能力共享。

从技术发展的角度，着重开展数字化、智能化制造基础技术和应用技术研究，并结合热点需求，开展专项应用技术研究。

1. 开展数字化、智能化制造基础技术研究

攻克航空制造领域工业互联网基础设施规划和应用验证、多网融合、绿色无损数据中心、航空制造通用云平台、航空科研生产网络安全等关键技术，构建航空工业云基础设施

技术创新体系。

建成全三维电气 ECAD（电子 CAD）/MCAD（机械 CAD）集成研制系统。实现飞机主机、机载系统电气全三维综合化设计，推动飞机电气互连设计由传统的以线束产品为中心的"电网"布线设计向全新的以各个功能系统互联为中心的"电气互连"技术跨越，显著提升研制效率。

建成基于自主 CAD 的飞机多学科多目标约束耦合优化设计系统。将以往大量基于商品化软件定制开发的插件工具、资源库、设计辅助系统通过技术改造迁移适配到自主 CAD 软件平台上。结合结构、气动、强度等工程分析专业工具，建立跨专业耦合关系分析模型，建立多学科、多目标的快速设计优化系统，建设总体、气动、结构、强度、飞控和载荷等多专业集成联合优化设计环境。

建设轻量化数字样机在线协同云系统。依托自主产品数据管理软件，云化改造协同应用场景，提供满足设计、工艺、制造、维修保障等环节需求的航空产品数字样机云资源和服务，支持电脑、平板和手机等多终端设备，实现跨地域、跨单位的 CAD 数据共享与协同，支持包括总体协调、工艺审查、工艺仿真、全三维电子手册等典型工程应用场景的云在线协同模式。

建立数控机加、复材成型、钣钳加工、热表处理、机体装配、试验试飞等制造业务域的 CAM 工具集。包括复合材料铺层激光投影工具、复合材料铺层自动下料工具、增强现实辅助装配工具、标准作业规程现场可视化工具等现场使用工具。

建设基于制造知识的工艺设计系统。建设以产品三维数字化模型为基础，融入知识工程、数字孪生、增强现实等先进技术，构建具有自主知识产权、基于知识的智能化工艺设计平台，形成工艺设计工具集和工艺知识微服务系统构架，提供工艺文件的结构化编制、工艺文件浏览与审查、工艺设计过程仿真验证等工具和专业知识微服务组件。

开展基于工业互联网的产品制造工艺仿真优化系统建设。在工业互联网平台架构的基础上，构建面向制造现场的工艺仿真优化系统，通过对现场数据的精准、实时、高效的采集和分析处理，借助模型和数据混合驱动，进行制造工艺的规划和仿真，实现对加工制造过程的实时调控和优化提升。

2. 开展数字化制造应用技术研究

开展航空产品研发数字模型簇、MBSE 能力评价体系、跨企业 MBSE 协同、模型驱动的数字化虚拟验证、多层级制造系统智能管控、供应链协同、数字化试验试飞、以 xBOM 为核心的飞机全生命周期数据管理与技术状态管控、柔性保障等方向技术研究。

以智能制造为主攻方向，选择一批典型的智能车间和数字化生产线作为智能现场，综合采用工业互联网、物联网、边缘计算、人工智能、区块链、大数据、云计算等信息技术和智能化装备，在车间排产与调度、实时数字化检测、质量管理、工艺持续优化、仓储物流、试验测试、设备健康监视等方面进行智能化提升，集成应用自主开发的 ERP、MES、

CAPP等工业软件以及智能工艺装备，实现动态感知、实时分析、自主决策和精准执行，提升制造过程的精益化、可视化、网络化、数字化和智能化。

3. 开展新一代信息技术应用基础研究

重点攻克数字孪生、航空科研生产大数据、区块链、人工智能、虚拟现实/增强现实/混合现实、工业机器人、智能装备开发和应用等关键技术，构建新技术创新体验研究、集成展示环境。推动工业软件许可证云部署、云应用和云管理模式研究。

五、结束语

航空制造业通常面临的是多构型、多用途的航空产品研制和生产，多品种、小批量、离散型、定制化生产是航空制造的主体模式，航空产品多系统综合的集成性和复杂性，要求采用一系列先进制造技术，确保产品质量的稳定性和一致性，以保证实现设计要求，达成在产品生命周期内持续反复使用过程中的高可靠性、成本可接受性。进入21世纪以来，工业领域面临着提质增效、绿色环保、可持续发展的挑战，碳达峰、碳中和成为现阶段全球经济发展环境控制的宏观策略，航空制造业也开启了由传统制造模式向工业4.0时代转型升级的时代，航空制造技术中基础性工艺方法、制造手段、运行管理等都同数字化、网络化和智能化技术日益紧密融合，伴随着航空产品材料—结构—功能一体化的发展，航空制造技术也不断创新发展，精确加工、多能场复合、工艺集成、增材制造、智能生产、绿色制造等新方法新原理引领着制造技术的发展方向，开展前沿探索技术研究、优化传统工艺和设备、探索多学科技术融合集成等成为现代航空制造技术目前和未来发展主流，促进航空先进制造技术水平和航空产品研发生产能力的不断提升。

参考文献

[1] 北京航空制造技术研究所. 航空制造技术 [M]. 北京：航空工业出版社，2013.

[2] 北京航空材料研究院. 航空材料技术 [M]. 北京：航空工业出版社，2013.

[3] 曾元松. 航空钣金成形技术 [M]. 北京：航空工业出版社，2014.

[4] 曾元松，等. 喷丸成形与强化技术 [M]. 北京：国防工业出版社，2019.

[5] 张建伟，李世琼，梁晓波，等. Ti$_3$Al和Ti$_2$AlNb基合金的研究与应用 [J]. 中国有色金属学报，2010，20：S336–S341.

[6] 毛小南，赵永庆，杨冠军. 国外航空发动机用钛合金的发展现状 [J]. 稀有金属，2007，26：1–7.

[7] Yoshimura H, Nakahigashi J. Ultra–fine–grain refinement and superplasticity of titanium alloys obtained through protium treatment [J]. International Journal of Hydrogen energy, 2002, 27: 769–774.

[8] BAI Xuepiao, LI Hong, ZENG Yuansong, et al. Experimental Investigation on Creep Forming of a New Al–Li–

Cu–Mg Alloy Plate［C］. 5th INTERNATONAL CONFERENCE ON NEW FORMING TEHCHNOLOGY（ICNFT 2018），2018.

［9］ LI Hong, BAI Xue–piao, ZENG Yuan–song, et al. Effect of processing parameter on springback during creep forming of Al–Li alloy 2198 butt–joined by FSW［J］. Journal of Plasticity Engineering, 2012, 20（6）：108–111.

［10］ 徐进军，康唯，都昌兵. 航空航天铝锂合金及其成形技术的研究现状和发展趋势［J］. 兵器材料科学与工程，2017，40（3）：132–136.

［11］ 杨守杰，卢健，冯朝辉，等. 铝锂合金历史回顾与在中国的研究发展［J］. 材料导报，2014，28（24）：430–435.

［12］ 朱宁远. 难变形金属筒形件热强旋过程形/性一体化控制研究［D］. 广州：华南理工大学，2017.

［13］ 曾祥，樊晓光，李宏伟，等. 带内筋复杂薄壁件旋压成形研究进展［J］. 精密成形工程，2019，11（5）：21–31.

［14］ 王耀奇. 泡沫铝复杂曲面三明治结构制备方法与机理研究［D］. 北京：北京科技大学，2018.

［15］ 复材新闻网. 树脂基复合材料在航空航天的应用. 碳纤维生产技术，2020–01–18.

［16］ 巩水利，锁红波，李怀学. 金属增材制造技术在航空领域的发展与应用［J］. 航空制造技术，2013（13）：66–71.

［17］ 张烨，石越，马立敏，等. 民机增材制造技术研究及应用［J］. 绿色航空技术研究进展，2020.

［18］ 李怀学，胡全栋，等. 航空钛合金结构激光选区熔化增材制造的关键基础及应用. 绿色航空技术研究进展，2020.

［19］ 梅中义，黄超，范玉青. 飞机数字化装配技术发展与展望［J］. 航空制造技术，2015（18）：32–37.

［20］ 卜泳，肖庆东，黄春，等. 飞机水平安定面整体复合材料结构装配关键技术研究［J］. 航空制造技术，2015（21）：93–95.

［21］ 梁雪梅，李光丽. 飞机装配中柔性工装定位单元位姿的实时获取方法［J］. 航空制造技术，2018（22）：38–42.

［22］ 伍健. 工业机器人不同姿态下的刚度与铣削颤振研究［D］. 长春：吉林大学，2020.

［23］ 鲁琦渊. 机器人旋转超声钻削CFRP/铝合金叠层材料的实验探究［D］. 南京：南京理工大学，2018.

［24］ 孙强. 基于工业机器人的飞机交点孔孔口倒角加工技术研究［D］. 杭州：浙江大学，2018.

［25］ 倪世远. 卧式双机联合自动钻铆系统制孔法向修正技术研究［D］. 杭州：浙江大学，2019.

［26］ 宋实曾，陈洁，毛景. 大型飞机整机涂装自动化实施探讨与展望［J］. 航空制造技术，2016（10）：52–56.

［27］ 王国磊，王宁涛，陈恳. 面向整机的机器人喷涂系统回顾与展望［J］. 航空制造技术，2016，16（16）：76–80.

［28］ 严金凤. 飞机总装脉动生产线数字化仿真与优化关键技术［J］. 航空制造技术，2020，63（20）：54–60.

［29］ 唐健钧，叶波，耿俊浩. 飞机装配作业AR智能引导技术探索与实践［J］. 航空制造技术，2019，62（8）：22–27.

［30］ 孙惠斌，颜建兴，魏小红，常智勇. 数字孪生驱动的航空发动机装配技术［J］. 中国机械工程，2020，31（7）：833–841.

［31］ 李思思，毛唯，陈波，等. 镍基钎料钎焊DD5单晶合金的接头组织和高温持久性能［J］. 电焊机，2020（9）：286–290.

［32］ 崔冰，黄继华，陈树海，等. Cf/SiC复合材料与钛合金的（Ti+Zr+Cu+Ni）+W复合钎焊［J］. 焊接学报，2013（7）：55–58.

［33］ Bo Du, Lei Cui, X. Q. Yang, et al. Weakening mechanism and tensile fracture behavior of AA 2219–T87 friction plug welds［J］. Materials Science and Engineering A. 2017, 693：129–135.

［34］ 谭锦红，赵运强，王春桂，等. 机器人搅拌摩擦焊应用发展现状［J］. 金属加工（热加工），2020，1：

8-12.

［35］ R. Talwar，R. Lederich. Joining fuselage skins using friction stir welding［P］. US 9015948B2. 2015-04-28.

［36］ 冯国成，梁艳，于勇，等. 基于模型定义的数据组织与系统实现［J］. 航空制造技术，2011（9）：62-72.

［37］ 王焱. 未来工厂：数字量贯通的集成运行［J］. 航空制造技术，2015（8）：40-45.

［38］ 刘亚威. 美欧智能制造重要计划与项目［J］. 智慧工厂，2016（1）：38-41.

［39］ 李志强，王湘念，王焱. 航空智能制造架构及发展途径［J］. 国际航空，2016（7）：54-57.

［40］ 谭建荣，刘达新，刘振宇，等. 从数字制造到智能制造的关键技术途径研究［J］. 中国工程科学，2017，19（3）：39-44.

［41］ 庄存波，刘检华，熊辉，等. 产品数字孪生体的内涵、体系结构及其发展趋势［J］. 计算机集成制造系统，2017，23（4）：753-768.

［42］ 于勇，范胜廷，彭关伟，等. 数字孪生模型在产品构型管理中应用探讨［J］. 航空制造技术，2017（7）：41-45.

［43］ 王焱，王湘念，王晓丽，等. 智能生产系统构建方法及其关键技术研究［J］. 航空制造技术，2018（1/2）：16-24.

［44］ 卢志军，刘亚威. 先进技术保护航空增材制造数字线索的安全［J］. 航空维修与工程，2018，10：34-36.

ABSTRACTS

Comprehensive Report

Advances in Aeronautical Science and Technology

Aeronautical science and technology is a highly intensive industry of talents, knowledge, technology, financial resources and policy resources, and it is also a rapidly developing industry full of fierce competition. At present, digital technology, artificial intelligence technology, new energy technology, environmental protection technology and other high technologies have been widely applied to the aeronautical field, which puts forward higher requirements for the development of aeronautical technology.

As an annual report on the development of aeronautical science and technology for 2020-2021, this report introduces the domestic and overseas remarkable achievements and research gaps in the aeronautical field from 2016 to now, as well as the present situation of the aviation industry in recent years. The report covers the following ten aspects: Aircrafts; Helicopters; Aero-engines; Aircraft structure; Aviation electromechanical technology; Aircraft guidance, navigation and control system; Avionics; Aviation physiology and lifesaving protection; Aeronautical materials technology; Aviation manufacturing technology. Here is a brief introduction to these ten aspects.

In aircraft overall technology, China has made remarkable progress in the past five years. The J-20, J-15 and Y-20 aircrafts have been officially deployed in the Chinese air force and Chinese navy. Considerable progress has been made in the modification and serialization of the J-15, the Flying Leopard, the J-10, the FC-1 and other aircrafts. In addition, the AG600 amphibious aircraft and the C919 civil aircraft made their first flights. The C919 and the ARJ21 civil aircrafts have received a large number of orders and were initially recognized by the market. In terms of UAVs, development and deployment of the Wing Loong II, the Rainbow solar UAV, the WJ-700 and other UVA projects was in full swing.

In terms of helicopters, military helicopters such as the WZ-10, WZ-19 and Z-20 have greatly improved our ability of reconnaissance, attack and supplies transportation. Civil helicopters such as the Z-15, the AC311 and the AC312A can be modified to meet different needs, and the AC313 helicopters filled the gap of large civil helicopter production in China.

The establishment of Aero Engine Corporation of China (AECC) in 2016 marked a new beginning in the development of Chinese aero-engines, which mean the development of China's engine industry changed from the traditional product-centered organization mode to the customer-centered organization mode. The development and commercialization of turboshaft engine, such as the WS-16 engine and the AES100 engine, is in progress. The design and development of various kinds of turboprop engines, such as the AEP500 engine, the AEP80 engine and the AEP50E engine, is being carried out orderly. In the aspect of small and medium thrust turbofan engines, engines like AEF50E, AEF20E and AEF100 can meet the power requirements of different classifications of UAVs. While in terms of large commercial turbofan engines, the CJ-1000 engine can provide thrust for large trunk airliners. Private enterprises that have made great breakthroughs in engine materials and blades also began to integrate more into China's engine industry chain.

In the aspect of aircraft structure design, the application of advanced light metal materials was gradually mature; The utilization rate of composite materials was increasing; A simulation platform for comprehensive design of thermal structure and thermal protection was established; Engine turbine materials were developing towards high temperature, high performance, high reliability, low cost and light weight. As for the strength analysis and verification technology, block verification technology made a breakthrough; Fuselage bending test has reached the international advanced level; The strength automation system has been preliminarily completed; The virtual test of structural strength is applied preliminarily; Structure and system integrated environmental test can complete a variety of all-machine extreme environment adaptability experiments.

China also made remarkable achievements in the field of aviation electromechanical technology. Aviation electromechanical integrated control structure has been more professional and more consistent. The optimization and upgrade of system software was promoted from semi-intelligent to comprehensive intelligent. China's integrated sensor system is one of the most authoritative sensor system, which has successfully applied more than 60 kinds of radio frequency in a functional and systematic way. The development of aviation fault prediction and health management system has effectively promoted the safety and reliability of Chinese aircrafts. As for bus technology, optical fiber technology has been widely used in aviation integrated control system.

In the area of aircraft guidance, navigation and control systems, China's self-developed guidance technology is making rapid progress with the vigorous development of missiles and unmanned aerial vehicles, which basically meets the needs of military and civilian missions. In terms of navigation technology, optical gyroscope technology has developed rapidly; inertial/GNSS combination has achieved great success. The flight control system is constantly evolving with the development of technology. Intelligent autonomous control is the main direction of current flight control system.

The domestic avionics system has made great progress mainly in the following four aspects. First, the independent development system of civil aircraft has been basically established, and the development capacity of equipment has been continuously improved. Second, the development environment has been preliminarily established. Third, the knowledge of airworthiness has been deepened and the airworthiness system has been improved. Fourthly, the avionics systems has been developing continuously with the theme of "integration, digitization, networking and intelligence".

In the field of aviation physiology and lifesaving protection, China has made achievements in theoretical innovation, application innovation and development innovation in recent years. Traditional aviation application physiology and protection technology has produced a leap. The fourth-generation ejection seat has achieved leapfrog development, whose performance has reached the international advanced level. China has also developed individual protective devices such as FZH-2 integrated protective suit, WTK-4 integrated protective helmet and YKX-1 chair-mounted oxygen anti-charge regulation subsystem and so on. Protective and life-saving electronic control technology has been extended to the field of aviation emergency rescue, significantly improving the level of equipment.

In the aspect of aviation material technology, China has basically formed a more complete materials development, application research and batch production capacity, and successfully developed a number of more advanced material grades, as well as developing a number of material acceptance, process and testing standard. Progress has been made in the fields of superalloy, titanium alloy, aluminum alloy, structural steel and stainless steel, coating materials and so on, which made an important contribution to the development of aviation equipment.

For aviation manufacturing technology, China has made new breakthroughs in the fields of metal integral structure manufacturing technology, composite integral structure manufacturing technology, automatic assembly technology and digital manufacturing technology. Complex and large metal integral structure manufacturing technology has become the core technology supporting the development and production of modern aviation products. Composite materials have been widely used in functional structures and aircraft interiors, and China has been able to meet the molding needs of extreme oversize composite structures. Research on digital flexible assembly technology has been carried out, and the research results have been used in aviation products.

This research work tries to analyze the development of aviation science and technology according to the classification in this field. By summarizing the new progress, new achievements, new insights, new ideas, new methods and new technologies, as well as conducting comparative research with the international advanced level, the development trends and hot topics of aviation science and technology are presented in this report. Based on the strategic needs of national economic and social development, the prospects in this field are indicated, and suggestions on key research are put forward.

In recent years, China has steadily increased its investment in the development of aviation science and technology. New projects have been completed. New aircrafts have made their first flight. New equipment has been deployed to the army. Technological research and verification experiments have done continuously. Although China is still in the catch-up stage from the current situation and status, it is still a serious competitor in the aeronautical filed. It is an inevitable choice for China to take the road of independent research and development. In the future, we Chinese should strive to make greater breakthroughs in key technologies such as aero-engines, new materials and aerodynamic configuration design with strong will and enduring patience. We Chinese should strive to achieve fully autonomous and controllable development and constantly narrow the technological gap with other aviation superpowers.

Report on Special Topics

Aircraft Overall Technology

In recent years, China has made remarkable progress in both aircraft overall technology research and engineering applications. The J-20 aircraft developed by the Aviation Industry Corporation of China was officially installed in the Chinese air force in 2017. It was equipped with a domestic engine in 2019, and has been installed in several heroic units of the Chinese air force in 2021. The J-15, a naval fixed-wing multipurpose aircraft, has also been installed on the Liaoning and Shandong aircraft carrier, while the J-15 tandem two-seat trainer and other derivative models are under development. The Y-20 military transport aircraft was installed in the Chinese Air Force in July 2016. The replacement of the domestically produced WS-20 turbofan engine with a large culvert ratio is now steadily progressing, and several derivative models using the Y-20 aircraft as a platform are also under development. Several derivatives of the Y-20 aircraft are also under development. In addition, significant progress has been made on the C919 single-aisle mainline passenger aircraft, the"Kunlong" AG600 amphibious aircraft, the new long-range inspection and fighter multi-purpose UAS - Wing Dragon II, the L-15 advanced trainer and the Teach-10 advanced trainer, and many other types of aircraft.

Aircraft Structure

After years of development, China's aircraft structure design and strength profession has made remarkable progress in structural design technology, strength analysis and verification technology, dynamic strength analysis and verification technology, and structural health inspection technology. The domestic advanced metal materials and corresponding molding and manufacturing technology have made considerable breakthroughs at present, and the engineering applications of composite materials in domestic military/civilian aircraft structures have been greatly enhanced, with more and more applied proportions and structural components. In terms of strength analysis and calculation, a preliminary strength design automation system has been built, thus improving the efficiency of strength design. In recent years, a series of achievements have been made in the field of aerospace structural health monitoring in China. From a general point of view, the structural health monitoring technology has completed laboratory research and is being carried out to verify the application in ground strength tests of aircraft structures and flight tests of some sensors.

Aviation Electromechanical Technology

In recent years, China has carried out two main aspects of work in the field of aviation electromechanical technology. First, they put forward the overall solution from the top-level design of the system which carries out systematic and comprehensive research work starting from two technical platforms. Second, they put forward the overall system solution from the combat mission and the overall functional needs of aircraft. After years of efforts, remarkable results have been achieved. At present, the aviation electromechanical integrated control structure technology is more integrated more consistent. China has made progress in many aspects such as system

software, bus technology, sensor technology and fault prediction and health management.

Guidance, Navigation and Control

In recent years, GNC technology has made considerable progress. At present, China's self-developed guidance technology is making rapid progress with the vigorous development of missiles and unmanned aerial vehicles, which basically meets the needs of military and civilian missions. Future development mainly focuses on the hypersonic guidance technology, heterogeneous aircraft cooperative guidance technology, and small integrated low-cost guidance system technology. In terms of navigation technology, optical gyroscope technology has developed rapidly; inertial/GNSS combination has achieved great success. Progress has also been made in advanced technology fields such as atomic navigation. The flight control system is constantly evolving with the development of technology. Intelligent autonomous control is the main direction of current flight control system. The new generation of network architecture which is distributed has been formed and the innovative effect surface is a research hotspot.

Avionics

In the past five years, the domestic system has made great progress, mainly in the following aspects. First, the civil aircraft system development capabilities have formed preliminarily, which leads to the development of other models. Second, system development environment of the civil aircraft has been established preliminarily, and each supplier has built up a development environment covering the whole life cycle of system development. Third, the deepening of airworthiness awareness has promoted the continuous improvement of the airworthiness system. Through the development of domestic civil aircraft projects, the major avionics system companies have deepened their understanding of civil aircraft airworthiness. Fourthly, the avionics field of expertise continues to deepen. The development of avionics systems has always been centered on the development vein of "integrated, digital, networked, intelligent" and has been deepening, which is reflected in the fields of integrated modularization, flight management system, cockpit display control, etc.

Aviation Physiology and Protective Lifesaving

In the field of aviation physiology, we have made achievements in theoretical innovation, application innovation and development innovation in recent years. The series of innovative research results have effectively supported the intergenerational development of all models of fighter planes, bombers, transport planes, naval aircraft, trainers and other major projects in China in the past 30 years, especially in the intergenerational system equipment development of electronic breathing regulator for pilots of new generation aircraft which has played a role in promoting the innovative development with remarkable results. In the field of aviation protection life-saving research, firstly, China has carried out upgrading work on the third-generation rocket ejection seat around the program control system upgrade, comfort improvement, personalized back belt promotion and other projects, while the fourth-generation ejection seat has also achieved leapfrog development. Secondly, China has developed individual protective devices such as FZH-2 integrated protective suit, WTK-4 integrated protective helmet and YKX-1 chair-mounted oxygen anti-charge adjustment subsystem for the characteristics of fourth-generation warplanes and so on. In addition, as the rocket ejection seat crosses from the third generation to the fourth generation, the electronic program control technology develops from velocity-altitude-time bimodal control to multiparameter input multimodal adaptive control.

Aeronautical Materials Technology

Aeronautical materials are strategic and critical materials for Chinese military and civil economic development, and also key area for high technology over the world. The development of aeronautical materials and aviation equipment promote each other. The harsh service environment and demand on high reliability of aviation equipment require aeronautical materials for low density, high temperature resistance, high strength, long durability and other high performances, and aeronautical materials are often used close to their property limitations. Aeronautical materials not only promote the update of military equipment, but also lead the development of civil new material industry.

In this report, the technology development and the latest research progresses of aeronautical materials, including superalloys, titanium alloys, aluminum alloy, structural and stainless steels, transparent materials, rubber and sealing materials and coatings, are summarized and illustrated. Aeronautical materials technology of China is compared with that of abroad, and then the gaps and pertinent inspirations are analyzed and obtained. At last, the development trends of aeronautical materials in the near future are forecasted.

Aviation Manufacturing Technology

In recent years, China has made new breakthroughs in the fields of metal monolithic structure manufacturing technology, composite monolithic structure manufacturing technology, advanced welding technology and digital manufacturing technology. China has made great progress in the manufacturing technology of complex and large metal monolithic structures.. At present, the amount of resin-based composite materials for domestic aircraft has been rapidly improved, and the amount of composite materials for large passenger aircraft C919 aircraft accounts for about 15%, and the main structure of most domestic unmanned aircraft is 100% composite materials. China's new direction in the development of automated assembly digital flexible assembly has carried out a lot of research, the results of the research have been used in aircraft development and production. China has also formed a certain scale of patented technology group and high-quality development industry chain in advanced welding technology characterized by high efficiency and high precision.

索 引

A

AG600　4，5，27，28，32，45，50，53，
165，193，197

ARJ21　4，6，10，25，33，39，46，51，
53，55，56，58，146，194

C

C919　4，6，10–12，16，17，19，25–27，
32，33，36，39，45，51，55，56，58，
64，65，67，68，77，79，113，114，
119，144，146，160，165，176，194，
197，199，203

D

导航与控制　1，4，18，36，40，97，101，
102，110

电传操控系统　34

多平台网络化协同导航　19，99

F

飞机总体设计　1，33，53，56，57

飞行力学　3，98

H

航空材料　1，3，4，21，33，38，39，41，
56，137，138，146，152，155，156，
157，184，188

航空电子　1，3，4，6，19，20，36，37，52，
100–112，114，116–121

航空机电　1，17，18，35，36，87，89，90，
93，95

航空生理　1，20，37，122，123，126–129，
132

航空制造　1，3，4，25，26，28，29，38，
39，41，46，48，54，55，58，59，61，
88，91，156–159，161，162，167，169，
172，175–178，181，182，186，188–
190

J

歼–15　4，5，50

歼–20　4，5，32，45，50

结构强度　12，14，35，40，60，67，71，
73，74，83，85，86，126，143

M

民航 6，9，13，35，40，51，52，70，105，115，117，120，147

Q

气动 3–6，8–10，15，17，23，24，31–34，45，49，50，52，55，57，60，61，65，70，72，76，77，79，80，82，88，90，98，100，104，126，127，130，133，141，143，145，160，187

强度 3，4，6，11–17，22–24，27，35，40，51，54，60，63，67–86，101–103，112，126，138，140–143，148，149，153，154，156，159，160，164，165，172，173，179，182，184，185，187

R

人工智能 3，18，29，33，40，54，55，57，60，83–86，98，99，121，132，134，166，174，181，186–188

S

数字孪生 28，40，66，85，86，166，167，174–176，181，182，187–190

T

通用航空 10，40，105

弹射座椅 21，37，123–125，129–133

推进 3–6，18–20，28，30–35，38，39，45，46，48，49，51，52，55，56，61，76，83，87–92，95，99，100，104，122，126，128–130，134，135，146，152–155，167，174，175，182–184

W

涡轴 –16 9

无人机 4–6，9，10，18，28，30–34，36，39，40，45，47，49，50，52–54，56–59，61，64，69，83，88，98–107，110，165

Y

运输机 5，11，18，21，24，26，33，50，56，64，69，99，123，128，143，146，150，160，170，172

Y–20 5，32，45，50，53，193，197

Z

战斗机 5，7，11，12，20，21，24，32–35，37，39，45，51，53，56–59，64，68，69，72，76，81，87–89，92，98，100，101，110，122，123，127，129，130，135，143，149，169，171，172，174，175